U0386492

21 世纪电力系统及其自动化规划教材

电力工程基础

卢芸　主编

机 械 工 业 出 版 社

本书在介绍电力系统基本知识的基础上，系统地讲解了电力工程的基础理论及实用计算方法。全书共分7章，主要内容包括：概论，发电厂和变电所的一次系统，电力系统稳态分析，短路电流的分析与计算，电气设备的选择，发电厂和变电所的二次系统，接地与防雷等。每章后都有思考题与习题。

本书为电气工程类本科专业的专业基础课教材，也可作为电气工程技术人员的参考用书。

本书配有免费电子课件，欢迎选用本书作教材的老师发邮件到 jinacmp@163.com 索取，或登录 www.cmpedu.com 注册下载。

图书在版编目（CIP）数据

电力工程基础/卢芸主编．—北京：机械工业出版社，2013.2（2016.1重印）

21世纪电力系统及其自动化规划教材

ISBN 978-7-111-40755-3

Ⅰ.①电…　Ⅱ.①卢…　Ⅲ.①电力工程－高等学校－教材　Ⅳ.①TM7

中国版本图书馆 CIP 数据核字（2012）第298287号

机械工业出版社（北京市百万庄大街22号　邮政编码100037）
策划编辑：吉　玲　责任编辑：吉　玲　王雅新
版式设计：赵颖喆　责任校对：张　媛
责任印制：李　洋
北京机工印刷厂印刷（三河市南杨庄国丰装订厂装订）
2016年1月第1版第3次印刷
184mm×260mm · 12.25印张 · 296千字
标准书号：ISBN 978-7-111-40755-3
定价：25.00元

凡购本书，如有缺页、倒页、脱页，由本社发行部调换

电话服务	网络服务
社服务中心：(010)88361066	教材网：http://www.cmpedu.com
销售一部：(010)68326294	机工官网：http://www.cmpbook.com
销售二部：(010)88379649	机工官博：http://weibo.com/cmp1952
读者购书热线：(010)88379203	封面无防伪标均为盗版

前　言

《电力工程基础》为电气工程类本科专业的专业基础课教材。本书涉及的知识面较广，在教材编写中，精选教学内容，对于理论知识的叙述力求做到深入浅出、主次分明及重点突出；注重理论教学和工程实际相结合，以掌握理论、强化应用为目的，使学生通过本课程的学习，掌握电力工程的相关概念、理论及应用，提高分析问题及解决问题的能力；在内容的编排上，力求做到层次分明、整体连贯，便于学生学习和理解。

全书共分7章，主要内容包括：概论，发电厂和变电所的一次系统，电力系统稳态分析，短路电流的分析与计算，电气设备的选择，发电厂和变电所的二次系统，接地与防雷等。为便于学生理解所学的内容，关键章节配有详细分析解答的例题，同时每章都配有思考题与习题。

为了便于学生对电能生产、输送、分配和消费的过程有清晰全面的了解，本书由电力系统的组成开始，详细地介绍了电能的生产过程、电力系统负荷的分类及相关计算；对一次设备及主接线进行细致地讲解；详细阐述了输电线路及变压器的参数计算及等效电路，重点针对开式电力网及闭式电力网的电压和功率分布计算进行了讲解，并介绍了电力系统的频率调整及电压调整。在对电力系统的短路故障分析中，针对网络的复杂性介绍了网络的等效变换和简化，就无限大容量系统及有限容量系统进行了三相短路分析，对不对称短路电流计算进行了阐述，这部分内容的讲解尤其注重了与工程实际的结合，列举了多个例子进行计算。系统地介绍了电气设备的发热和电动力、电气设备选择的一般条件及常用电气设备的选择；针对发电厂和变电所的二次系统，介绍了断路器控制回路、信号回路及继电保护，重点对线路电流保护进行了讲解，并举例进行整定计算；最后对接地与防雷进行了详细的论述。

本书由沈阳工业大学卢芸任主编。其中，卢芸编写第1章、第3章、第4章、第6章、第7章及附录，吉林大学孙淑琴编写第2章及第5章。本书由山东大学张文主审。

本书在编写过程中得到机械工业出版社的大力支持和帮助，在此表示衷心的感谢！

由于编者水平有限，书中错误或不当之处在所难免，恳请读者批评指正。

编　者

目 录

第1章 概 论

1.1 电力系统的基本概念

1.1.1 电力系统的组成

目前，我国工业、农业以及其他电力用户所需的电能多数是由火力和水力发电厂供给。发电厂可能位于用户附近，也可能与用户相距很远。在一般情况下，电能都是从发电厂经过输电线路输送给用户的，若用户与发电厂相距很远，则电能的输送需要升高电压，以减少电能损耗；同时，在电能的分配和消费时，为了满足不同用户对电压的要求，又要降低电压。因此，在发电厂与用户之间必须建立升压和降压变电所。

从经济观点来看，将发电厂设置在燃料或水力蕴藏丰富的地区及附近较为有利，这样不但可取得廉价的动力，而且用线路输送电能，比用运输工具输送燃料有显著的经济效益，因此大型火力发电厂一般都建设在蕴藏燃料的地方。而由于太阳能发电厂不受动力资源的限制，因此其位置可设立在负荷的中心。

所谓电力系统就是将各种类型发电厂的发电机、升压和降压变压器、输电线路以及各种用电设备联系在一起所构成的统一整体。电力系统起着电能生产、输送、分配和消费的作用。一个典型的电力系统如图1-1所示。

组成电力系统的优点如下：

1）降低发电厂的造价和运行费用；

2）在各个发电厂之间能对负荷进行经济合理的分配；

3）充分利用当地的动力资源（水力、燃料），减少铁路的运输量；

4）构成电力系统，能提高对用户供电的可靠性；

5）便于集中管理和控制。

电力系统和动力部分构成动力系统。动力部分包括火力发电厂的锅炉、汽轮机，水力发电厂的水库、水轮机以及核发电厂的核反应堆等。

电力网是电力系统的一部分，包括变电所和不同电压等级的输电线路，其作用是输送和分配电能。

1.1.2 电力系统运行的特点和要求

电力系统的运行与其他工业生产相比，具有以下明显的特点：

(1) 电能不能大量储存　到目前为止，电能的大量储存问题还没有得到解决，电能的生产、输送、分配和消费，几乎是同时进行的。由于电能具有很高的传输速度，因此发电机在某一时刻发出的电能，经过输电线路会立刻送给用电设备，并由用电设备转换成其他形式的能量，一瞬间完成发电—输电—供电的全过程。而且发电量是随着用电量的变化而变化，生产量和消费量是平衡的。

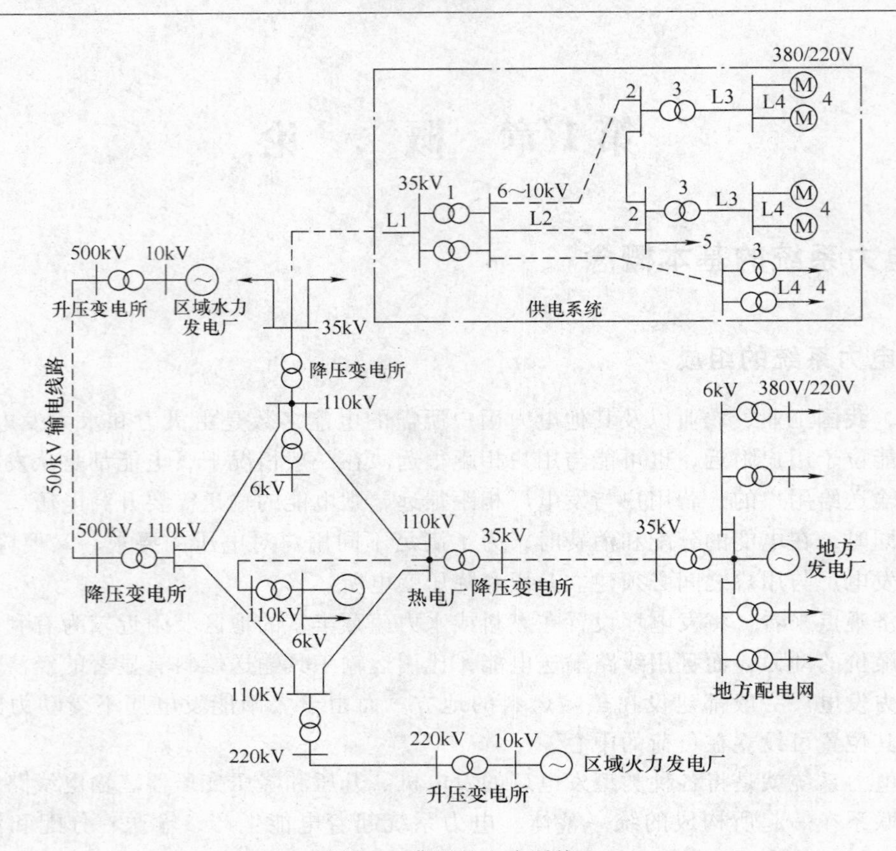

图 1-1　典型的电力系统

(2) 过渡过程十分短暂　电能以电磁波形式传播，有极高的传输速度，如开关切换操作、电网短路等过程，都是在很短时间内完成的。为了保证电力系统的正常运行，必须设置各种自动装置及保护装置等，以便对系统进行灵敏而迅速的监视、测量和保护。

(3) 电力系统的地区性特点较强　我国地域辽阔，自然资源分布很广，使得我国的电源结构有很强的地域特点，有的地区以火电为主，有的地区以水电为主，而且各地域的经济发展情况不一样，工业布局、城市规划等也不相同，因此必须针对不同地区的不同特点，对电力系统规划设计、运行管理、布局及调度等，进行全面考虑。

(4) 电力系统运行与国民经济各部门关系密切　由于电能的生产、输送、分配和消费比较方便，宜于大量生产、远距离输送、集中管理和自动控制等，使用电能较其他能量有显著的优点，因此国民经济各部门广泛使用着电能，电能供应的中断或减少将影响国民经济各部门的正常工作。

根据上述特点，对电力系统有如下基本要求：

(1) 保证电力系统供电的可靠性　供电中断将使生产停顿、生活混乱，甚至危及人身和设备安全，给国民经济造成巨大损失。因此，电力系统运行首先要满足安全发供电的要求。

(2) 保证电力系统的电能质量　电力系统的电能质量指标是以电压、频率及波形来衡量的。电压或频率偏移过大时，不仅会引起电能损耗增大，而且会引起减产、造成大量废品、加速绝缘老化导致缩短电气设备的使用寿命。因此，电力系统不仅要满足用户对电能的需求，还要保证电能具有良好的质量。

（3）为用户提供充足的电能　电力系统要为国民经济各部门提供充足的电能，最大限度地满足用户的用电需求。为此，首先应按照电力先行的原则做好电力系统发展的规划设计，以确保电力工业的建设优先于其他的工业部门。其次，要加强现有设备的维护，以充分发挥潜力，防止事故的发生。

（4）保证电力系统运行的经济性　降低生产电能所消耗的能源及输送、分配过程的电能损耗具有重要意义，为此应力求电力系统经济运行，使负荷在各发电厂之间合理分配。

此外，还应考虑电力系统运行的灵活性和扩建的可能性等。

应当指出，上述要求是相互关联、互相制约而又相互矛盾的，因此，在满足某项要求时，必须兼顾其他，以便取得综合的经济效益。

1.1.3 电力系统的额定电压等级

电力系统的额定电压等级是根据国民经济发展的需要、技术经济上的合理性、电机电器制造工业的水平等因素，经全面研究分析，由国家制定颁布的。从电气设备制造的角度和电力工业的发展来看，电力系统额定电压等级不宜过多。我国交流电力网和电力设备的额定电压见表1-1。

表1-1　我国交流电力网和电力设备的额定电压

	电力网和用电设备额定电压	发电机额定电压	电力变压器额定电压	
			一次绕组	二次绕组
低压/V	220/380 380/660 1000(1140)	115 230 400 690	220/127 380/220 660/380	230/133 400/230 690/400
高压/kV	3	3.15	3 及 3.15	3.15 及 3.3
	6	6.3	6 及 6.3	6.3 及 6.6
	10	10.5	10 及 10.5	10.5 及 11
	20	13.8, 15.75, 18, 20, 22, 24, 26	13.8, 15.75, 18, 20	—
	35	—	35	38.5
	66	—	63	69
	110	—	110	121
	220	—	220	242
	330	—	330	363
	500	—	500	550
	750	—	750	—

注：1. 表中同一组数据中较低的数值是相电压，较高的数值是线电压；只有一个数值者是线电压。

2. 括号中的数值为用户有要求时使用。

额定电压是用电设备、发电机和变压器正常工作时具有最好经济技术指标的电压。从表1-1中可以看出，在同一电压等级下，各种设备的额定电压并不完全相等。

（1）用电设备　为了使用电设备经济有效地运行，要求在制造用电设备时，用电设备的额定电压应与线路的额定电压相等。

（2）发电机　由于一般用电设备的允许电压偏移规定为±5%的额定值，因此就要求线路首端电压比线路额定电压高5%，这样才能使其末端电压不比用电设备额定电压低5%。由于发电机是接于线路首端，因此发电机额定电压应比线路额定电压高5%。

（3）变压器　电力系统中的不同电压等级线路是通过变压器连接起来的。当变压器的一次绕组连接在对应于某一级额定电压线路的末端时，其相当于用电设备，它的额定电压应与用电设备额定电压相等。当变压器一次绕组直接与发电机连接时，其额定电压则应与发电机的额定电压相等，即比线路额定电压高5%。因为变压器二次绕组向负荷供电，相当于发电机，所以二次绕组额定电压应比线路额定电压高5%。又因为变压器二次绕组额定电压规定为变压器空载电压，当变压器满载时，约有5%的电压降，如果变压器二次侧供电线路较长，则变压器二次绕组的额定电压，一方面要考虑补偿变压器内部5%的阻抗电压降，另一方面要考虑变压器满载时输出的二次电压还要高于线路额定电压的5%，以补偿线路上的电压降，所以它要比线路额定电压高10%；如果变压器二次侧供电线路较短或变压器阻抗较小，则变压器二次绕组的额定电压只需比线路额定电压高5%。

目前，我国电力系统中，220kV以上电压等级多用于大型电力系统的主干线；110kV则多用于中、小型电力系统的主干线，也可用于大型电力系统的二次网络。一般工厂内部多采用6~10kV的高压配电电压。从经济技术指标来看，内部配电电压最好采用10kV，但如果工厂拥有相当数量的6kV用电设备时，也可考虑采用6kV电压作为高压配电电压。380V/220V电压等级多作为低压配电电压。表1-2列出了电力网的额定电压等级及其相适应的传输功率和传输距离。

表1-2　电力网的额定电压（线电压）等级及其相适应的传输功率和传输距离

线路电压/kV	传输功率/MW	传输距离/km	线路电压/kV	传输功率/MW	传输距离/km
3	0.1~1	1~3	110	10~50	50~150
6	0.1~1.2	4~15	220	100~500	100~300
10	0.2~2	6~20	330	200~1000	200~600
35	2~10	20~50	500	1000~1500	250~850
60	3.5~30	30~100	750	2000~2500	500以上

1.1.4 电力系统中性点接地方式

电力系统的中性点是指星形联结的变压器和发电机的中性点。电力系统中性点的接地方式分为两大类：一类是小电流接地系统，包括中性点不接地或经消弧线圈接地；另一类是大电流接地系统，包括中性点直接接地或经小阻抗接地。采用最广泛的中性点接地方式有三种：中性点不接地、中性点经消弧线圈接地及中性点直接接地。

1. 中性点不接地

我国3~60kV的电力系统通常采用中性点不接地方式。中性点不接地电力系统正常运行时的电路和相量图如图1-2所示。

如图1-2a所示，假设A、B、C三相系统的电压和线路参数都是对称的，把每相导线的对地电容集中用电容C来表示，并忽略导线相间分布电容。由于正常运行时三相电压$\dot{U}_A$、$\dot{U}_B$、$\dot{U}_C$是对称的，所以三相导线对地电容电流$\dot{I}_{CA}$、$\dot{I}_{CB}$、$\dot{I}_{CC}$也是对称的，三相电容电流相

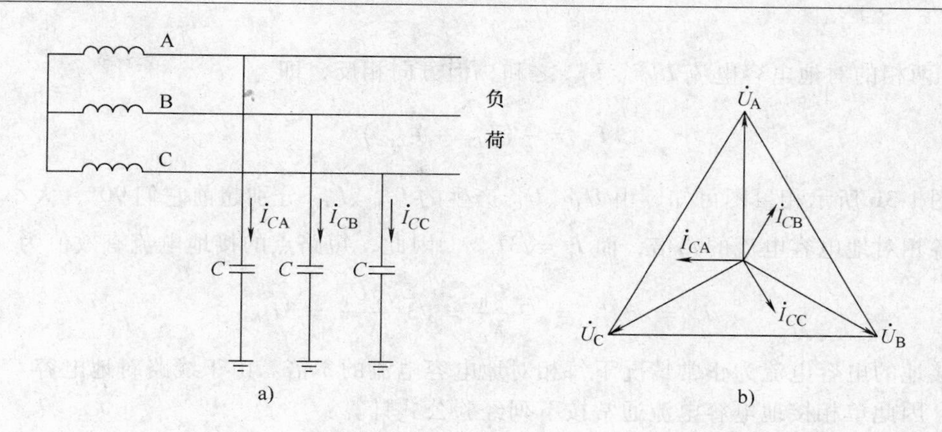

图 1-2 中性点不接地电力系统正常运行时的电路和相量图

a）电路 b）相量图

量之和为零，没有电容电流经过大地流动。

如果系统发生单相（如 A 相）接地故障时，如图 1-3 所示，则故障相（A 相）对地电压降为零，中性点对地电压由原来的零升高为相电压，此时，B 相和 C 相对地电压升高为原来的$\sqrt{3}$倍，即变为线电压，如图 1-3b 所示。但此时三相之间的线电压仍然对称，因此用户的三相用电设备仍能正常运行，这是中性点不接地系统的最大优点。但是，发生单相接地后，其运行时间不能太长，因为此时非故障相的对地电压升高到接近线电压，很容易发生对地闪络，从而造成相间短路。因此，我国有关规程规定，中性点不接地系统发生单相接地故障后，允许继续运行的时间不能超过 2h，在此时间内应采取措施尽快查出故障原因，予以排除，否则，就应将故障线路停电检修。

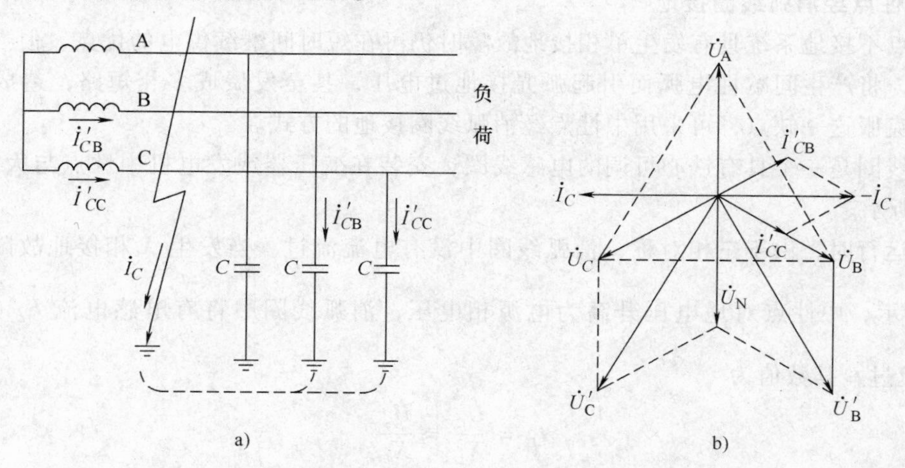

图 1-3 中性点不接地系统发生单相接地故障时的电路和相量图

a）电路 b）相量图

中性点不接地系统发生单相接地故障时，在接地点将流过接地故障电流（电容电流）。例如，A 相发生接地故障时，A 相对地电容被短接，流过接地点的故障电流 $\dot{I}_C$（电容电流）

为 B、C 两相的对地电容电流 $\dot{I}'_{CB}$ 、$\dot{I}'_{CC}$ 之和，但方向相反，即

$$\dot{I}_C = -(\dot{I}'_{CB} + \dot{I}'_{CC}) \tag{1-1}$$

从图 1-3b 所示相量图可知，由 $\dot{U}'_B$ 、$\dot{U}'_C$ 产生的 $\dot{I}'_{CB}$ 、$\dot{I}'_{CC}$ 分别超前它们 90°，大小为正常运行时各相对地电容电流的$\sqrt{3}$倍，而 $I_C=\sqrt{3}I'_{CB}$ ，因此，短路点的接地电流有效值为

$$I_C = \sqrt{3}I'_{CB} = \sqrt{3}\frac{U'_B}{X_C} = \sqrt{3}\frac{\sqrt{3}U_B}{X_C} = 3I_{C0} \tag{1-2}$$

即单相接地的电容电流为正常情况下每相对地电容电流的 3 倍。由于线路对地电容 C 很难准确计算，因此单相接地电容电流通常按下列经验公式计算：

$$I_C = \frac{(l_{oh} + 35l_{cab})U_N}{350} \tag{1-3}$$

式中　U_N——电力网的额定线电压（kV）；

l_{oh}——同级电力网具有电气联系的架空线路总长度（km）；

l_{cab}——同级电力网具有电气联系的电缆线路总长度（km）。

必须指出，中性点不接地系统发生单相接地故障时，接地电流在故障处可能产生稳定的或间歇性的电弧。如果接地电流大于 30A 时，将形成稳定电弧，成为持续性电弧接地，这将烧毁电气设备和可能引起多相相间短路。如果接地电流大于 5～10A，而小于 30A，则有可能形成间歇性电弧，这是由于电力网中电感和电容形成了谐振回路所致。间歇性电弧容易引起弧光接地过电压，其幅值可达（2.5～3）U_φ，将危及整个电网的绝缘安全。如果接地电流在 5A 以下，当电流经过零值时，电弧就会自然熄灭。

2. 中性点经消弧线圈接地

中性点不接地系统具有发生单相接地故障时仍可在短时间继续供电的优点，但当接地电流较大时，将产生间歇性电弧而引起弧光接地过电压，甚至发展成多相短路，造成严重事故。为了克服这一缺点，可采用中性点经消弧线圈接地的方式。

消弧线圈是一个具有铁心可调的电感线圈，安装在变压器或发电机中性点与大地之间，如图 1-4 所示。

正常运行时，由于三相对称，消弧线圈中没有电流流过。当发生 A 相接地故障时，如图 1-4a 所示，中性点对地电压升高为电源相电压，消弧线圈中将有电感电流 $\dot{I}_L$（滞后于 $\dot{U}_A$90°）流过，其数值为

$$I_L = \frac{U_C}{X_L} = \frac{U_\varphi}{X_L} \tag{1-4}$$

式中　U_φ——电力网的相电压（kV）；

X_L——消弧线圈的电抗（Ω）。

电力系统中性点经消弧线圈接地时，有三种补偿方式：全补偿方式、欠补偿方式和过补偿方式。

（1）全补偿方式　在选择消弧线圈的电感时，使 $I_L=I_C$，则接地故障点电流为零，即全补偿方式。此时，由于感抗等于容抗，电网将发生谐振，产生危险的高电压和过电流，可能

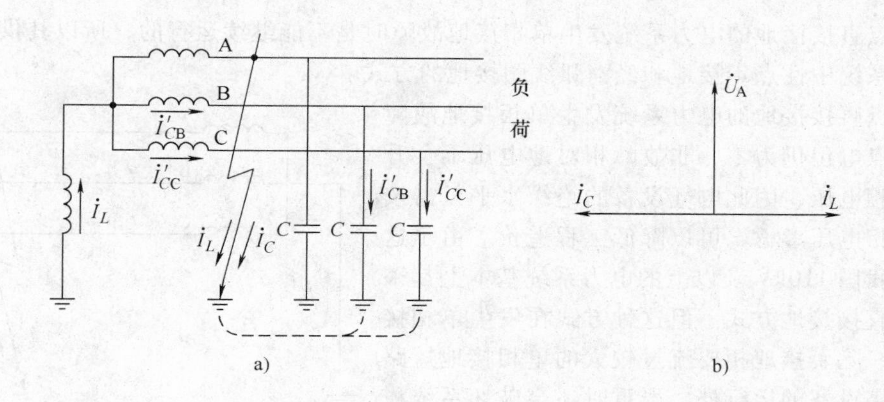

图1-4 中性点经消弧线圈接地系统发生单相接地故障时的电路和相量图
a）电路 b）相量图

造成设备的绝缘损坏，影响系统的安全运行。因此，一般电网都不采用全补偿方式。

（2）欠补偿方式 在选择消弧线圈的电感时，使 $I_L < I_C$，此时，接地故障点有未被补偿的电容电流流过。采用欠补偿方式时，当电网运行方式改变而切除部分线路时，整个电力网对地电容将减少，有可能发展成为全补偿方式，导致电力网发生谐振，危及系统安全运行。所以，欠补偿方式很少被采用。

（3）过补偿方式 在选择消弧线圈的电感时，使 $I_L > I_C$，此时，接地故障点有剩余的电感电流流过。在过补偿方式下，即使电力系统运行方式改变而切除部分线路时，也不会发展成为全补偿方式，致使电力网发生谐振。同时，由于消弧线圈有一定的裕度，今后电力网发展，线路增多、对地电容增加后，原有消弧线圈仍可继续使用。因此，实际上大多采用过补偿方式。

选择消弧线圈时，应当考虑电力网的发展规划，通常按下式估算其容量：

$$S_{ar} = 1.35 I_C \frac{U_N}{\sqrt{3}} \tag{1-5}$$

式中 S_{ar}——消弧线圈的容量（kVA）；
I_C——电力网的接地电容电流（A）；
U_N——电力网的额定电压（kV）。

由于消弧线圈能有效地减小单相接地电流，迅速熄灭电弧，防止间歇性电弧引起的过电压，故广泛用于3～60kV的电力网。我国规定，在中性点不接地的3～60kV系统中，当电容电流超过以下数值时，需采用消弧线圈接地方式：

3～6kV系统：30A；
10kV系统：20A；
35～60kV系统：10A。

3. 中性点直接接地

中性点直接接地的电力系统如图1-5所示。当该系统发生单相接地故障时，由于单相接地短路的线路上将流过很大的单相短路电流 $\dot{I}_k^{(1)}$，使线路上安装的继电保护装置迅速动作，断路器跳闸将故障部分断开，因此，可以防止单相接地故障时产生间歇性电弧过电压。显然，中性点直接接地的电力系统发生单相接地故障时是不能继续运行的，所以其供电可靠性不如电力系统中性点不接地和经消弧线圈接地的方式。

中性点直接接地的电力系统发生单相接地故障时，中性点电位仍为零，非故障相对地电压不会升高，仍为相电压，因此电气设备的绝缘水平只需按电力网的相电压考虑，可以降低工程造价。由于这一优点，我国110kV及以上的电力系统基本上都采用中性点直接接地方式。但这种方式在发生单相接地故障时，除了接地相要流过较大的单相接地短路电流，危害设备的运行外，严重时还会破坏系统稳定，中断供电。为了弥补这一缺点，可在线路上装设三相或单相自动重合闸装置，以此来提高供电的可靠性。

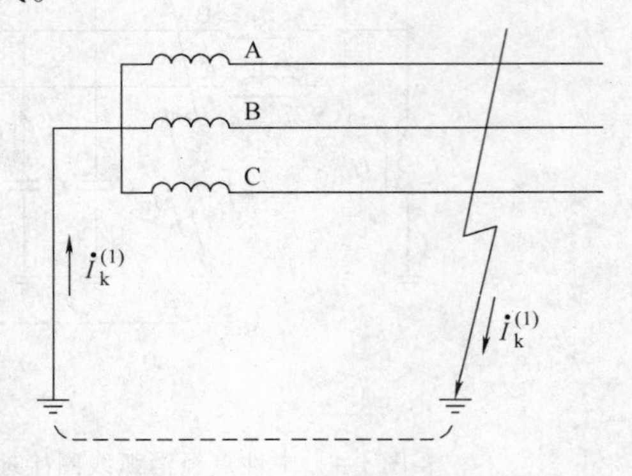

图1-5 中性点直接接地的电力系统

对于1kV以下的低压系统来说，电力网的绝缘水平已不是影响供电系统安全运行的主要矛盾，系统中性点接地与否，主要从人身安全考虑。在380V/220V系统中，一般都采用中性点直接接地方式，一旦发生单相接地故障时，可以迅速分断断路器或熔断熔丝，将故障部分切除。

1.2 发电厂的类型及电能的生产过程

发电厂是将各种自然资源转化为电能的工厂。按利用能源的类型不同，发电厂可分为火力发电厂、水力发电厂、核能发电厂、风能发电厂、太阳能发电厂以及其他形式能源的发电厂。

1.2.1 火力发电厂

火力发电厂是将煤、油、天然气及其他燃料的化学能转换成电能的工厂。火力发电厂简称火电厂或火电站。火电厂的能量转换过程是，燃料的化学能→热能→机械能→电能。单一生产电能的火电厂应尽量建在燃料产地和矿区附近，这样的火电厂也称为矿口电厂或坑口电厂，它的生产不会对城市造成污染，又避免了燃料的长途运输。发电兼供热的火电厂称为热电厂或热电站，热电厂一般建在大城市及工业区附近，以提高热能的利用率。我国火电厂所使用的燃料以煤为主。图1-6所示为凝气式火力发电厂的生产过程。

简单的生产过程如下：输送带将原煤送入煤斗，为了提高煤的燃烧效率，将煤斗中的原煤送入磨煤机磨成煤粉，然后由排粉机将煤粉随同热空气经喷燃器送入锅炉燃烧室内燃烧。燃烧时产生的热量使燃烧室四周水冷壁中的水变成蒸汽，此蒸汽再通过过热器进一步吸收烟气的热量而变成高压高温的过热蒸汽。过热蒸汽经过主蒸汽管进入汽轮机，该蒸汽在喷管里膨胀而高速冲动汽轮机的转子旋转，将热能变成了机械能。汽轮机带动联轴的发电机发电，机械能就变成了电能。最后，把在汽轮机中作了功的蒸汽送往冷凝器凝结成水，经除氧器除氧、加热器加热后，由给水泵送进省煤器预热，重新送回锅炉，完成水的重复使用。燃烧室中产生的热量一部分用于加热过热器中的蒸汽，其余的热量由燃烧后形成的烟气携带，穿过

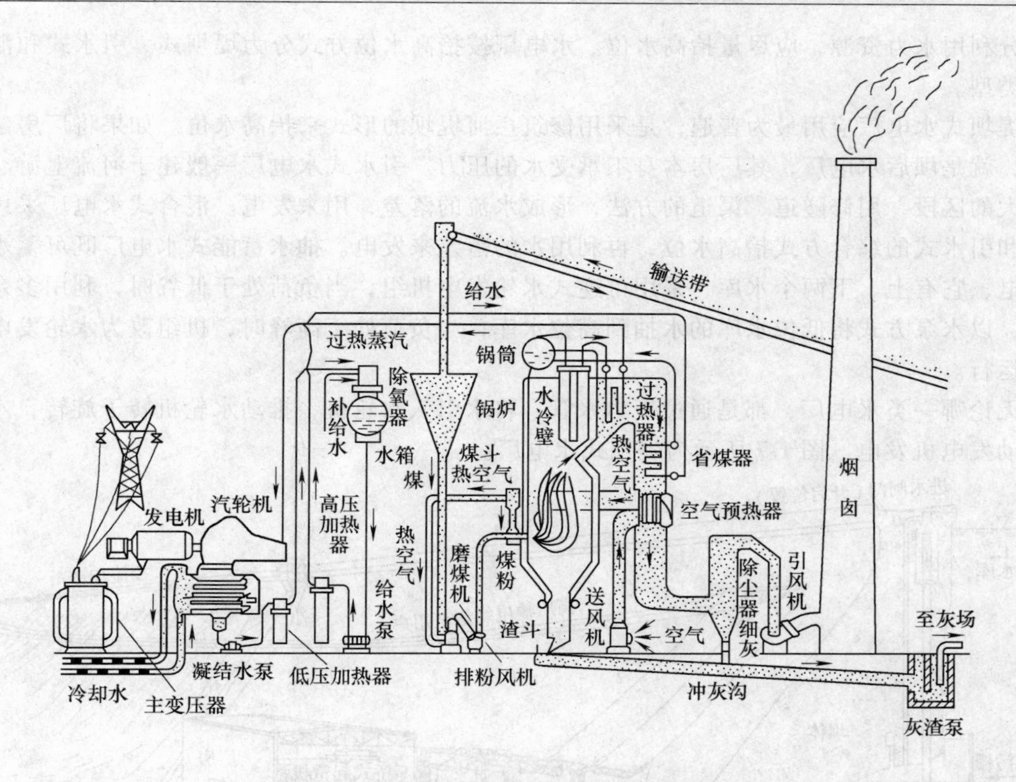

图1-6　凝气式火力发电厂的生产过程

省煤器、空气预热器，将热量传递给蒸汽、水和空气后，经除尘器除尘，由引风机抽出，通过烟囱排入大气中。炉渣和除尘器下部的细灰，通过冲灰沟水流，由灰渣泵抽出，排往厂外的灰场。

凝气式火力发电厂的主要缺点是热效率不高，原因是作过功的蒸汽仍含有热量，这部分热量由循环水带出变成热损失，使发电厂的效率只能达到35%～45%。

热电厂的效率较高，一般可达到60%～70%，这是由于在热电厂中，可以从汽轮机中抽出蒸汽热供给用户，这就使得进入冷凝器中的蒸汽大大减少，使循环水的热损耗大大降低。但由于受热负荷条件的限制，热电厂不可能大量兴建。

1.2.2　水力发电厂

水力发电厂是利用水流的位能来生产电能的工厂。水力发电厂简称水电厂或水电站。其能量的转换过程是，水的位能→机械能→电能。

水电厂的发电容量取决于水流的位能差和水流的流量，即

$$P = 9.8\eta QH \tag{1-6}$$

式中　P——水电厂的发电容量（kW）；

η——水电厂的效率；

Q——通过水轮机的水流量（m^3/s）；

H——上下水位的落差（m）。

由式（1-6）可以看出，在流量一定的条件下，水流落差越大，水电厂出力就越大。为

了充分利用水力资源，应尽量抬高水位。水电厂按抬高水位方式分为堤坝式、引水式和混合式等类型。

堤坝式水电厂应用最为普遍，是采用修筑拦河堤坝的形式来抬高水位。如果将厂房建在坝后，就是坝后水电厂，其厂房本身不承受水的压力。引水式水电厂一般建于河流上游、坡度较大的区段，用修隧道、渠道的方法，形成水流的落差，用来发电。混合式水电厂采用堤坝式和引水式的综合方式抬高水位，再利用水的落差来发电。抽水蓄能式水电厂既可蓄水又可发电，它有上、下两个水库，采用可逆式水轮发电机组，当负荷处于低谷时，利用多余的电力，以水泵方式将低位水库的水抽到高位水库；当负荷处于高峰时，机组改为水轮发电机方式运行。

无论哪一类水电厂，都是通过压力水管，将水引入水轮机，推动水轮机转子旋转，水轮机带动发电机发电。图 1-7 所示为堤坝式水电厂。

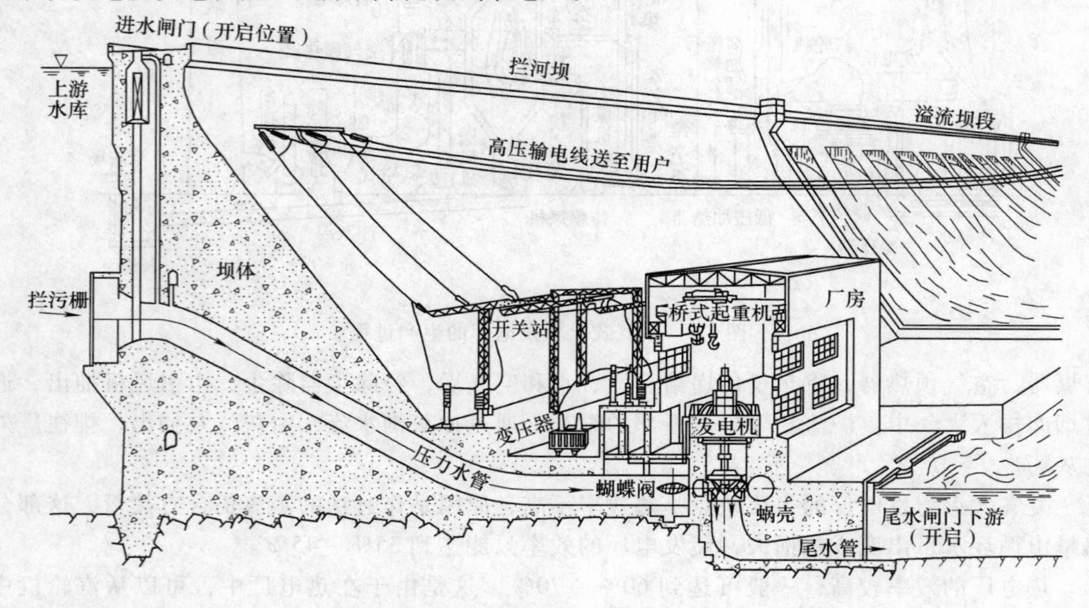

图 1-7 堤坝式水电厂

在图 1-7 中，由拦河水坝将水位抬高，水流由高水位流向低水位，经过压力水管进入水轮机，推动水轮机转子旋转，水轮机转子再带动同轴发电机发电，将机械能变成了电能。水流对水轮机做功后，经尾水管排往下游。

与火电厂相比，水电厂的生产过程要简单得多。水电厂不消耗燃料，无环境污染，生产效率高，发电成本仅为火电厂的 25% ~35%。水电厂也容易实现自动化控制与管理，并能适应负荷的急剧变化。然而，水电厂也存在投资大，建设工期长，受季节水量变化的影响较大的缺点，同时，建设水电厂还会涉及因淹没农田而带来的移民问题，并可能会出现破坏人文景观、生态平衡等一系列问题。

1.2.3 核能发电厂

核能发电厂是利用核能来发电的工厂。核能发电厂简称核电厂或核电站。核电厂的生产过程与火电厂大体相同，它以核反应堆代替火电厂的燃煤锅炉，以少量的核燃料代替了大量的煤炭。其能量的转换过程是，核裂变能→热能→机械能→电能。核电厂由两个主要部分组成：核系统部分（包括反应堆及其附属设备）和常规部分（包括汽轮机、发电机及其附属设备）。核反应堆是实现可控核裂变链式反应的装置。核反应堆的型式有轻水堆、重水堆及石墨冷水堆等。轻水堆有沸水堆和压水堆两种类型。图1-8所示为沸水堆核电厂和压水堆核电厂的生产过程。

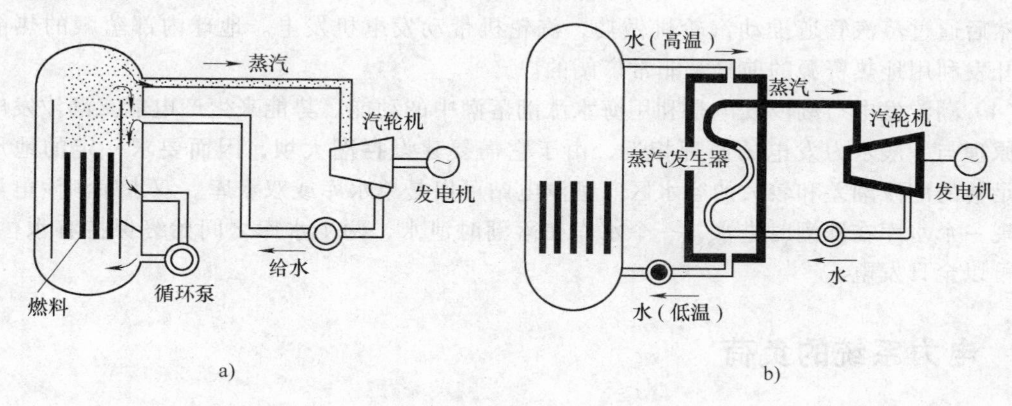

图1-8 核电厂的生产过程
a）沸水堆核电厂 b）压水堆核电厂

在图1-8a所示的沸水堆核电厂中，水在核反应堆中被加热沸腾成为蒸汽，然后直接引入汽轮机做功，汽轮机带动发电机发电，做完功的蒸汽经冷凝成水后，再用泵打回核反应堆。沸水堆的系统结构简单，但整个热力系统仅由单回路构成，因而有可能造成汽轮机等设备受放射性污染，使得这些设备的运行、维护及检修等变得复杂和困难。在图1-8b所示的压水堆核电厂中，水在核反应堆中不沸腾，它的第一回路向蒸汽发生器供热，蒸汽发生器将第二回路中的水加热变成高压蒸汽，推动汽轮机作功，进而带动发电机发电，作完功的蒸汽经冷凝成水后，再用泵将水输送回蒸汽发生器。由于在这种形式中，两个回路各自独立循环，因此，不会造成设备的放射性污染，对运行和维护都比较方便。我国核电厂以压水堆核电厂为主。

1.2.4 其他能源发电

除火力发电、水力发电及核能发电外，利用风能、太阳能、地热及潮汐等能源生产电能的研究及应用也在不断发展中。

（1）风力发电　风力发电是利用风的动能来生产电能。风力发电的过程是，当风使旋转叶片转子旋转时，风的动能就转变成机械能，再通过升速装置驱动发电机发出电能。随着世界能源消耗的加快、传统能源储量的减少，风力发电这种绿色能源越来越得到重视。近几年，我国的风电产业也得到了飞速发展，从引进技术到自主研发，国产化率得到大幅提高，国产风电机组已占主导地位，发展大容量风电机组已成为目前我国风电发展的总体趋势。

（2）太阳能发电　太阳能发电是利用太阳光能或太阳热能来生产电能。太阳光能是利用太阳能电池将太阳光能直接转化为电能。太阳热能发电有直接热电转换和间接热电转换两种形式。温差发电、热离子和磁流体发电等，属于直接热电转换方式发电；将太阳能集中或分散地聚集起来，通过热交换器，将水变成蒸汽驱动汽轮机发电，属于间接热电转换方式发电。太阳能是取之不尽、用之不竭的能源，太阳能发电具有不需要燃料、生产成本低、无污染等优点。目前，世界各国在太阳能发电设备制造及实用性等方面的研究已经取得了很大的进展，太阳能发电具有广阔的发展前景。

（3）地热发电　地热发电是利用地表深处的地热能来生产电能。地热发电厂生产过程与火电厂近似，只是以地热井取代锅炉设备，地热蒸汽从地热井引出，将蒸汽中固体杂质滤掉，然后通过蒸汽管道推动汽轮机做功，汽轮机带动发电机发电。地球内部蕴藏的热能极大，开发利用地热资源的前景是非常广阔的。

（4）潮汐发电　潮汐发电是利用海水涨潮落潮中的动能、势能来生产电能。潮汐发电的工作原理与一般水力发电的原理相近，由于它需要建设拦潮大坝，因而要求一定的地形条件、足够的潮汐潮差和较大的容水区。潮汐电站可以是单水库或双水库。双水库潮汐电站可以实现一个水库在涨潮时进水，一个水库在落潮时泄水，两个水库之间始终保持有水位差，因此可以全日发电。

1.3　电力系统的负荷

1.3.1　电力负荷的分类

电力负荷的分类方法很多，不同场合采用不同的分类方法。根据消耗功率的性质，可分为用电负荷、供电负荷及发电负荷。用电负荷是用户的用电设备在某一时刻消耗功率的总和。供电负荷是用电负荷加上电力网损耗的功率。发电负荷是供电负荷加上发电厂本身所消耗的功率。

负荷重要程度是决定系统接线方式的主要依据。按供电可靠性要求，负荷分为三级：

（1）一级负荷　中断供电将造成人身事故或重大设备损坏，且难以修复，给国民经济带来重大损失。由于一级负荷重要，在正常运行和故障情况下，系统接线方式必须有足够的可靠性和灵活性，保证对用户的连续供电。一级负荷要求有两个独立电源供电。

（2）二级负荷　中断供电将造成大量减产和废品，以致损坏生产设备，在经济上造成重大损失。二级负荷由双回线供电。但当双回线路有困难时，允许由一回专用线供电。

（3）三级负荷　不属于一级、二级负荷的用户均属于三级负荷。三级负荷对供电无特殊要求，允许较长时间停电，可用单回线路供电。

负荷分级是个复杂而重要的问题。同样机械设备，但不同容量或设置于不同场合之中，负荷分级有所不同，因此，必须对系统中各种用户、不同设备所承担的任务进行详细的调查和综合分析，以确定经济合理的系统接线方式。

1.3.2　负荷的计算

1. 负荷曲线的概念

负荷曲线是指在某一时间段内描绘负荷随时间的延续而变化的曲线。按负荷性质可绘制有功和无功的负荷曲线；按负荷持续时间可绘制日和年的负荷曲线；按负荷在电力系统内的地点可绘制用户、变电所、发电厂和电力系统的负荷曲线。将这几方面负荷曲线综合在一起就可表明发电与供电的全部负荷特性。图 1-9 所示为日有功负荷曲线，是按每小时为间隔逐点描绘出来的。这样绘制的负荷曲线为依次连续的折线，不适于实际应用。为了计算简单起见，往往将逐点描绘的负荷曲线用等效的阶梯曲线来代替，如图 1-10 所示。

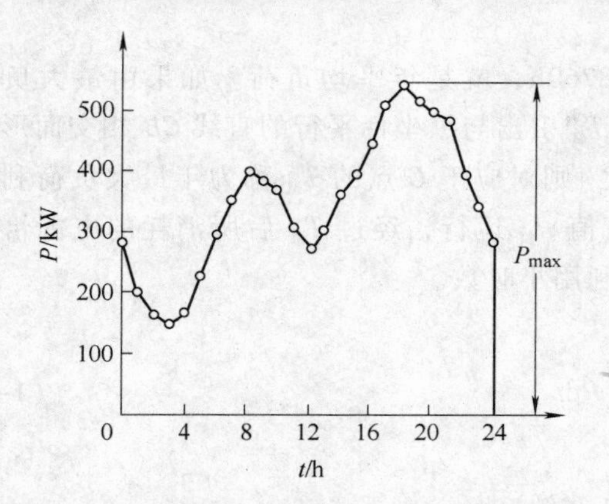

图 1-9 逐点描绘的日有功负荷曲线

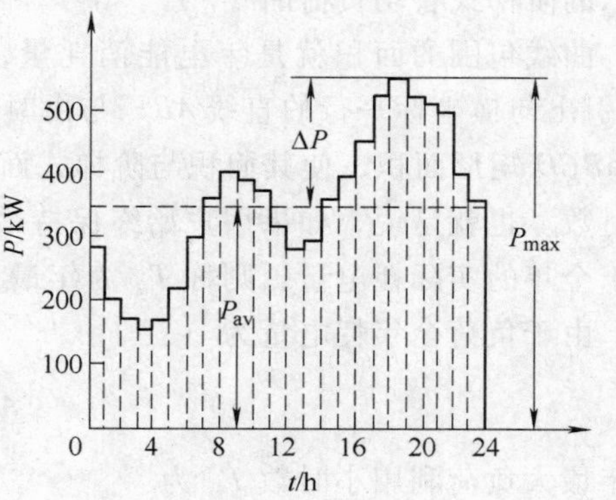

图 1-10 阶梯型的日有功负荷曲线

负荷曲线除了用来表示负荷功率随时间变化的关系外，还可用来计算用户取用电能的大小。在某一时间 Δt 内用户所取用的电能为该时间内用户的有功功率 P 和 Δt 的乘积，因此，在一昼夜内用户所消耗的总电能为

$$A = \int_0^{24} P\mathrm{d}t \tag{1-7}$$

根据日有功负荷曲线可以作出年有功负荷曲线，制作时必须利用一年中具有代表性的冬、夏季负荷曲线进行转换。图 1-11 表示制作这种负荷曲线的方法，图 1-11c 中横坐标是一年的小时数，纵坐标是负荷的千瓦数，用电时间冬季取 213 日，夏季取 152 日。这一时间是根据地区的地理位置而定的。

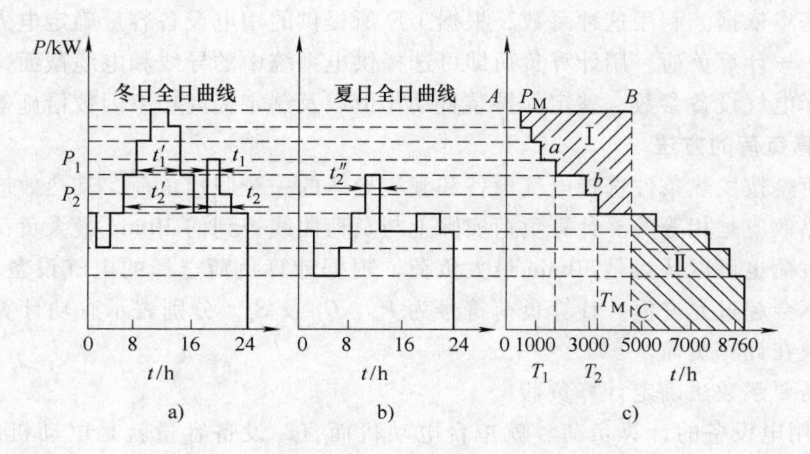

图 1-11 日一年负荷曲线的转换

a）冬季代表日负荷曲线 b）夏季代表日负荷曲线 c）全年时间负荷曲线

绘制时从功率最大值开始，按功率递减的次序进行，为此，经过两条全日负荷曲线作出若干水平线，其间距离由所需准确度决定，如图 1-11 所示。功率为 P_1 时，在冬日曲线上所占的时数为 t_1+t_1'，在夏日曲线上为零，该时数乘以 213，得 $T_1=(t_1+t_1')\times 213$，将 T_1 值

按一定比例标于全年曲线的横坐标上，得 a 点；同样，功率 P_2 占全年时间为 $T_2=(t_2+t_2')\times213+t_2''\times152$，对应于全年曲线的 b 点；依次类推，逐点换算、标定，则得到如图 1-11c 所示的阶梯式有功负荷曲线。

曲线包围的面积就是年电能消耗量，除以 8760h，就是年平均负荷。如果由最大负荷 P_M 引出与横坐标平行的直线 AB，与由时间坐标 T_M 引出与纵坐标平行的直线 CB 相交而形成的 $ABCO$ 矩形面积，使其面积与阶梯式面积相等，则对应于 C 点的 T_M 称为年最大负荷利用小时数。也就是说，如果用户始终保持最大负荷值 P_M 运行，经过 T_M 后所消耗的电能恰好等于全年的实际耗电量，则称 T_M 为年最大负荷利用小时数。

由于负荷全年耗电量为

$$A=\int_0^{8760}P\mathrm{d}t \tag{1-8}$$

则年最大负荷利用小时数 T_M 为

$$T_M=\frac{A}{P_M}=\frac{1}{P_M}\int_0^{8760}P\mathrm{d}t \tag{1-9}$$

T_M 是衡量年有功负荷均匀程度的一个重要指标。

类似运用制作有功负荷曲线的方法，也可绘制无功负荷曲线，并可得到上述类似的指标和概念。

负荷曲线同电力系统中的各个组成部分的运行与设计都有着密切的关系。发电厂负荷曲线表示某一发电厂所有发电机出线端上的负荷随时间变化的规律，用它可确定发电厂机组的起动和停止运行的时间，以保证对用户不间断地供电和发电厂的经济运行。用户负荷曲线表示某一用户负荷随时间变化的规律。

根据长期观察所测得的负荷曲线可以发现：对于同一类型的用电设备组、同一类型车间或同一类企业，其负荷曲线具有相似的形状。因此，典型负荷曲线就可作为负荷计算时各种必要系数的基本依据。利用这种系数，根据工厂所提供的用电设备容量确定电力设备所需要的假想负荷——计算负荷。用计算负荷即可选择供电系统中的导线和电缆截面，确定变压器容量，为选择电气设备参数、整定保护装置动作值以及制定提高功率因数措施等提供依据。

2. 求计算负荷的方法

计算负荷是按发热条件选择电气设备和载流导体的一个假想负荷，其热效应与实际变动负荷的最大热效应是相等的。计算负荷实际上与负荷曲线查到的 30min 最大负荷是基本相当的，即计算负荷也可以认为是 30min 最大负荷。根据计算负荷选择的电气设备和载流导体，其发热温度不会超过允许值。计算负荷符号为 P_c、Q_c 及 S_c，分别表示有功计算负荷、无功计算负荷及视在计算负荷。

（1）按需要系数法确定计算负荷

1）单台用电设备的计算负荷。就单台电动机而言，设备容量就是电动机的额定容量，线路在 30min 内出现的计算负荷是

$$P_c=\frac{P_{NM}}{\eta_N}\approx P_{NM} \tag{1-10}$$

式中　P_{NM}——电动机的额定功率；

　　η_N——电动机在额定负荷时的效率。

对单个白炽灯、单台电热设备和电炉等，设备额定容量就作为计算负荷。即

$$P_c = P_N \tag{1-11}$$

上述用电设备是按持续运行工作制得出的计算负荷。有些设备是属于断续周期工作制的，即有规律地时而工作、时而停歇、反复运行的用电设备，如起重设备、电焊设备等。

为了表征断续周期的特点，将整个工作周期里的工作时间与全周期时间之比用负荷持续率(也称暂载率)ε 表示

$$\varepsilon = \frac{t}{t + t_0} \times 100\% \tag{1-12}$$

式中 t——工作时间；

t_0——停歇时间。

对于起重设备，统一规定换算到负荷持续率 $\varepsilon = 25\%$ 时的功率，即

$$P_e = \sqrt{\frac{\varepsilon_N}{\varepsilon_{25}}} P_N = 2\sqrt{\varepsilon_N} P_N \tag{1-13}$$

对于电焊设备，统一规定换算到负荷持续率 $\varepsilon = 100\%$ 时的功率，即

$$P_e = \sqrt{\frac{\varepsilon_N}{\varepsilon_{100}}} P_N = \sqrt{\varepsilon_N} P_N \tag{1-14}$$

式中 P_e——换算后设备功率；

ε_{25}、ε_{100}——起重和电焊设备的负荷持续率为25%和100%；

ε_N——铭牌负荷持续率；

P_N——换算前铭牌额定功率。

2）用电设备组的计算负荷。一组中的用电设备并不同时工作，参与工作的设备也未必满载，同时考虑供电线路的效率、用电设备本身的效率等因素，计算负荷表达式为

$$P_c = \frac{K_t K_l}{\eta_l \eta_{rl}} P_e = K_d P_e \tag{1-15}$$

式中 K_t——同时使用系数，为在负荷最大工作班某组工作着的用电设备容量与接于线路中全部用电设备总容量之比；

K_l——负荷系数，表示工作着的用电设备实际所需功率与全部用电设备投入容量之比；

η_l——线路效率；

η_{rl}——用电设备在实际运行功率时的效率。

式(1-15)中 K_d 为需要系数，它是用电设备组在投入运行时，需从网络实际取用功率所必须考虑的一个综合系数。显然，在设备额定功率 P_e 已知的条件下，只要测出或统计出用电设备组的计算负荷 P_c，即在典型的用电设备组负荷曲线上出现30min的最大负荷 P_{30}，就可确定需要系数 K_d。用相似的方法可以确定出车间和全厂的需要系数，见表1-3～表1-5。

表1-3 各用电设备组的需要系数 K_d 及功率因数

用电设备组名称		K_d	$\cos\varphi$	$\tan\varphi$
单独传动的金属加工机床	冷加工车间	0.14～0.16	0.50	1.73
	热加工车间	0.20～0.25	0.55～0.6	1.52～1.33

（续）

用电设备组名称		K_d	$\cos\varphi$	$\tan\varphi$
压床、锻锤、剪床及其他锻工机械		0.25	0.60	1.33
连续运输机械	联锁的	0.65	0.75	0.88
	非联锁的	0.60	0.75	0.88
轧钢车间反复短时工作制的机械		0.3～0.40	0.5～0.6	1.73～1.33
通风机	生产用	0.75～0.85	0.8～0.85	0.75～0.62
	卫生用	0.65～0.70	0.80	0.75
泵、活塞式压缩机、鼓风机、电动发电机组、排风机等		0.75～0.85	0.80	0.75
破碎机、筛选机、碾砂机等		0.75～0.80	0.80	0.75
磨碎机		0.80～0.85	0.80～0.85	0.75～0.62
铸铁车间造型机		0.70	0.75	0.88
搅拌器、凝结器、分级器等		0.75	0.75	0.88
汞整流机组（在变压器一次侧）	电解车间用	0.90～0.95	0.82～0.90	0.70～0.48
	起重机负荷	0.30～0.50	0.87～0.90	0.57～0.48
	电气牵引用	0.40～0.50	0.92～0.94	0.43～0.36
感应电炉（不带功率因数补偿装置）	高频	0.80	0.10	10.05
	低频	0.80	0.35	2.67
电阻炉	自动装料	0.7～0.80	0.98	0.20
	非自动装料	0.6～0.70	0.98	0.20
小容量试验设备和试验台	带电动发电机组	0.15～0.40	0.72	1.02
	带试验变压器	0.1～0.25	0.20	4.91
起重机	锅炉房、修理、金工、装配车间	0.05～0.15	0.50	1.73
	铸铁车间、平炉车间	0.15～0.30	0.50	1.73
	轧钢车间、脱锭工序等	0.25～0.35	0.50	1.73
电焊机	点焊与缝焊用	0.35	0.60	1.33
	对焊用	0.35	0.70	1.02
电焊变压器	自动焊接用	0.50	0.40	2.29
	单头手动焊接用	0.35	0.35	2.68
	多头手动焊接用	0.40	0.35	2.68
焊接用电动发电机组	单头焊接用	0.35	0.60	1.33
	多头焊接用	0.70	0.75	0.80
电弧炼钢炉变压器		0.90	0.87	0.57
煤气电气滤清机组		0.80	0.78	0.80

表1-4 车间低压负荷的需要系数及功率因数

车间类别	K_d	$\cos\varphi$	$\tan\varphi$	车间类别	K_d	$\cos\varphi$	$\tan\varphi$
铸钢车间(不包括电弧炉)	0.3~0.4	0.65	1.17	修理车间	0.2~0.25	0.65	1.17
锻压车间(不包括高压水泵)	0.2~0.3	0.55~0.65	1.52~1.17	电镀车间	0.4~0.62	0.85	0.62
热处理车间	0.4~0.6	0.65~0.7	1.17~1.02	充电站	0.6~0.7	0.8	0.75
焊接车间	0.25~0.3	0.45~0.5	1.98~1.73	氧气站	0.75~0.85	0.8	0.75
金工车间	0.2~0.3	0.55~0.65	1.52~1.17	冷冻站	0.7	0.75	0.88
木工车间	0.28~0.35	0.6	1.33	锅炉房	0.65~0.75	0.8	0.75
工具车间	0.3	0.65	1.17	压缩空气站	0.7~0.85	0.75	0.88

表1-5 全厂负荷的需要系数及功率因数

工厂类别	需要系数		最大负荷时功率因数	
	变动范围	建议采用	变动范围	建议采用
汽轮机制造厂	0.38~0.49	0.38	—	0.88
锅炉制造厂	0.26~0.33	0.27	0.73~0.75	0.73
柴油机制造厂	0.32~0.34	0.32	0.74~0.84	0.74
重型机床制造厂	0.32	0.32	—	0.71
仪器仪表制造厂	0.31~0.42	0.37	0.8~0.82	0.81
电机制造厂	0.25~0.38	0.33	—	0.81
石油机械制造厂	0.45~0.5	0.45	—	0.78
电线电缆制造厂	0.35~0.36	0.35	0.65~0.8	0.73
电器开关制造厂	0.3~0.6	0.35	—	0.75
橡胶厂	0.5	0.5	—	0.72
通用机器厂	0.34~0.43	0.4	—	0.72

由表1-3可求出该组的无功计算负荷 Q_c 及视在计算负荷 S_c

$$Q_c = P_c \tan\varphi \tag{1-16}$$

$$S_c = \sqrt{P_c^2 + Q_c^2} \tag{1-17}$$

式中 $\tan\varphi$——该组用电设备的功率因数角的正切值。

3）多组用电设备的计算负荷。多组用电设备（m 组），由于各组的需要系数互不相同，各组最大负荷出现的时间也有差异，因此，除了将各组计算负荷累加外，还必须乘一个同期系数 K_Σ。即

$$P_{c\Sigma} = K_\Sigma \sum_{i=1}^{m} P_{ci} \tag{1-18}$$

$$Q_c = K_\Sigma \sum_{i=1}^{m} Q_{ci} \tag{1-19}$$

$$S_c = K_\Sigma \sum_{i=1}^{m} S_{ci} \tag{1-20}$$

式中　K_{Σ}——同期系数，见表1-6。

表1-6　需要系数法的同期系数 K_{Σ}

应　用　范　围		K_{Σ}
确定车间变电所低压母线最大负荷时，所采用的有功负荷或无功负荷的同期系数	冷加工车间	0.7～0.8
	热加工车间	0.7～0.9
	动力站	0.8～1.0
确定配电所母线最大负荷时，所采用的有功负荷或无功负荷的同期系数	计算负荷小于5000kW	0.9～1.0
	计算负荷为5000～10000kW	0.85
	计算负荷超过10000kW	0.8

注：当由各车间直接计算全厂最大负荷时，应同时乘以表中的两种同期系数。

【例1-1】　机械制造厂某车间有一供电线路，接有下列用电设备。

第①组，10台金属冷加工机床，其中：

容量为5kW的电动机2台；

容量为10kW的电动机3台；

容量为14kW的电动机5台。

第②组，20台水泵和通风机，其中：

容量为10kW的电动机5台；

容量为14kW的电动机7台；

容量为28kW的电动机8台。

第③组，4台运输机，每台为7kW的电动机。

上述所有用电设备都是长期运行的，求计算负荷。

解：首先将工艺性质相同的或需要系数相似的设备合并成组，如上面所示第①～③组。由表1-3查得各用电设备组的需要系数及功率因数。

第①组，金属冷加工机床（大批生产的）

$$K_{d1}=0.2 \qquad \cos\varphi_1=0.5 \qquad \tan\varphi_1=1.73$$

$$P_{c1}=K_{d1}P_{e1}=0.2\times110\text{kW}=22\text{kW}$$

$$Q_{c1}=P_{c1}\tan\varphi_1=22\times1.73\text{kvar}=38\text{kvar}$$

第②组，水泵和通风机

$$K_{d2}=0.75 \qquad \cos\varphi_2=0.8 \qquad \tan\varphi_2=0.75$$

$$P_{c2}=K_{d2}P_{e2}=0.75\times372\text{kW}=279\text{kW}$$

$$Q_{c2}=P_{c2}\tan\varphi_2=279\times0.75\text{kvar}=209\text{kvar}$$

第③组，运输机（联锁）

$$K_{d3}=0.65 \qquad \cos\varphi_3=0.75 \qquad \tan\varphi_3=0.88$$

$$P_{c3}=K_{d3}P_{e3}=0.65\times28\text{kW}=18\text{kW}$$

$$Q_{c3}=P_{c3}\tan\varphi_3=18\times0.88\text{kvar}=16\text{kvar}$$

由于负荷小于5000kW，同期系数取 $K_{\Sigma}=1$，则总的计算负荷为

$$P_{c\Sigma} = K_{\Sigma} \sum_{i=1}^{3} P_{ci} = 319\text{kW}$$

$$Q_{c} = K_{\Sigma} \sum_{i=1}^{3} Q_{ci} = 263\text{kvar}$$

$$S_{c} = \sqrt{(P_{c\Sigma})^2 + (Q_{c\Sigma})^2} = \sqrt{319^2 + 263^2}\text{kVA} \approx 413\text{kVA}$$

4）全厂的计算负荷。以图 1-12 为例，从负荷端向工厂电源端将其逐级相加，只要分别乘以各级配电点的各自同期系数就可求得全厂的计算负荷。

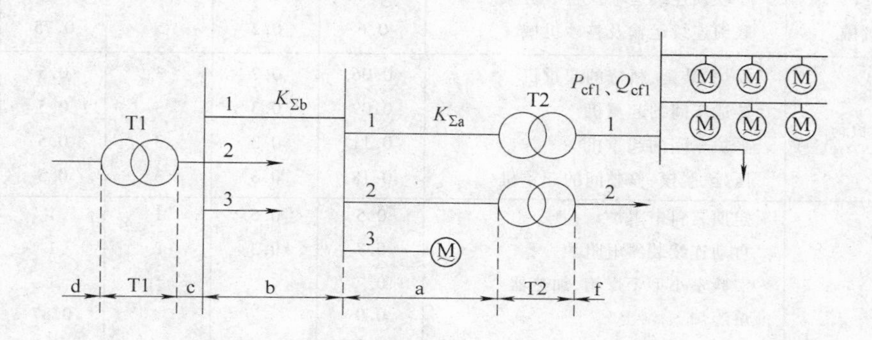

图 1-12 全厂最大负荷计算

a 级线路 1 的计算负荷 P_{ca1}、Q_{ca1} 是由低压负荷端线路 1 的计算负荷 P_{cf1}、Q_{cf1} 加变压器的功率损耗 ΔP_{T2}、ΔQ_{T2} 求得。

b 级线路 1 的计算负荷 P_{cb1}、Q_{cb1} 是由 a 级线路 1、2 计算负荷之和 $\sum_{i=1}^{2} P_{cai}$、$\sum_{i=1}^{2} Q_{cai}$ 乘以同期系数 $K_{\Sigma a}$ 加上高压电动机的计算负荷 P_{cM}、Q_{cM} 求得。

c 级的计算负荷 P_{cc}、Q_{cc} 是由 b 级三条线路计算负荷之和 $\sum_{i=1}^{3} P_{cbi}$、$\sum_{i=1}^{3} Q_{cbi}$ 乘以同期系数 $K_{\Sigma b}$ 求得。

d 级为供给全厂电能的总供电线路，其计算负荷 P_{cd}、Q_{cd} 是由 P_{cc}、Q_{cc} 加上总变压器 T1 的功率损耗 ΔP_{T1}、ΔQ_{T1} 求得。

（2）按二项式系数法确定计算负荷　需要系数法是将需要系数看做与用电设备台数及容量无关的常数，这对确定用电设备台数多、总容量大的企业或具有一定规模车间变电所的计算负荷是可以的。但是，在确定连接设备台数不多的车间干线或支干线的计算负荷时，由于其中大容量用电设备运行状态的改变，对电力负荷的变化影响很大，需要系数法则不能描述这种变化，因而提出了二项式系数法。二项式系数法是用两个系数表征负荷变化规律的方法，其计算负荷基本公式为

$$P_{c} = cP_{x} + bP_{e} \tag{1-21}$$

式中　c、b——系数，见表 1-7；

P_{x}——组中 x 台容量最大的用电设备的总额定容量；

P_{e}——该组所有用电设备的总额定容量。

表 1-7　二项式计算系数

负荷种类	用电设备组名称	二项式系数			$\cos\varphi$	$\tan\varphi$
		b	c	x		
金属切削机床	小批及单件金属冷加工	0.14	0.4	5	0.5	1.73
	大批及流水生产的金属冷加工	0.14	0.5	5	0.5	1.73
	大批及流水生产的金属热加工	0.26	0.5	5	0.65	1.16
长期运转机械	通风机、泵、电动发电机	0.65	0.25	5	0.8	0.75
铸工车间连续运输及整砂机械	非联锁连续运输及整砂机械	0.4	0.4	5	0.75	0.88
	联锁连续运输及整砂机械	0.6	0.2	5	0.75	0.88
反复短时负荷	锅炉、装配、机修的起重机	0.06	0.2	3	0.5	1.73
	铸造车间的起重机	0.09	0.3	3	0.5	1.73
	平炉车间的起重机	0.11	0.3	3	0.5	1.73
	压延、脱模、修整间的起重机	0.18	0.3	3	0.5	1.73
电热设备	定期装料电阻炉	0.5	0.5	1	1	0
	自动连续装料电阻炉	0.7	0.3	2	1	0
	实验室小型干燥箱、加热器	0.7			1	0
	熔炼炉	0.9			0.87	0.56
	工频感应炉	0.8			0.35	2.67
	高频感应炉	0.8			0.6	1.33
焊接设备	单头手动弧焊变压器	0.35			0.35	2.67
	多头手动弧焊变压器	0.7~0.9			0.75	0.88
	自动弧焊变压器	0.5			0.5	1.73
	点焊机及缝焊机	0.35			0.6	1.33
	对焊机	0.35			0.7	1.02
	平焊机	0.35			0.7	1.02
	铆钉加热器	0.7			0.65	1.17
	单头直流弧焊机	0.35			0.6	1.33
	多头直流弧焊机	0.5~0.9			0.65	1.17
电镀	硅整流装置	0.5	0.35	3	0.75	0.88

对于不同种类的用电设备组（m 组），其二项式的表达式为

$$(P_c)_m = (cP_x)_{\max} + \sum_{i=1}^{m} b_i P_{ei} \tag{1-22}$$

式中　$(cP_x)_{\max}$——各用电设备组算式第一项 cP_x 中的最大值；

$\sum_{i=1}^{m} b_i P_{ei}$——所有用电设备组算式中第二项的总和。

无功功率的计算负荷可用类似方法求得

$$(Q_c)_m = (cP_x)_{\max}\tan\varphi_{\max} + \sum_{i=1}^{m} b_i P_{ei}\tan\varphi_i \tag{1-23}$$

式中　$\tan\varphi_{\max}$——与 $(cP_x)_{\max}$ 相应的功率因数角正切值；

$\tan\varphi_i$——各组用电设备 $b_i P_{ei}$ 相应的功率因数角正切值。

【例 1-2】　用二项式系数法求例 1-1 中的计算负荷。

解：由表1-7查得各用电设备组的计算系数，则

第①组，金属冷加工机床（大批生产）

$$P_{c1}=c_1P_{x1}+b_1P_{e1}=[0.5\times(5\times14)+0.14\times110]\text{kW}=(35+15)\text{kW}=50\text{kW}$$

$$Q_{c1}=P_{c1}\tan\varphi_1=50\times1.73\text{kvar}=87\text{kvar}$$

第②组，水泵和通风机

$$P_{c2}=c_2P_{x2}+b_2P_{e2}=[0.25\times(5\times28)+0.65\times372]\text{kW}=(35+245)\text{kW}=280\text{kW}$$

$$Q_{c2}=P_{c2}\tan\varphi_2=280\times0.75\text{kvar}=210\text{kvar}$$

第③组，运输机

$$P_{c3}=c_3P_{x3}+b_3P_{e3}=(0.2\times28+0.6\times28)\text{kW}=(5.6+16.8)\text{kW}=22\text{kW}$$

$$Q_{c3}=P_{c3}\tan\varphi_3=22\times0.88\text{kvar}=19\text{kvar}$$

于是第①~③组用电设备的计算负荷为

$$(P_c)_m=(cP_x)_{\max}+\sum_{i=1}^{m}b_iP_{ei}=(35+15+245+16.8)\text{kW}=312\text{kW}$$

$$\begin{aligned}(Q_c)_m&=(cP_x)_{\max}\tan\varphi_{\max}+\sum_{i=1}^{m}b_iP_{ei}\tan\varphi_i\\&=(35\times1.73+15\times1.73+245\times0.75+16.8\times0.88)\text{kvar}\\&=(61+26+184+15)\text{kvar}=286\text{kvar}\end{aligned}$$

$$(S_c)_m=\sqrt{(P_c)_m^2+(Q_c)_m^2}=\sqrt{312^2+286^2}\text{kVA}\approx423\text{kVA}$$

思考题与习题

1-1　何谓电力系统？何谓电力网？各自的作用是什么？

1-2　电力系统运行的特点和基本要求是什么？

1-3　发电机、变压器、用电设备的额定电压与所接线路的额定电压在数值上有无差别？为什么？

1-4　电力系统的中性点运行方式有几种？中性点不接地系统和中性点直接接地系统发生单相接地时各有什么特点？

1-5　何谓负荷曲线？年最大负荷利用小时数的物理意义是什么？

1-6　什么是负荷持续率？断续周期工作制用电设备的设备容量如何确定？

1-7　某机修车间分别对热加工机床和联锁的运输机两组负荷供电。其中，热加工机床有5kW电动机6台、10kW电动机4台；联锁的运输机有10kW电动机5台。试用需要系数法计算各组计算负荷及总的计算负荷。

1-8　某380V线路上，接有冷加工机床电动机20台，共50kW，其中较大容量电动机有7kW电动机1台、4.5kW电动机2台、2.8kW电动机7台；通风机2台，共5.6kW。试用二项式系数法确定此线路上的计算负荷。

第 2 章　发电厂和变电所的一次系统

2.1　电网一次系统和二次系统的基本概念

电力系统按其作用可分一次系统和二次系统。

一次系统是电力网中电能传输的通路，通常把一次系统中生产、变换、输送、分配和使用电能的设备称为一次设备。一次设备包括：生产、转换电能的设备，如发电机、电动机、变压器等；接通或断开电器的开关电器，如断路器、隔离开关、负荷开关、熔断器、接触器等。

二次系统是辅助电路，对一次系统和设备的运行状态进行测量、控制、监视和保护，其中的所有设备均称为二次设备。二次设备包括：仪用互感器，如电压和电流互感器；测量表计，如电压、电流、功率、电能表等；继电保护及自动装置；直流电源设备，包括直流发电机组、蓄电池组和硅整流装置等，供给控制、保护用的直流电源和厂用直流负荷、事故照明用电等；操作电器、信号设备及控制电缆，如各种类型的操作把手、按钮等。

在发电厂和变电站中，相应地有一次接线（又称主接线或主电路）和二次接线（又称二次电路）。互感器属于一次设备，二次接线与一次接线之间是通过电压互感器和电流互感器相关联的，互感器一次侧接于主电路，二次侧接于二次电路。用规定的设备文字符号和图形符号将一次接线的各个电气设备按连接顺序排列，详细表示电气设备的组合和连接关系的接线图称为电气主接线图。电气主接线图一般画成单线图，但对三相接线不完全相同的局部则画成三线图。

2.2　电力线路的结构

2.2.1　架空线路

电力线路包括输电线路和配电线路，用来传送电能。电力线路按结构可分为架空线路和电缆线路。架空电力线路是用电杆将导线悬空架设，直接向用户传送电能的电力线路；电缆线路一般埋在地下的电缆沟或管道中。架空线路建造费用低，便于架设和维护，在电力网中为大多数线路所采用。在城市建设中，高电压线路也可采用电缆线路。

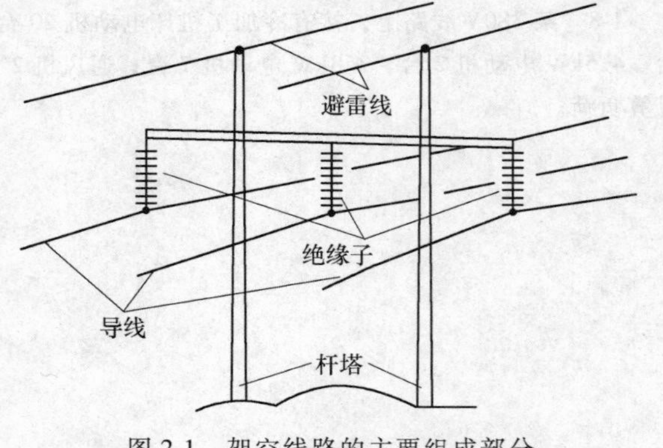

图 2-1　架空线路的主要组成部分

架空线路由塔杆、导线、避雷线（或称架空地线）、绝缘子，以及金具、拉线等主要部分组成，如图 2-1 所示。导线用来传送电能，避雷线把雷电流引入大地，绝缘子使导线和杆塔之间绝缘，金具用以支持、连接导线，杆塔用来支撑导线和避雷线，使导线之间、导线与地之间保持绝缘距离。架空线路相邻杆塔之间水平距离，称为线路的档距。在档距中，导线离地最低点和悬挂点之间的垂直距离称为导线的弧垂。两个相邻杆塔之间档距的大小决定于导线允许弧垂和对地距离。对于6~10kV配电线路，档距一般在100m以下；对于110~220kV输电线路，采用钢筋混凝土时，档距一般在150~400m，采用铁塔时，档距为250~400m。导线弧垂的大小决定于导线允许的拉力与档距，并与气象、地理条件有关。

1. 架空线路的导线和避雷线

架空线路的导线和避雷线工作在露天，不仅受到风压、覆冰和温度变化的影响，还会受到空气中各种化学杂质的侵蚀，因此，导线和避雷线不仅要具有良好的导电性，还必须具有较高的机械强度和耐化学腐蚀的能力。导线除低压配电线路使用绝缘线外，一般都是用裸线。常用的架空导线有钢芯铝绞线、铝绞线、铜绞线和钢绞线等，有时也采用绝缘导线。避雷线一般采用钢线，有时也采用铝包钢线。按我国现行电压标准规定，钢芯铝绞线按其铝线和钢线截面比的不同，有不同的机械强度，分为三类：普通型，如型号LGJ，它的铝、钢截面的比值为5.3~6.1；轻型，如型号LGJQ，其铝、钢截面的比值为7.6~8.3；加强型，如型号LGJJ，其铝、钢截面的比值为4~4.5。

一般导线除给出型号外，还要给出导线载流额定截面（并非整根导体的截面）。例如，LGJQ—400表示轻型钢芯铝线，其载流截面为400mm^2。架空线的截面选择主要由以下几方面决定：根据机械强度选用导线截面；根据允许持续电流选择导线截面；根据电压损失选择导线截面。

为了防止电晕并减小线路感抗，超高压架空输电线路中的导线多采用扩径导线、空心导线和分裂导线。扩径导线是人为地扩大导线直径，但又不增大导线载流部分截面积的导线，它和普通钢芯铝绞线的不同在于支撑层并不为铝线所填满。由于扩径导线和空心导线不易制造，安装困难，故多采用分裂导线。所谓分裂导线，就是将输电线的每一相导线分裂成若干根、并按一定的规则分散排列所构成的导线。它能改变导线周围的磁场分布，等效地增大导线半径，减小线路的等效电抗。分裂导线一般由2~6根钢芯铝绞线作为子导线组成一相导线，如图2-2b所示。分裂导线的子导线之间距离为400~500mm，用金属材料或绝缘材料制

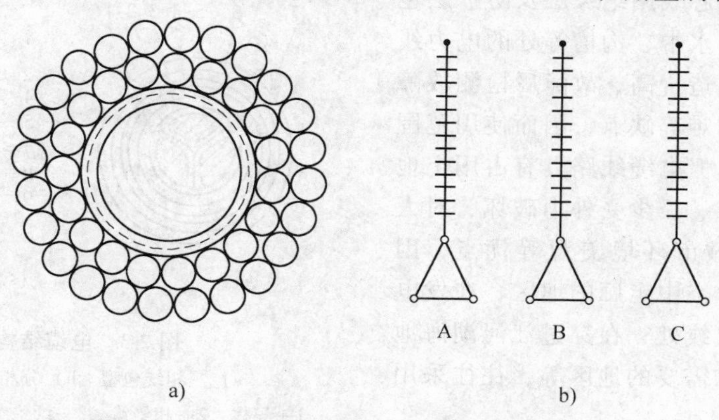

图2-2　空心导线和分裂导线
a）空心导线　b）分裂导线（三分裂）

作的间隔棒支撑。

2. 塔杆的种类及选用

塔杆是架空线路的重要组成部分，是架空导线的支柱。塔杆应具有足够的机械强度，造价要低、使用寿命要长。

塔杆的种类：塔杆按其材质可分为木杆、钢筋混凝土杆和铁塔三种。为了节约木材，木杆在我国已不多用；钢筋混凝土杆大多采用离心法浇制而成，有等径焊和锥形焊两种。铁塔可分为两大类，即自立式铁塔和拉线式铁塔，按使用材料又可分为钢管铁塔、角钢铁塔和圆钢铁塔，国外还有铝合金铁塔，也有混合使用的铁塔。

塔杆从输电回路数可分为单回路、双回路及多回路等形式。

塔杆的结构型式：塔杆按其在线路中的作用和地位，可分为六种结构型式，直线杆（又叫中间杆）、耐张杆（又叫承力杆）、转角杆、终端杆、跨越杆、分支杆。

3. 绝缘子的种类及选用

绝缘子用来固定导线，并使导线对地绝缘。此外绝缘子还要承受导线的垂直荷重和水平拉力，所以它应有良好的电气绝缘性能和足够的机械强度。

低压架空线路常用的绝缘子有针式绝缘子、蝶式绝缘子和拉紧绝缘子。高压架空线路常用的绝缘子有针式绝缘子、蝶式绝缘子和悬式绝缘子。

4. 线路金具的种类及选用

在铺设架空线路中，横担的组装、绝缘子的安装、导线的架设及电杆拉线的制作等都需要一些金属附件，这些金属附件统称为线路金具。线路金具主要用于架空电力线路，可将绝缘子和导线悬挂或拉紧在杆塔上，或用于导线、地线的连接、防震及拉线杆中拉线的紧固与调整等。

线路常用的金具大致有以下几种：针式绝缘子的直脚和弯脚；蝶式绝缘子的穿心螺钉；悬式绝缘子的挂环、挂板、线夹；横担固定在电杆上用的U形抱箍；调节拉线松紧的花篮螺栓、拉线心形环；线路用的其他螺栓、垫铁、支撑、线夹、夹板、钳接管等。

2.2.2　电缆线路

电缆是将导电芯线用绝缘层及防护层包裹，敷设于地下、水中、沟槽等处的电力线路。由于电缆线路造价高、故障后检测故障点位置和修理较困难等缺点，因而使用范围远不如架空线路。但电缆线路具有占用土地面积少、供电可靠、极少受外力破坏、对人身较安全、可使城市环境美观等优点，因此，在大城市缺少空中走廊的地区、在发电厂和变电所的进出线处、在穿过江河湖海地区以及国防或特殊需要的地区等，往往采用电缆线路。

电力电缆的结构主要包括导体、绝缘层和保护层三部分，如图2-3所示。

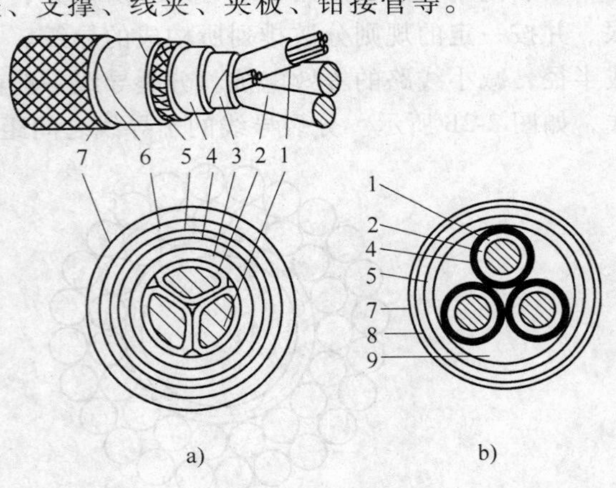

图2-3　电缆结构

a）三相统包型　b）分相铅包型

1—导体　2—相绝缘　3—纸绝缘　4—铅包皮　5—麻衬　6—钢带铠甲　7—麻被　8—钢丝铠甲　9—填充物

2.3　电气设备

2.3.1　断路器

1. 开关电器的种类

开关电器按功能可分为以下几种：

1）仅用于正常情况下断开或接通正常工作电流的开关设备，如高、低压负荷开关以及低压刀开关、接触器和电磁力起动器等；

2）仅在故障或过载情况下切断或闭合故障电流和过载电流的开关设备，如高、低压熔断器等；

3）既能开断或关合正常工作电流，又能开断、关合故障电流的开关设备，常见的有高、低压断路器等；

4）仅用于检修时隔离带电部分的开关电器，主要是隔离开关。

2. 电力系统对高压断路器的要求

电力系统对高压断路器有以下要求：

1）在正常情况下能开断和关合电路；

2）在电力系统发生故障时应以较短时间将故障部分从电力系统中切除，以减轻故障对设备的损害；

3）能配合自动重合闸进行多次关合和开断。

3. 高压断路器的基本类型

按灭弧介质的不同，高压断路器可分下面几类。

（1）油断路器　按使用油量的多少和油的作用，油断路器可分为多油和少油断路器两大类。多油断路器的油量多，其油既作灭弧介质和动、静触头的绝缘介质，又作带电导体对地（外壳）的绝缘介质。少油断路器的油量很少（一般只有几千克），油只作为灭弧介质，断路器的对地绝缘靠空气、绝缘套管及其他绝缘材料来完成。目前，在 6~35kV 用户的老式配电装置中仍然采用的是少油断路器，例如 SN10—10 型户内少油断路器，但在新型高压配电装置中，油断路器已被真空断路器所取代。

（2）压缩空气断路器　压缩空气断路器是利用高压空气吹动电弧并使其熄灭的断路器。其工作时，高速气流吹弧对弧柱产生强烈的散热和冷却作用，使弧柱热电离，并迅速减弱直至消失。电弧熄灭后，电弧间隙即由新鲜的压缩空气补充，介电强度迅速恢复。

（3）SF_6（六氟化硫）断路器　油断路器是用油作灭弧和绝缘介质的。由于油在电弧高温作用下要分解出碳，使油中的含碳量增高，从而降低了油的绝缘和灭弧性能，因此，油断路器在运行中要经常注意监视油色，适时分析油样，必要时要更换新油。而 SF_6 断路器则无此麻烦，它采用的具有良好灭弧和绝缘性能的气体 SF_6，SF_6 气体能在电弧作用下分解为低氟化合物，大量吸收电弧能量，使电弧迅速冷却而熄灭。SF_6 断路器的动作快、性能好、体积小、维护少，而且由于其采用 SF_6 气体灭弧，绝缘性能好，因此断口电压可以做得较高。

图 2-4 所示为 LWA—126 型户外自能瓷柱式 SF_6 断路器。该断路器适用于 110kV 的电网

中，可作为电力系统的控制和保护设备，也可作为联络断路器使用。该断路器采用小直径的实心的静弧触头及细而长的喷口来增大热膨胀效应，将热膨胀室和压气室断开，并使两者之间有单向阀相通，同时，在压气室底部设有弹性释压阀。热膨胀式灭弧的工作原理：当开断大电流时，弧区热气体流入热膨胀室，变成低温高压气体，由于压差，使热膨胀室的单向阀关闭，当电流过零时，热膨胀室的高压气体吹向断口间使电弧熄灭，当压气室压力达到一定的气压值时弹性释压阀开启，一边压气，一边放气，机构不必提供更多的压气能量；当开断小电流时，由于电弧能量小，热膨胀室的压力也小，压气室气体将通过单向阀进入热膨胀室，吹向断口，使电弧熄灭。

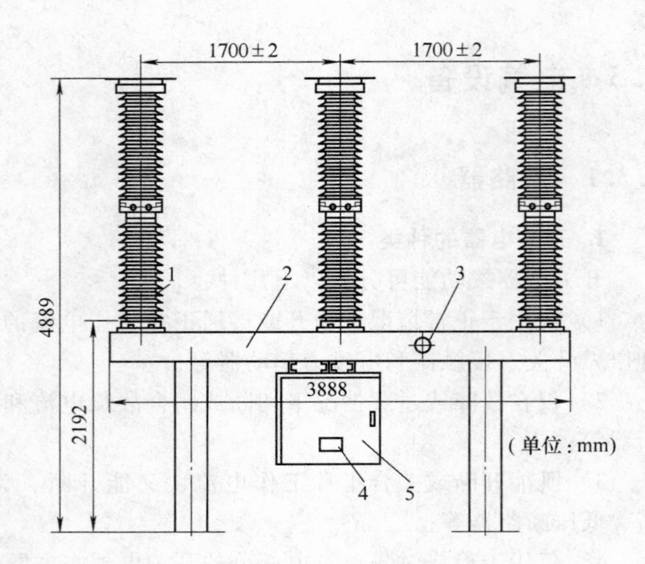

图 2-4　LWA—126 型户外自能瓷柱式 SF_6 断路器

1—极柱　2—基座　3—指针密度继电器

4—铭牌　5—控制柜

LWA—126 型户外自能瓷柱式 SF_6 断路器的灭弧室采用压缸式结构，喷口采用新型材料，具有耐烧蚀、提高开断能力的功效；由于采用自能式灭弧原理，并在操动系统中进行了优化设计，故有效地提高了运动效率，最大限度地降低了操作所需能量。

（4）真空断路器　真空断路器是将触头装在一个真空容器（即真空灭弧室）内，由于真空中不存在气体游离的问题，所以触头断开时不会发生电弧，或者说触头一断开，电弧就熄灭，故可频繁操作。但在感性电路中，若灭弧速度过快，则 di/dt 太大，可引起极高的过电压，这对供电系统是不利的，因此，这种“真空”不能是绝对的真空（真空度 > 105mmHg，1mmHg = 133.322Pa）。实际上，真空灭弧室能在触头离开时因高电场发射和热电发射产生一点电弧，称之为“真空电弧”，而且，该电弧能在电流第一次过零时熄灭，这样，燃弧时间既短（至多半个周期），又不至于产生很高的过电压。

ZN54—10Ⅱ型真空断路器如图 2-5 所示。在真空灭弧室的中部，有一对圆盘状的触头。在触头刚分离时，由于高电场发射和热电发射而使触头间产生电弧。电弧温度很高，可使触头表面产生金属蒸气。随着触头的分开和电弧电流的减小，触头间的金属蒸气密度也逐渐减小。当电弧电流过零时，电弧暂时熄灭，触头周围的金属离子迅速扩散，凝聚在四周屏蔽罩上，以致在电流过零后的极短时间（几微秒）内触头间隙实际上恢复了原来的真空度。因此，当电流过零后很快再加上电压时，触头间隙不会再次击穿，也就是说，真空电弧在电流第一次过零时就熄灭了。所以，真空断路器的灭弧时间至多只有半个周期。真空断路器具有体积小、重量轻、动作快、寿命长、易于维护和无爆炸燃烧等优点，虽然其造价较高，但在目前生产的新型配电装置中，已基本取代了其他类型的断路器。

（5）磁吹断路器　磁吹断路器是利用磁场的作用使电弧熄灭的一种断路器。磁场通常由分断电流本身产生，电弧被磁场吹入灭弧片狭缝内，并使之拉长、冷却，直至最终熄灭。

磁吹断路器的触头在空气中闭合和断开。

（6）固体产气断路器（简称自产气断路器）　固体产气断路器按断路器安装地点，可分为户内式和户外式，其结构和应用可查阅相关资料。

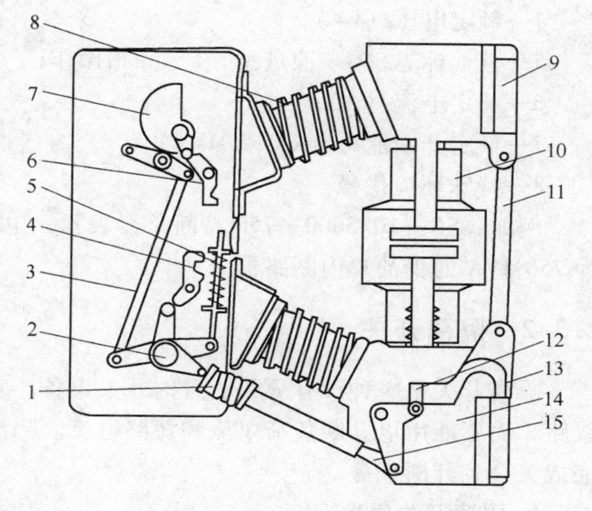

图2-5　ZN54—10Ⅱ型真空断路器

1—触头弹簧　2—主轴　3—合闸四连杆　4—分闸掣子　5—分闸弹簧　6—合闸掣子　7—合闸凸轮　8—绝缘子　9—上出线端　10—真空灭弧室　11—支杆　12—杆端轴承　13—软连体　14—下出线端　15—绝缘拉杆

4. 高压断路器的基本技术参数

（1）额定电压 U_N　额定电压是保证断路器正常长期工作的线电压（标称电压），以kV为单位。

按我国现行标准及有关暂行规定，断路器的额定电压有10kV、20kV、35kV、60kV、110kV、220kV、330kV、500kV、750kV、1000kV。

按国家标准，额定电压在220kV及以下的电气设备，其最高工作电压为额定电压的1.15倍；对于330kV及以上电气设备，规定为1.1倍。

（2）额定电流 I_N　额定电流是断路器允许长期通过的最大工作电流，以A为单位。在长期通过额定电流时，断路器各部分发热温度不超过国家标准。

我国断路器额定电流等级为200A、400A、600A、（1000A）、1250A、1600A、（1500A）、2000A、3150A、4000A、5000A、6300A、8000A、10000A、12500A、16000A及20000A等。

（3）额定开断电流 I_{Nbr}　额定开断电流是在额定电压下断路器能开断而不至妨碍其继续工作的最大短路电流，以kA为单位。

（4）热稳定电流 I_{th}　热稳定电流又称短时耐受电流，是在某一规定的短时间 t 内断路器能耐受的短路电流热效应所对应的电流，以kA为单位。

（5）稳定电流 I_{es}　稳定电流又称峰值耐受电流，是断路器在关合位置时能允许通过而不至影响其正常运行的短路电流最大瞬时值，以kA为单位。

（6）额定短路关合电流 I_{Ncl}　额定短路关合电流是断路器在额定电压下用相应操动机构所能闭合的最大短路电流，以kA为单位。

（7）开断时间 t_{br}　开断时间是断路器的操动机构从接到分闸指令起到三相电弧完全熄灭为止的一段时间，它包括断路器的分闸时间和燃弧时间两部分。

（8）合闸时间 t_{cl}　合闸时间是处于分闸位置的断路器从接到合闸信号瞬间起到断路器三相触头全接通为止所经历的时间。

断路器的型号为

1 2 3—4 5／6 7 8

1—表示断路器的字母代号，S—少油，D—多油，Z—真空，K—空气，L—SF_6；

2—安装场所代号，N—户内型，W—户外型；

3—设计序列号；

4—额定电压（kV）；

5—其他标志，G—改进型，F—分相操作；

6—额定电流（A）；

7—额定开断能力（kA 或 MVA）；

8—特殊环境代号。

例如，SN—10/3000—750 型断路器表示，电压为 10kV、电流为 3000A、额定开断容量为 750MVA 的少油户内断路器。

2.3.2 隔离开关

隔离开关是一种没有灭弧装置的开关设备。它一般只能用以关合和开断有电压无负荷的线路，而不能用以开断负荷电流和短路电流。隔离开关需要与断路器配合使用，由断路器来完成关合、开断任务。

1. 隔离开关用途

将停役的电气设备与带电电网隔离，以形成安全的电气设备检修断口，建立可靠的绝缘回路；根据运行需要换接线路以及开断和关合一定长度线路的交流电流和一定容量的空载变压器的励磁电流。

2. 对隔离开关的特殊要求

隔离开关在分闸状态时应有明显可见的断口，使运行人员能明确区分电器是否与电网断开（在全封闭式配电装置中除外）；隔离开关断点之间应有足够的距离和可靠的绝缘，在任何状态下都不能被击穿而引起过电压危及工作人员的安全；隔离开关应具有足够的短路稳定性，包括动稳定和热稳定；隔离开关应结构简单，动作可靠；带有接地开关的隔离开关应有保证操作顺序的闭锁装置，以供安全检修和检修完成后恢复正常运行。

3. 隔离开关的分类

按安装地点，隔离开关可分为户内、户外两种；

按绝缘支柱的数目，隔离开关可分为单柱式、双柱式和三柱式三种；

按刀开关的运行方式，隔离开关可分为水平旋转式、垂直旋转式、摆动式和插入式四种；

按有无接地开关，隔离开关可分为带接地开关和不带接地开关两种。

4. 隔离开关的典型结构

户内隔离开关有三极式和单极式两种，一般为刀开关隔离开关。户外隔离开关有单柱式、双柱式和三柱式三种。

单柱式隔离开关的特点是，无笨重的底座，占地面积小，可直接布置在架空母线的下面以减少配电装置的面积，需用材料少、成本低，但在破冰能力上和在恶劣气候条件下的稳定可靠工作能力显得还不够理想，且无法装设两组接地开关。由于单柱式隔离开关具有占地面积小的突出优点，因此近年发展较快。双柱式隔离开关的特点是，结构简单，体积小，重量轻，电动稳定度高，破冰能力强，分闸时极间距离较大而合闸时瓷柱能够承受较大弯曲力等。双柱式隔离开关可配用手动或电动操动机构。

几种典型的高压隔离开关如图 2-6 所示。

图2-6　高压隔离开关

a）户内 GN19—12（C）系列　b）户外 GW8 系列　c）户外 GW4—40.5 系列

2.3.3　负荷开关

1. 负荷开关的用途

负荷开关的主要作用是在配电系统中关合、开断正常条件下的电流，并能通过规定的异常电流，即开断、关合正常的负荷电流以及关合短路电流。负荷开关不能作为电路中的保护开关，必须与具有开断短路电流能力的断路器或熔断器配合使用。一般将负荷开关与熔断器相配合，故障电流的开断由熔断器来完成，负荷开关则负责完成正常负荷电流的分合操作。

2. 负荷开关的类型

按使用电压，负荷开关可分为高压负荷开关和低压负荷开关。

高压负荷开关主要有六种。

（1）固体产气式高压负荷开关　固体产气式高压负荷开关利用开断电弧本身的能量使弧室的产气材料产生气体来吹灭电弧，其结构较为简单，适用于35kV及以下的产品。

（2）压气式高压负荷开关　压气式高压负荷开关利用开断过程中活塞的压气吹灭电弧，其结构也较为简单，适用于35kV及以下产品。压气式高压负荷开关如图2-7所示。

（3）压缩空气式高压负荷开关　压缩空气式高压负荷开关利用压缩空气吹灭电弧，能开断较大的电流，其结构较为复杂，适用于60kV及以上的产品。

（4）SF_6式高压负荷开关　SF_6式高压负荷开关利用SF_6气体灭弧，其开断电流大，开断电容电流性能好，但结构较为复杂，适用于35kV及以上产品。

（5）油浸式高压负荷开关　油浸式高压负荷开关利用电弧本身能量使电弧周围的油分解汽化并冷却熄灭电弧，其结构较为简单，但重量大，适用于35kV及以下的户外产品。

（6）真空式高压负荷开关　真空式高压负荷开关利用真空灭弧，电寿命长，相对价格较高，适用于220kV及以下的产品。

3. 负荷开关的工作原理

高压负荷开关的工作原理与高压断路器相似，一般也装有灭弧装置，但其结构比较简单。图2-7为一种压气式高压负荷开关，其工作过程是：分闸时，在分闸弹簧的作用下，主轴顺时针旋转，一方面通过曲柄滑块机构使活塞向上移动，将气体压缩；另一方面通过两套四连杆机构组成的传动系统，使主开关先打开，然后推动灭弧开关使灭弧触头打开，气缸中的压缩空气通过喷口吹灭电弧。合闸时，通过主轴及传动系统，使主开关和灭弧开关同时顺时针旋转，灭弧触头先闭合；主轴继续转动，使主触头随后闭合。在合闸过程中，分闸弹簧同时储能。由于负荷开关不能开断短路电流，故常与限流式高压熔断器组合在一起使用，利用限流熔断器的限流功能，不仅可以完成开断电路的任务而且可以显著地减轻短路电流所引起的热和电动力的作用。

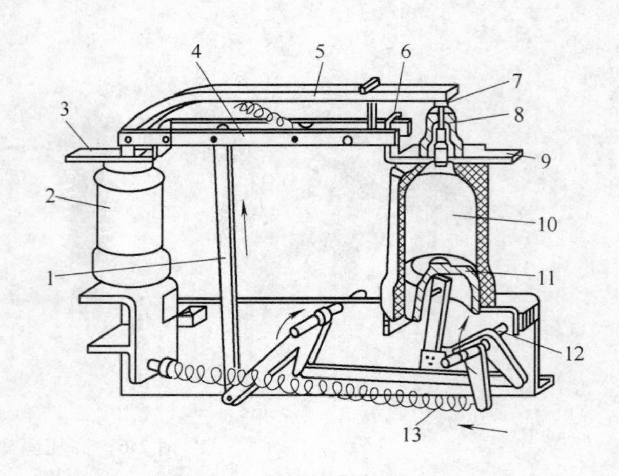

图 2-7 压气式高压负荷开关

1—绝缘拉杆 2—瓷绝缘子 3—进线 4—主开关 5—灭弧开关 6—主触头 7—灭弧触头 8—喷口 9—出线 10—气缸 11—活塞 12—主轴 13—分闸弹簧

低压负荷开关又称开关熔断器组，适于交流工频电路中，以手动不频繁地通断有载电路，也可用于线路的过载与短路保护；通断电路由触刀完成，过载与短路保护由熔断器完成。20 世纪 70 年代以前所用的开启式开关熔断器组（胶盖刀开关）和封闭式开关熔断器组（铁壳开关）均属于低压负荷开关。小容量的低压负荷开关触头分合速度与手柄操作速度有关。容量较大的低压负荷开关操作机构采用弹簧储能动作原理，触头分合速度与手柄操作的速度快慢无关；附有可靠的机械联锁装置，盖子打开后开关不能合闸及开关合闸后盖子不能打开，可保证工作安全。

2.3.4 高压熔断器

1. 熔断器的作用

熔体工作时串联在被保护回路中，正常的工作电流不应使熔体熔断，当电流超过一定数值（如短路电流或过负荷电流）时，熔体会因自身产生的热量而熔断，从而达到切断电路，保护电网和设备的目的。

从熔体通过非正常电流到开断电路的整个过程由三个阶段构成：从短路电流开始通过熔体至熔体熔断所需的时间（熔体熔化时间），从熔体熔断到产生电弧所需的时间，从电弧产生至电弧熄灭所需的时间（燃弧时间）。

2. 熔断器特性

熔断器的时间—电流特性又称为熔体的安秒特性，表示熔体熔化时间与通过的电流之间的关系。

熔断器最小熔化电流（I_{min}）是熔体熔化必需的最小电流。

3. 高压熔断器的典型结构和工作原理

高压熔断器的型号用 RN 和 RW 表示。目前在电力系统中用得最多的是限流式熔断器和跌落式熔断器（喷注式熔断器）。RN1、RN2 型限流式高压熔断器如图 2-8、图 2-9 所示。RN1 型高压熔断器用于电力线路过载及短路保护；RN2 型高压熔断器主要用于电压互感器的短路保护。

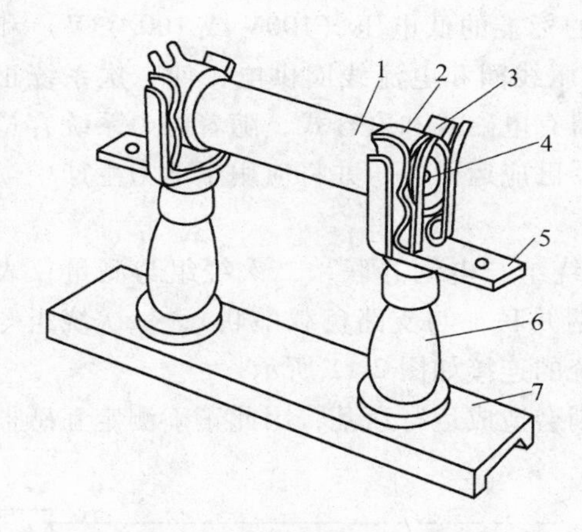

图 2-8　RN1、RN2 型限流式高压熔断器
1—瓷熔管　2—金属管帽　3—弹性触座
4—熔断指示器　5—接线端子　6—瓷绝缘子　7—底座

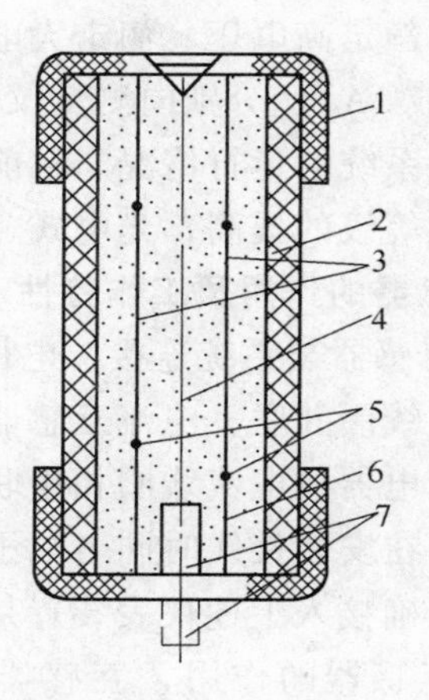

图 2-9　RN1、RN2 型限流式高压熔断器的熔管剖面
1—金属管帽　2—瓷熔管　3—工作熔体　4—指示熔体　5—锡球　6—石英砂填料　7—熔断指示器

一般用于户外的高压熔断器主要是跌落式高压熔断器，主要作用是保护输电线路和配电变压器。跌落式高压熔断器如图 2-10 所示。熔管（熔体管）由树脂层卷纸板制成，中间衬以石棉。熔丝两端各压接一段连接用的编织铜绞线，穿过熔管，用螺钉固定在上下两端的动触头上。可动的上触头被熔丝拉紧固定，并被上静触头上的“鸭嘴”中的凸撑卡住，熔断器处于“通路”位置。熔丝熔断时，熔管内产生电弧，熔管内壁在电弧作用下产生大量气体，气体高速向外喷出，产生强烈的去游离作用，在电流过零时将电弧熄灭。同时，熔丝熔断后，熔管上的上触头松脱，由于熔管的自重而从上触头的“鸭嘴”中滑脱，迅速跌落。跌落式熔断器的熔管在熔丝熔断后，自动跌落，一方面作为熔断标示，另一方面形成一个明显断开距离，起到隔离开关的作用。跌落式熔断器可以利用绝缘拉杆（操作杆）拉合空载线路，拉闸时只需用高压绝缘操作杆顶动“鸭嘴”即可。

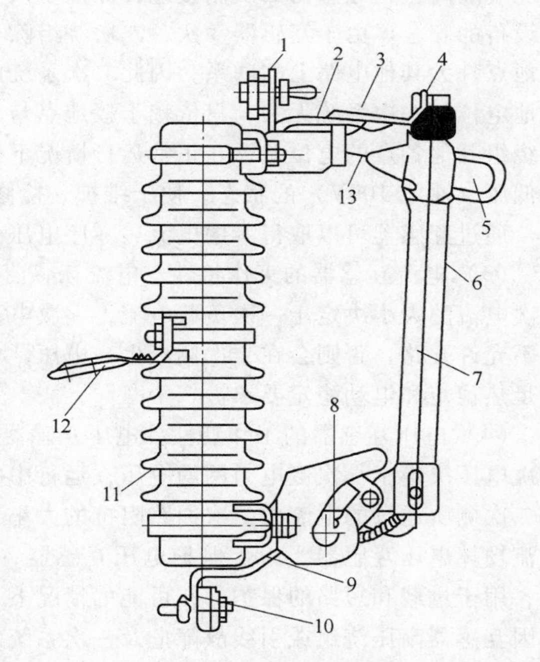

图 2-10　跌落式高压熔断器
1—上接线端　2—上静触头　3—上动触头　4—管帽　5—操作环　6—熔管　7—熔丝　8—下动触头　9—下静触头　10—下接线端　11—瓷绝缘子　12—固定安装板　13—鸭嘴

2.3.5　互感器

互感器包括电流互感器和电压互感器，是一次系统和二次系统之间的联络元件。互感器

将一次侧的额定高电压、额定大电流变成二次侧的标准的低电压（100V 或 100/$\sqrt{3}$V）和小电流（5A 或 1A），分别向测量仪表、继电器的电压线圈和电流线圈供电，使二次系统正确地反映一次系统的运行情况。目前，常用的互感器有电磁式和电容式，随着电力系统容量的增大和电压等级的提高，光电式、无线电式互感器已应运而生，并将应用于电力生产中。

1. 互感器的作用及工作特性

（1）互感器与系统连接　电压互感器的一次绕组与电网并联，二次绕组与测量仪表或继电器电压线圈并联。电流互感器一次绕组与电网并联（与支路负载串联），二次绕组与测量仪表或继电器的电流线圈相串联。互感器与系统的连接如图 2-11 所示。

互感器在安装接线时同名端子不可接错，否则会造成运行紊乱，因此正确测定互感器的同名端并正确接入上述仪表装置是十分重要的。

（2）互感器的作用　互感器将一次回路的高电压和大电流变为二次回路的标准电压和电流，使低电压的二次系统与高电压的一次系统实施电气隔离，且互感器二次侧接地，保证了人身和设备的安全。由于互感器一次、二次绕组除了接地点外无其他电路上的联系，因此二次系统的对地电位与一次系统无关，只依赖于接地点与二次绕组其他各点的电位差，在正常运行情况下处于低压（小于 100V）的状态，便于维护、检修与调试。

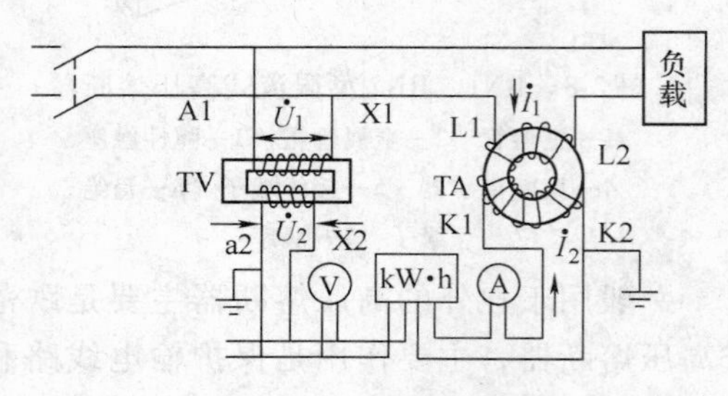

图 2-11　互感器与系统连接

通过互感器可以取得零序电流、零序电压分量，供反映接地故障的继电保护装置使用。

（3）电流互感器的工作特性　电流互感器正常运行时，二次绕组近似于短路工作状态，一次电流的大小决定于一次负载电流，一次电流变化范围很大。运行中的电流互感器二次回路不允许开路，否则会在二次侧产生高电压，危害人身安全和设备绝缘。电流互感器结构应满足热稳定和电动稳定要求。

（4）电压互感器的工作特性　电压互感器正常运行时，二次绕组近似工作于开路状态，一次电压决定于一次侧电力网的电压；运行中的电压互感器二次绕组不允许短路。电压互感器二次侧所通过的电流由二次回路阻抗的大小来决定，当二次侧短路时，将产生很大的短路电流损坏电压互感器。为了保护电压互感器，一般在二次侧出口处安装熔断器或快速断路器，用于过载和短路的保护。在可能的情况下，一次侧也应装设熔断器以保护一次侧电力网不因互感器高压绕组或引线故障危及一次系统的安全运行。

2. 电流互感器

（1）电流互感器的工作原理　在理想的电流互感器中，如果假定空载电流 $I_0=0$，则总磁动势 $I_0N_0=0$，根据能量守恒定律，一次绕组磁动势等于二次绕组磁动势，即 $I_1N_1=-I_2N_2$。由上式可知，电流互感器的电流与它的匝数成反比。一次电流对二次电流的比值 I_1/I_2 称为电流互感器的电流比，当知道二次电流时，乘上电流比就可以求出一次电流，这时二次电流的相量与一次电流的相量相差 180°。电流互感器的工作原理如图 2-12 所示。

（2）电流互感器的误差

1）电流误差 f_i（又称比差）：电流互感器实际测量出来的电流 KI_2 与实际一次电流 I_1 之差占 I_1 的百分数，即

$$f_i = \frac{K_i I_2 - I_1}{I_1} \times 100\%$$

2）角误差 δ（又称角差）：旋转180°的二次电流与一次电流之间的夹角。规定二次电流负相量超前于一次电流相量时，角误差 δ 为正，反之角误差 δ 为负。

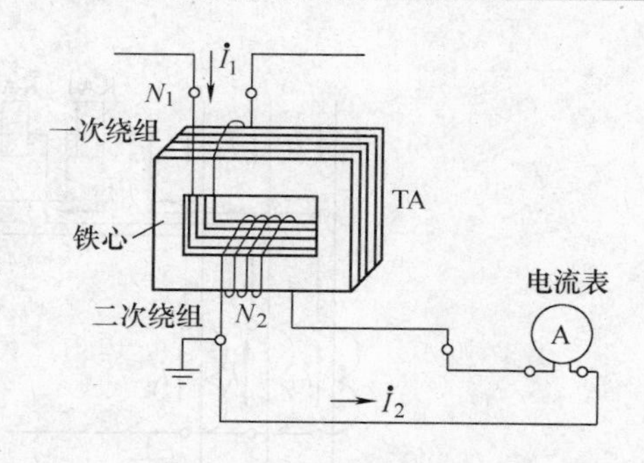

图2-12　电流互感器的工作原理

（3）电流互感器的准确级　准确级是指在规定的二次负荷变化范围内，一次电流为额定值时的最大电流误差。我国GB1208—1997《电流互感器》规定测量用的电流互感器的测量精度有0.1、0.2、0.5、1、3、5六个准确级；保护用电流互感器按用途可分为稳态保护用（P）和暂态保护用（TP）两类，稳态保护用电流互感器的准确级用P来表示，常用的有5P和10P。

额定准确限值系数（和额定准确限值一次电流是同一概念）指当一次电流为额定电流的多少倍时，互感器还能保证5%（或10%）的复合误差。例如10P20表示准确级为10P，额定准确限值系数为20。这一准确级的电流互感器在20倍额定电流下，电流互感器负荷误差不大于10%。

电流互感器的10%误差曲线：当一次电流为 n 倍一次额定电流时，电流误差达−10%，$n = I_1/I_{1N}$ 称为10%倍数。10%倍数与互感器二次允许最大负荷阻抗 Z_{21} 的关系曲线为 $n = f(Z_{21})$，叫做电流互感器的10%误差曲线，如图2-13所示。

（4）电流互感器的额定容量　电流互感器的额定容量 S_{2N} 是指电流互感器在额定二次电流 I_{2N} 和额定二次阻抗 Z_{2N} 下运行时，二次绕组输出的功率 $S_{2N} = I_{2N}^2 Z_{2N}$。由于电流互感器的额定二次电流为标准值，也为了便于计算，有的厂商提供电流互感器的 Z_{2N} 值。

因电流互感器的误差和二次负荷有关，故同一台电流互感器使用在不同准确级时，会有不同的额定容量。例如：LMZ1—10—3000/5型互感器在0.5级下工作时，$Z_{2N} = 1.6$（相应容量为40VA），在1级下工作时，$Z_{2N} = 2.4$（相应容量为60VA）。

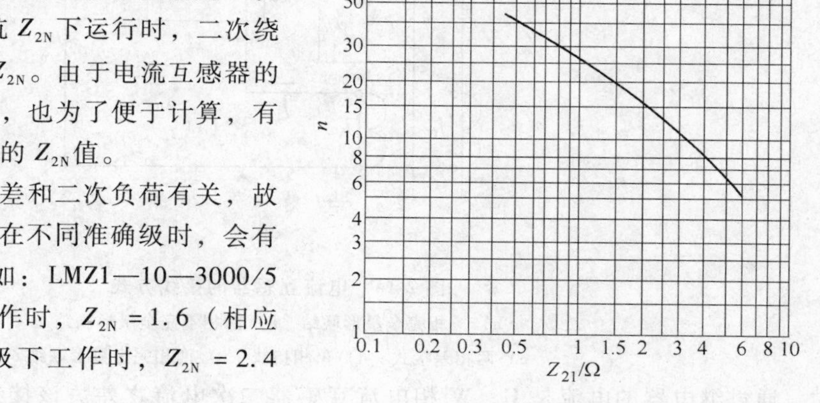

图2-13　10%误差曲线

（5）电流互感器的接线方式　电流互感器的接线方式指的是电流互感器与测量仪表或保护继电器之间的连接形式，电流互感器的接线方式如图2-14所示。

三相完全星形联结可以准确反映三相中每一相的真实电流。该接线方式应用在大电流接地系统中，保护线路的三相短路、两相短路和单相接地短路。

两相两继电器不完全星形联结可以准确反映两相的真实电流。该接线方式应用在6～10kV中性点不接地的小电流接地系统中，保护线路的三相短路、两相短路。

两相差接式接线反映两相差电流。该接线方式的特点是U、W相电流互感器接成电流差

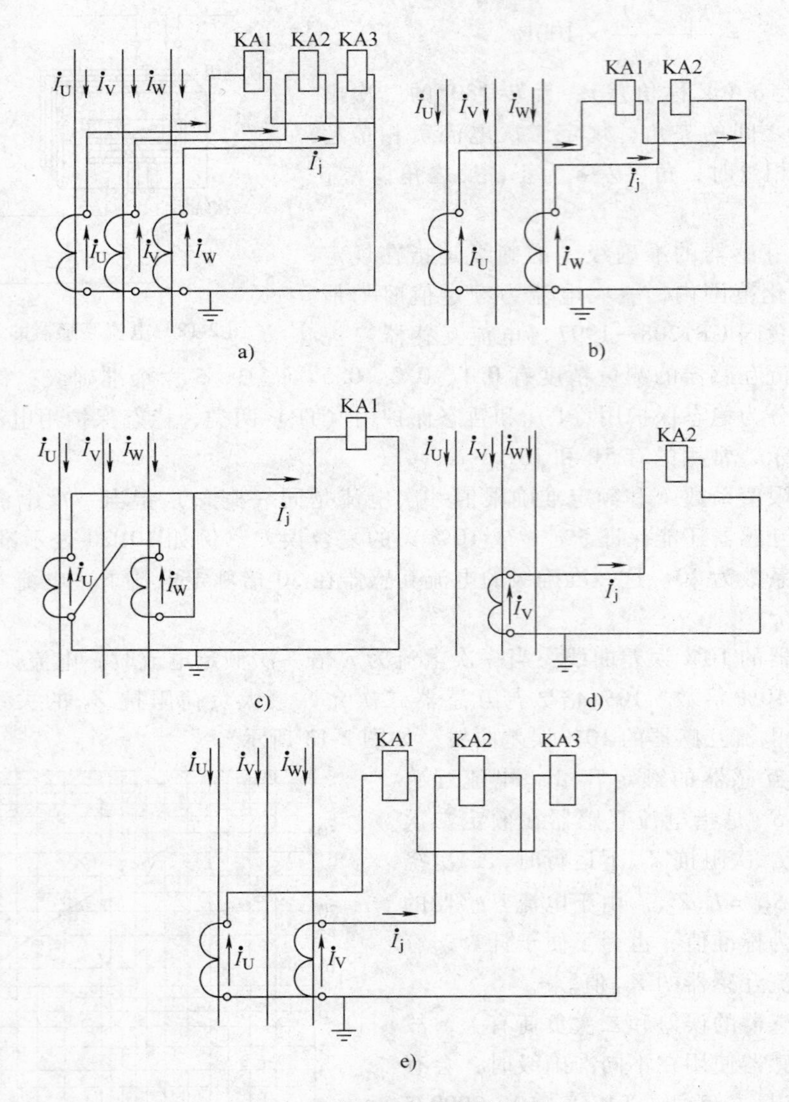

图 2-14　电流互感器的接线方式

a）三相完全星形联结　b）两相不完全星形联结

c）两相差接式　d）单相接线　e）两相完全星形联结

式，通过继电器的电流是 U、W 相电流互感器二次电流之差。该接线方式应用在 6～10kV 中性点不接地的小电流接地系统中，保护线路的三相短路、两相短路、小容量电动机、小容量变压器。

单相接线在三相负荷平衡时，可以用单相电流反映三相电流值，主要用于测量电路。

两相完全星形联结中流入第三个继电器的电流是 $I_j = I_U + I_V$。该接线方式应用在大电流接地系统中，保护线路的三相短路、两相短路。

（6）电流互感器的分类和型号

1）按安装地点可分为户内和户外式。

2）按安装方式可分为穿墙式、支持式和装入式。穿墙式装在墙壁或金属结构的孔中，可节约穿墙套管；支持式安装在平面或支柱上；装入式是套装在35kV及以上的变压器或多油断路器油箱内的套管上，故也称为套管式。

3）按绝缘方式可分为干式、浇注式、油浸式等。干式用绝缘胶浸渍，用于户内低压电流互感器；浇注式以环氧树脂作绝缘，目前，仅用于35kV及以下的户内电流互感器；油浸式多为户外式。

4）按一次绕组匝数可分为单匝式和多匝式。单匝式分为贯穿型和母线型两种。

5）按电流互感器的工作原理，可分为电磁式、电容式、光电式和无线电式。

电流互感器全型号的表示和含义如图2-15所示。

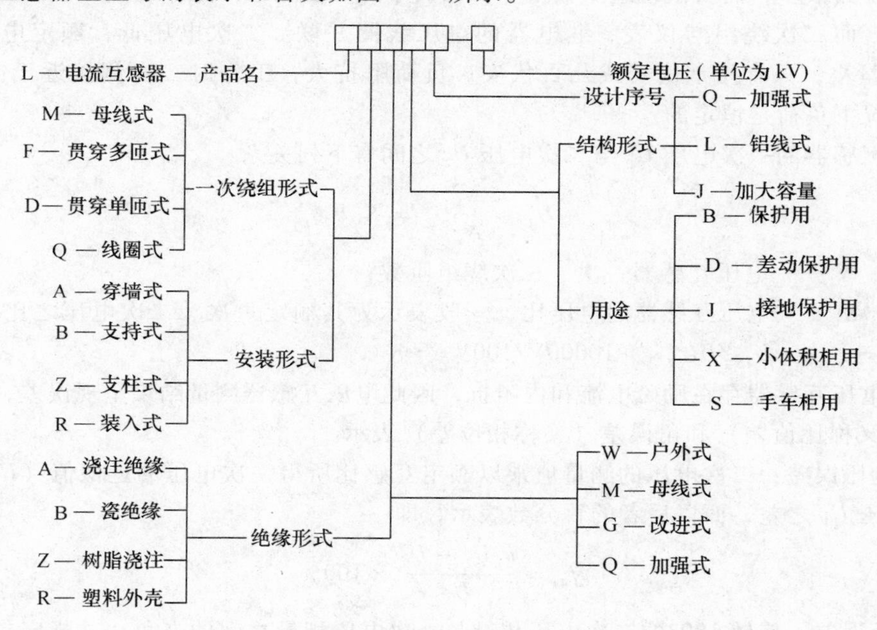

图2-15　电流互感器全型号的表示和含义

（7）电流互感器的配置原则　每条支路的电源侧均应装设足够数量的电流互感器，供该支路测量、保护使用。此原则与开关电器的配置原则相同，因此断路器与电流互感器宜紧邻布置。配置的电流互感器应满足下列要求：

一般应将保护与测量用的电流互感器分开，并尽可能将电能计量仪表互感器与一般测量用互感器分开。电能计量仪表互感器必须使用0.5级互感器，并应使正常工作电流在互感器额定电流的2/3左右。保护用互感器的安装位置应尽量扩大保护范围，尽量消除主保护的不保护区。大电流接地系统一般三相均配置电流互感器以反映单相接地故障；小电流接地系统的发电机、变压器支路也应三相均配置，以便监视不对称程度，其余支路一般配置于A、C相。

为了减轻内部故障时发电机的损伤，用于自动调节励磁装置的电流互感器应布置在发电机定子绕组的出线侧。为了便于分析内部故障以及在发电机并入系统前发现内部故障，用于测量仪表的电流互感器宜安装在发电机中性点侧。

配备差动保护的元件，应在元件各端口配置电流互感器，当各端口属于同一电压级时，互感器电流比应相同，接线方式也应相同。Yd11联结组标号的变压器的差动保护互感器的接线方式应分别为三角形与星形。

为了防止支持式电流互感器套管闪络造成母线故障，电流互感器通常布置在断路器的出线或变压器侧。

(8) 电流互感器使用注意事项　电流互感器在工作时其二次侧不得开路，二次侧有一端必须接地，在连接时要注意其端子的极性。

3. 电压互感器

电压互感器的工作原理与普通电力变压器相同，结构原理和接线也相似。电压互感器的一次绕组匝数很多，而二次绕组匝数很少，相当于降压变压器。工作时，一次绕组并联在一次电路中，而二次绕组与仪表、继电器的电压线圈并联。二次电压低，额定电压一般为100V；容量小，只有几十伏安或几百伏安；负荷阻抗大，工作时二次侧接近于空载状态，且多数情况下负荷是恒定的。

电压互感器的一次电压 U_1 与二次电压 U_2 之间有下列关系：

$$U_1 \approx \frac{N_1}{N_2}U_2 = K_U U_2$$

式中　N_1、N_2——电压互感器一次、二次绕组匝数；

K_U——电压互感器的电压比，一般表示为其额定一次、二次电压之比，即 $K_U = U_{1N}/U_{2N}$，如10000V/100V。

由于电压互感器存在励磁电流和内阻抗，因此电压互感器测量结果呈现误差，通常用电压误差（又称比值差）和角误差（又称相位差）表示。

1）电压误差：二次电压的测量值乘以额定互感比所得一次电压的近似值（$U_2 k_n$）与实际一次电压 U_1 之差，而以后者的百分数表示，即

$$f_u = \frac{k_n U_2 - U_1}{U_1} \times 100\%$$

2）角误差：旋转180°的二次电压相量与一次电压相量之间的夹角，并规定二次电压超前于一次电压时，角误差为正值，反之，为负值。

(1) 电磁式电压互感器　电磁式电压互感器可分为以下类型：按安装地点可分为户内式和户外式；按相数分为单相式和三相式；按每相绕组数可分为双绕组式和三绕组式，其中三绕组电压互感器有两个二次绕组，即基本二次绕组和辅助二次绕组，辅助二次绕组供接地保护用。

35kV及以下电压互感器的结构和普通变压器基本一致。根据其绝缘方式的不同，可分为干式、环氧浇注式和油浸式三种：干式电压互感器一般只用于低压的户内配电装置；浇注式电压互感器用于3~35kV户内配电装置；油浸式电压互感器，如JDJJ2—35型、JDJ2—35型等，广泛用于35kV系统中，这类电压互感器的铁心和一次、二次绕组放在充有变压器油的油箱内，绕组出线端经固定在油箱盖上的套管引出。

随着电压的升高，电压互感器绝缘尺寸需增大。为了减少绕组绝缘厚度、缩短磁路长度，110kV及以上电压互感器采用串级式、铁心不接地、带电位、由绝缘板支撑，如国产JCC型和JDCF型电压互感器就是采用这种结构。

电压互感器的一次绕组分两部分，分别绕在上下两铁心上，二次绕组只绕在下铁心柱上并置于一次绕组的外面。铁心和一次绕组的中点相连，当电网电压 U 加到互感器一次绕组

时，其铁心的电位为（1/2）U，而且一次绕组的两个出线端与铁心间的电位差：一次和二次绕组间的电位差以及二次绕组和铁心间的电位差均为（1/2）U。这就降低了对铁心与一次绕组之间以及一次和二次绕组之间的绝缘要求。

电磁式电压互感器全型号的表示和含义如图 2-16 所示。

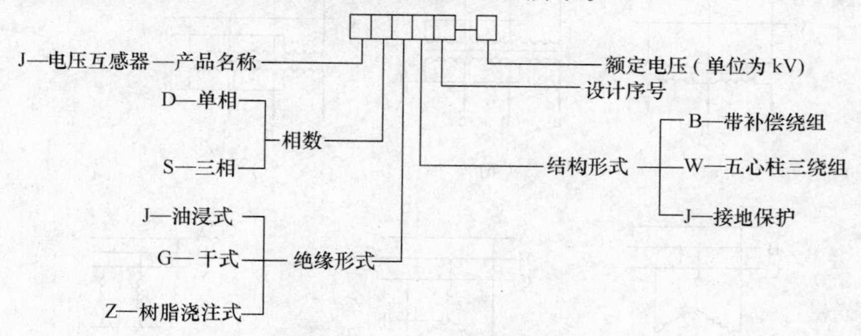

图 2-16　电磁式电压互感器全型号的表示和含义

（2）电压互感器的准确级和额定容量　电压互感器的测量误差用其准确级来表示。电压互感器的准确级，是指在规定的一次电压和二次负荷变化范围内，负荷的功率因数为额定值时，电压误差的最大值。测量用电压互感器准确等级有：0.1，0.2，0.5，1.0，3.0，5.0。保护用电压互感器标准等级为 3P 和 6P，电压误差分别是 3% 和 6%。

由于电压互感器的误差与二次负荷有关，因此对于每一个准确级，都对应着一个额定容量，但一般来说，电压互感器的额定容量是指最高准确级下的额定容量。例如 JDZ—10 型电压互感器，各准确级下的额定容量分别是，0.5 级—80VA、1 级—120VA、3 级—300VA，则该电压互感器的额定容量为 80VA。同时，电压互感器按最高电压下长期工作允许的发热条件，还规定了最大容量，例如，JDZ—10 型电压互感器的最大容量为 500VA，该容量是在某些场合用来传递功率的，可以给信号灯、断路器的分闸线圈等供电。

电压互感器要求在某些准确级下测量时，二次负载不应超过该准确级规定的容量，否则准确级将下降，测量误差是满足不了要求的。

（3）电压互感器的接线方式　在三相电力系统中，通常需要测量的电压有线电压、相对地电压和发生单相接地故障时的零序电压。为了测量这些电压，图 2-17 给出了几种常见的电压互感器接线方式。图 2-17a 是两个单相电压互感器接成 V-V 形（也称不完全星形联结），用于表计和继电器的线圈接入 a-b 和 c-b 两相间电压；图 2-17b 是三个单相电压互感器接成星形-星形，高压侧中性点不接地，用于表计和继电器的线圈接入相间电压和相电压，这种接线方式不能用于供电给绝缘检查电压表；图 2-17c 是三个单相电压互感器接成星形-星形，高压侧中性点接地，用于供电给要求相间电压的表计和继电器以及供电给绝缘检查电压表，如果高压侧系统为中性点直接接地，则可接入要求相电压的测量表计，如果高压侧系统中性点与地绝缘或经阻抗接地，则不容许接入要求相电压的测量表计；图 2-17d 是一个三相三柱式电压互感器，用于表计和继电器的线圈接入相间电压和相电压，此种接线不能用于供电给绝缘检查电压表；图 2-17e 是一个三相五柱式电压互感器；图 2-17f 是三个单相三线圈电压互感器；图 2-17e 和 f 中的主二次绕组连接成星形以供电给测量表计、继电器以及绝缘检查电压表。对于要求相电压的测量表计，只有在系统中性点直接接地时才能接入，附加的二次绕组接成开口三角形，构成零序电压滤过器供电给保护继电器和接地信号（绝缘检查）继电器。

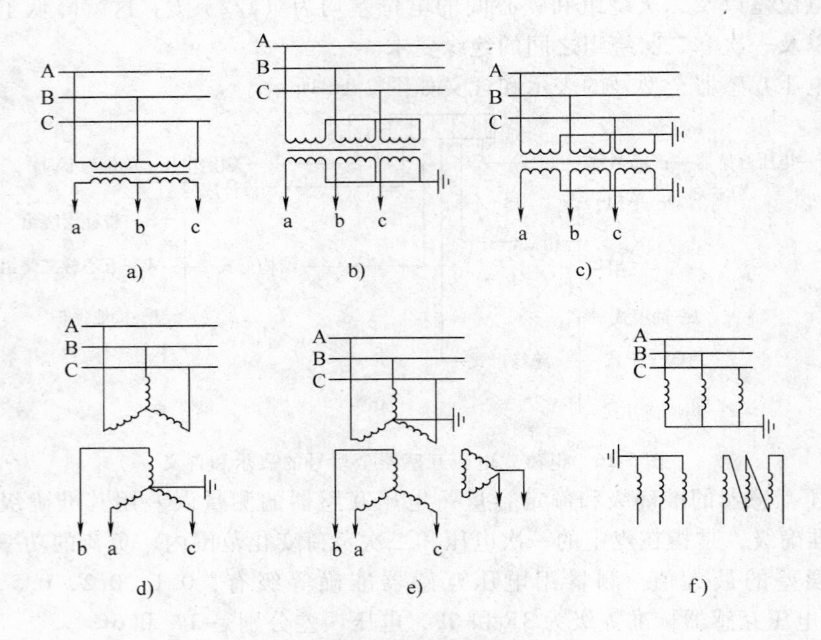

图 2-17 电压互感器的接线方式

a）两个单相电压互感器接成 V-V 形 b）三个单相电压互感器接成星形-星形，高压侧中性点不接地
c）三个单相电压互感器接成星形-星形，高压侧中性点接地 d）一个三相三柱式电压互感器
e）一个三相五柱式电压互感器 f）三个单相三线圈电压互感器

（4）电压互感器的配置原则 电压互感器配置原则是：应满足测量、保护、同期和自动装置的要求；保证在运行方式改变时，保护装置不失压、同期点两侧都能方便地取压。

电压互感器通常按如下情况配置：

1）母线：6～220kV 电压级的每组主母线的三相上应装设电压互感器，旁路母线则视回路出线外侧装设电压互感器的需要而确定。

2）线路：当需要监视和检测线路断路器外侧有无电压，以供同期和自动重合闸使用时，该侧装一台单相电压互感器。

3）发电机：一般在出口处装两组。一组（三只单相、双绕组 Dy 联结）用于自动调节励磁装置。一组供测量仪表、同期和继电保护使用，该组电压互感器采用三相五柱式或三只单相接地专用互感器，Yyd 联结，辅助绕组接成开口三角形，供绝缘检查用。当互感器负荷太大时，可增设一组不完全星形联结的互感器，专供测量仪表使用。50MW 及以上发电机中性点通常还设一单相电压互感器，用于 100% 定子接地保护。

4）变压器：在变压器低压侧，有时为了满足同步或继电保护的要求需设一组电压互感器。

5）330～500kV 电压级的电压互感器配置：双母线接线时，在每回出线和每组母线三相上装设。一个半断路器接线时，在每回出线三相上装设，主变压器进线和每组母线上则根据继电保护装置、自动装置和测量仪表的要求，在一相或三相上装设。线路与母线的电压互感器二次回路不切换。

（5）电压互感器使用注意事项 电压互感器在工作时二次侧不得短路；电压互感器的

二次侧必须接地；为保护电压互感器，通常在高压侧装设高压熔断器，在低压侧装设低压断路器或低压熔断器。

2.3.6　低压电器

低压电器主要是指车间变电所变压器低压侧常用的低压熔断器、低压刀开关、低压负荷开关、低压断路器和低压配电屏等。

1. 低压熔断器

低压熔断器是串联在低压线路中的一种保护电器，主要作用是实现低压配电系统的短路保护，有的熔断器也能实现过负荷保护。低压熔断器是利用熔片产生的热量引起本身熔断，从而将故障线路切断。

低压熔断器有瓷插式（RC）、螺旋式（RL）、密闭管式（RM）、有填料式（RT）、自复式（RZ）以及采用引进技术生产的有填料管式 gFaM 系列、高分断能力的 NT 型等，种类很多。

（1）RM 型密闭管式熔断器　RM 型熔断器由纤维熔管、变截面的锌熔片、触头以及底座等组成，如图 2-18 所示。

锌熔片之所以冲制成宽窄不一的变截面，目的是改善熔断器的保护性能。在短路时，短路电流首先使熔片的窄部（阻值较大）加热并迅速熔化，同时在熔管内形成几段（对应于熔片上的窄部数目）串联短弧，加之各段熔片跌落，迅速拉长电弧，使短路电弧加速熄灭。在过负荷电流通过时，由于电流小，发热少，而且熔片散热较好，因此往往不在窄部熔断，而在窄部之间的斜面熔断，因而熔断时间较长。根据上述现象，由熔片的熔断部位即可大致判断故障的原因。

当这类熔断器的熔片熔断时，其纤维熔管的内壁会有极少部分纤维物质因电弧烧灼而分解，从而产生高压气体，压迫电弧，加强离子的复合，改善了灭弧性能。但是，该类熔断器不能在短路电流达冲击电流峰值前将电弧熄灭，因此属于“非限流”熔断器。

RM 型熔断器由于结构简单、价格便宜及更换方便，所以目前仍较普遍地应用在低压配电装置中。

（2）RT 型有填料式封闭管式熔断器　这种熔断器是一种有“限流”作用的低压熔断器。图 2-19 所示为国产的 RTO 熔断器，它主要由瓷熔管、栅状铜熔体和触头底座等几部分组成。熔管中填满石英砂，熔体用薄纯铜片冲制成变截面形状，并做成笼形装入瓷管中。

在短路时，由于熔体上引燃栅的等电位作用，可使短路电流通过时形成多根并联电弧，而且熔体具有的变截面小孔，可使长电弧分割为多段短弧，加之所有的电弧都在石英砂中燃烧，可使电弧中正负离子强烈复合，因此，RTO 熔断器是一种具有较强断流能力的快速熔断器。另外，其熔体中段还具有“锡桥”，可利用其“冶金效应”来实现对较小短路电流和过负荷电流的切断。熔体熔断后，有红色的熔断指示器从一端弹出，便于运行人员检视。

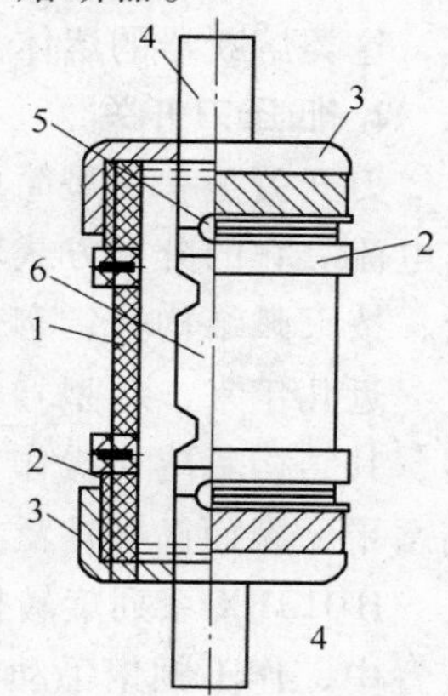

图 2-18　RM 型熔断器的结构

1—纤维熔管　2—管夹　3—铜帽　4—触头　5—螺钉　6—锌熔片

在 RTO 熔断器的基础上，近几年又不断有新的断流能力更强的有填料管式熔断器推向市场。

RT12 为有填料封闭管式螺栓联接熔断器，额定分断能力为 80kA（RTO 为 50kA）。它的瓷管由优质电瓷制成，管内装满灭弧用的石英砂，两端铜帽上焊有片式连接板，可直接安装在母线排上。

RT14 为有填料封闭管式圆筒形帽熔断器，额定分断能力为 100kA，分为带撞击器和不带撞击器两类。圆筒形帽熔断器由熔断管、熔体和底座等组成。熔断管为圆管状瓷管，两端有帽盖。带撞击器的熔体熔断时，撞击器弹出，既可作为熔断信号指示，也可触动微动开关(另外附加)，切断控制电路，进行三相电源的断相保护。

RT 型熔断器的新产品还有 RT16（NT）（见图 2-20）、RT17、RT30 等系列熔断器，这些新型熔断器正逐渐替代老产品而系统地应用在工业企业和电厂等的低压配电装置中。

图 2-19 RTO 熔断器

图 2-20 RT16（NT）系列低压高分断能力熔断器

由于 RT 型熔断器的保护性能好，断流能力大，因此广泛应用于低压配电装置中。不过，这类熔断器的熔体为不可拆式，在熔体熔断后整个熔断体将报废，因此不够经济。

2. 低压刀开关

刀开关是一种最简单的低压开关，它只能用于手动操作，接通或断开低压电路的正常工作电流。它的分类方式较多：按操作方式分，有单投和双投；按极数分，有单极、双极和三极；按灭弧结构分，有带灭弧罩和不带灭弧罩等。

近几年来，新型号刀开关产品已大量出现，尤其是由刀开关、隔离器和熔断器组合的电器，其结构紧凑、操作方便、安全可靠，且额定通断能力、电特性、电寿命等指标均达到较高水平，因而已被广泛采用，并逐步替代某些老产品。以下简要介绍常用的几种：

HD13BX 系列旋转操作型刀开关组，如图 2-21 所示，在额定电流至 1500A 的工业配电装置中，作不频繁手动接通或切断电路和作为隔离开关之用。它主要由刀片触头及片状弹簧、灭弧罩、旋转操作机构和底板组成。

HH15 系列隔离开关熔断器组（即熔断器 + 负荷开关式），如图 2-22 所示，主要由触头系统（包括熔体）、灭弧室、底座、防护罩和操作手柄等组成，具有快速合闸机构。

HR 系列熔断器式刀开关（刀熔开关），其结构特点是将刀开关的闸刀换以具有刀形触头的 RT 型熔断器的熔管，因此具有双重功能。

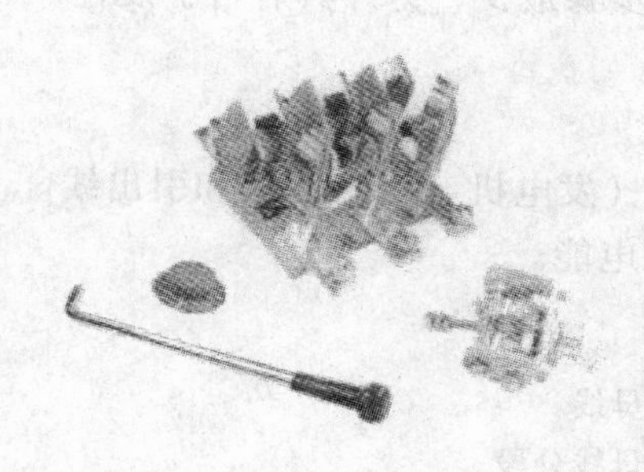

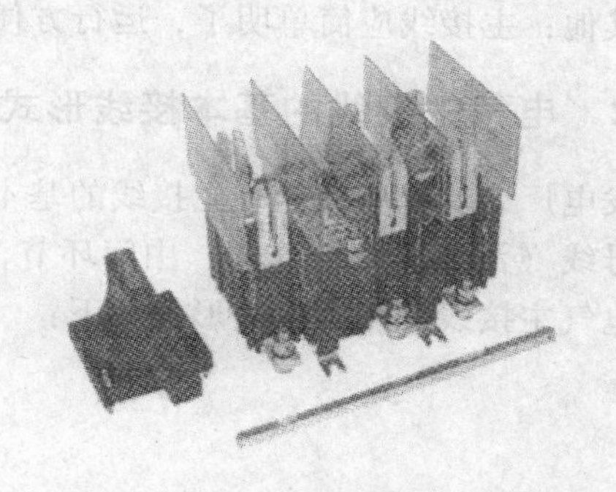

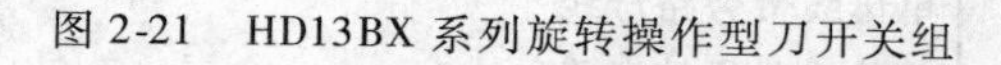

图 2-21　HD13BX 系列旋转操作型刀开关组　　图 2-22　HH15 系列隔离开关熔断器组

3. 低压断路器

低压断路器旧称低压自动开关或空气开关。它既能带负电荷通断电路，又能在短路、过负荷和低电压（或失压）时自动跳闸，其功能与高压断路器类似。

低压断路器按灭弧介质分类，有空气断路器和真空断路器等；按用途分类，有配电用断路器、电动机保护用断路器、照明用断路器和剩余电流断路器（漏电保护断路器）等。

配电用低压断路器按保护性能分，有非选择型和选择型两类。

近几年来，各种新型号的断路器已大量生产，有的是国内有关单位新开发研制的，有的是引进国外先进技术生产的，新产品的各项性能指标优于老产品而将逐步替代老产品。

万能式低压断路器，又称框架式断路器，由于其保护方案和操作方式较多，装设地点也较灵活，故名为“万能式”或“框架式”。

4. 低压配电屏

低压配电屏是按一定接线方案将有关电气设备组装在一起的一种金属框架，其结构简单、价廉，可双面维护、检修方便，在发电厂（或变电所）中，作为厂（所）用低压配电装置。低压配电屏有固定式和抽屉式两种结构。

2.4　发电厂及变电所主接线

2.4.1　电气主接线的基本要求

1. 电气主接线的作用

主接线代表了发电厂或变电站电气部分的主体结构，是电力系统网络结构的重要组成部分，通过主接线可以了解各种电气设备的规范、数量、连接方式和作用，以及和各电力回路的相互关系和运行条件等。电气主接线的选择正确与否，对电气设备选择、配电装置布置、运行可靠性和经济性等都有重大的影响。

2. 电气主接线的基本要求

可靠性：电力系统最基本的要求。

灵活性：能适应各种运行状态，灵活进行运行方式的转换；不仅正常运行时能安全可靠地供电，在系统故障或电气设备检修及故障时，也能适应调度的要求。

经济性：投资省、占地面积少、电能损耗少。

其他：主接线应简单明了，运行方便，倒闸操作步骤最少，另外具有可扩展性。

2.4.2　电气主接线的基本接线形式

发电厂、变电所的电气主接线的基本环节是电源（发电机、变压器）和引出线。

母线（汇流排）的作用：中间环节，汇总和分配电能。

电气主接线的基本接线形式如下：

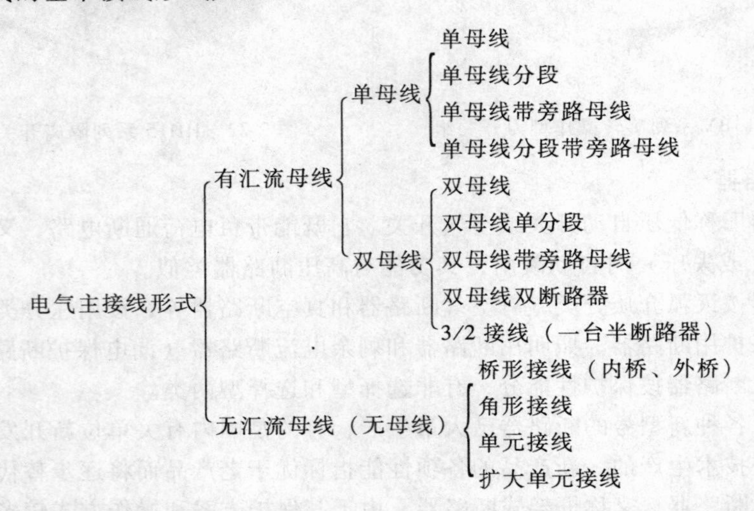

电气回路中开关电器的配置原则如下：各电气回路应配置断路器；断路器一侧或两侧应配置隔离开关；发电机与断路器之间可不装设隔离开关；$U \geqslant 110\text{kV}$ 时，断路器两侧的隔离开关、线路侧隔离开关的线路侧应配置接地隔离开关；$U \geqslant 35\text{kV}$ 的母线，每段母线应装设 1 ~2 组隔离开关。

1. 有汇流母线接线形式

（1）单母线接线（单母）　单母线接线是一种最原始、最简单的接线，如图 2-23 所示，所有电源及出线均接在同一母线上。单母线接线方式一般在发电厂或变电所建设初期无重要用户或回路数不多的单电源小容量的厂（所）中采用。

在主接线中，断路器是电力系统的主开关；隔离开关的功能主要是隔离高电压电源，以保证其他设备和线路的安全检修。例如，固定式开关柜中的断路器工作一段时间需要检修时，应在断路器断开电路的情况下，拉开隔离开关；恢复供电时，应先合隔离开关，再合断路器。这就是隔离开关与断路器配合操作的原则。由于隔离开关无灭弧装置，断流能力差，因此不能带负荷操作。

优点：接线简单、清晰；采用设备少、投资省；操作方便、便于扩建和采用成套配电装置。

缺点：母线或母线隔离开关故障或检修期间，连接在母线上的所有回路都需长时间停止工作；检修出线回路断路器时，该回路必须停电。

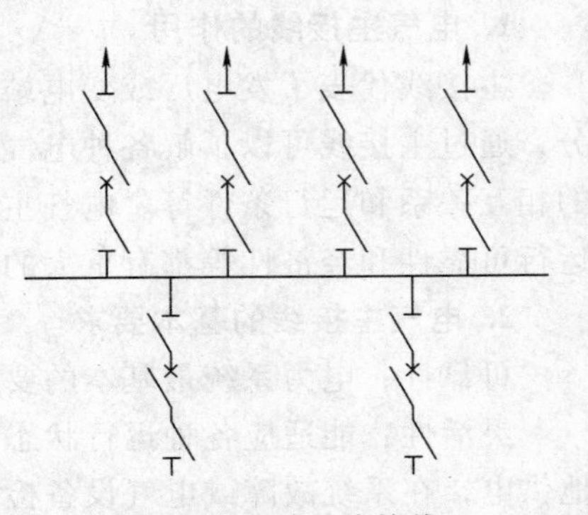

图 2-23　单母线接线

隔离开关的操作规程：先通后断或在等电位状态下

进行操作，不能用作操作电器来断开电路。在运行操作时，应遵循操作规程，接通电路时，应先合母线侧隔离开关，再合线路侧隔离开关，最后投入断路器。断开电路的操作与上述操作相反。

单母线接线适用情况如下：6～10kV 配电装置出线回路不超过 5 回；35～63kV 配电装置出线回路不超过 3 回；110～220kV 配电装置出线回路不超过 2 回。

（2）单母线分段接线（单母分段）　单母线分段接线是采用断路器（或隔离开关）将母线分断，通常是分成两段，如图 2-24 所示。母线分断后进行分段检修，对于重要用户，可以从不同段引出两个回路，当一段母线发生故障时，由于分段断路器 QF1 在继电器保护作用下自动将故障段迅速切除，从而保证了正常母线段不间断供电和不致使重要用户停电（两段母线同时故障的几率很小，可以不予考虑）。在供电可靠性要求不高时，也可使用隔离开关分断（QS1），任一段母线发生故障时，将造成两段母线同时停电，在判断故障后，拉开分段隔离开关 QS1，完好段即恢复供电。

优点：既具有单母线接线简单明显、方便经济的优点，又在一定程度上提高了供电可靠性。

缺点：当一段母线隔离开关发生故障或检修时，该段母线上的所有回路都要长时间停电。

单母线分段接线连接的回路数一般可比单母线接线形式增加 1 倍。

QF1 为分段断路器，母线分段后，对重要用户可分别接于两段母线上，两条出线同时供电，当任意段母线故障或检修时，主要用户仍可通过完好段母线继续供电，而两段母线同时故障的概率较小，大大提高了供电连续性。单母线分段接线保留了单母线接线的优点，又在一定程度上克服了它的缺点。

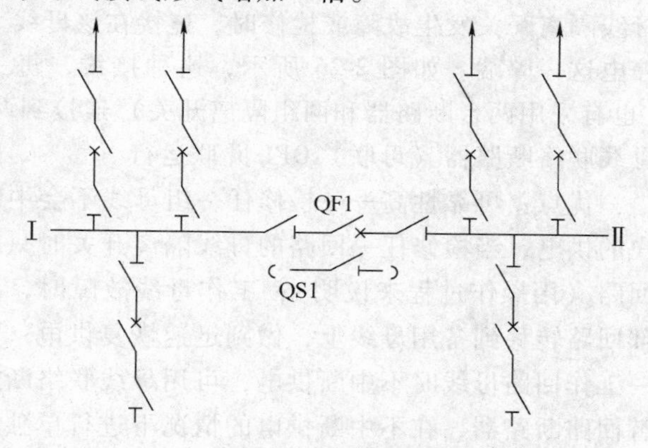

图 2-24　单母线分段接线

单母线分段接线适用范围如下：6～10kV 配电装置出线回路 6 回以上；35～63kV 配电装置出线回路 4～8 回以上；110～220kV 配电装置出线回路 3～4 回。

（3）单母线分段带旁路母线接线（单母带旁母）　正常运行时，旁路母线不带电，所有旁路隔离开关及旁路断路器均断开，以单母线分段接线形式运行。

采用专用旁路断路器，虽然提高了供电可靠性，但却增大了投资。单母线分段带旁路母线接线如图 2-25 所示。

旁路母线的作用与旁路断路器配合，可以不停电地检修任一进（出）线断路器。

用旁路断路器代替出线断路器工作的操作过程如下：先合上隔离开关 QS3，之后合上隔离开关 QS4，合上 QFp 进行验电，检验有电则断开 QFp，之后检查旁路母线是否完好，合上 QSp 后再合上 QFp，然后断开 QF1，再断开 QS2，最后断开 QS1，此时 QFp 代替 QF1 工作。

QF6 为分段断路器，又兼做共用旁路断路器，这种接线形式，在进出线回路数不多的情况下，具有足够高的可靠性和灵活性，用于容量不大的中小型发电厂和电压等级为 35～

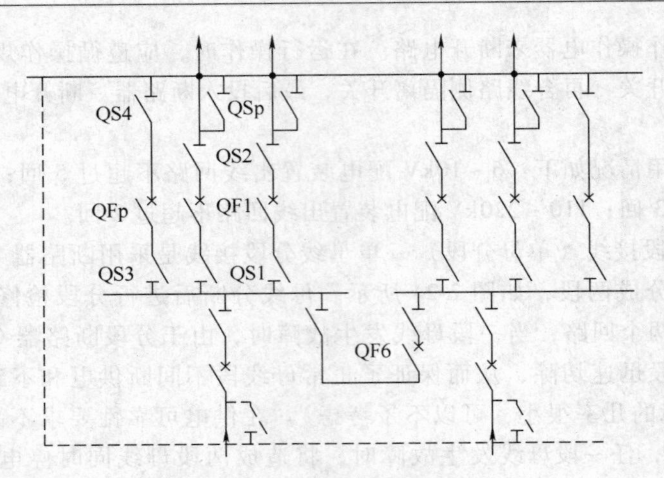

图 2-25 单母线分段带旁路母线接线

QF1—出线断路器 QFp—旁路断路器 QS3、QS4—旁路隔离开关

110kV 的变电所中。

但对于在电网中没有备用线路的重要用户及出线回路较多的大中型发电厂和变电所，采用单母线分段带旁路母线接线仍不能保证供电可靠性，需采用双母线接线。

（4）双母线接线（双母） 双母线接线可以克服单母线及单母线分段接线时，母线或母线隔离开关发生故障或检修时，连接在该母线上的回路都要在发生故障或检修期间长时间停电这一弊端。如图 2-26 所示，这种接线，每一回路都通过一台断路器和两组隔离开关（也有采用两台断路器和两组隔离开关）连接到两组母线上，两组母线可同时工作，并通过母线联络断路器（母联）QFL 并联运行。

优点：可靠性高——检修任一组母线不会中断对用户的供电，当检修任一回路的母线隔离开关时只断开该回路（用操作过程来说明）；工作母线故障时，可将全部回路转移到备用母线上，做到迅速恢复供电；检修任一工作回路母线时不中断供电，可用母线联络断路器代替回路断路器，在不中断供电的情况下进行单独回路的试验（切换到备用母线）。运行灵活——方式多变，具有单母线分段、单母线、固定连接方式。可以采用将电源和出线均衡地分配在两组母线上，母线联络断路器合闸的双母线同时运行方式；也可以采用任一组母线工作，另一组母线备用，母线联络断路器分闸的单母线运行方式。扩建方便——可不影响两组母线的电源和负荷自由组合负荷，向母线任意方向扩建，不影响母线的电源和负荷分配，扩建施工时不会引起原有回路停电。

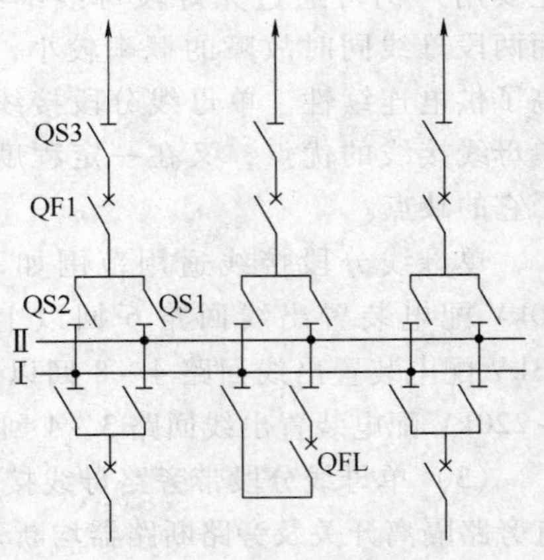

图 2-26 双母线接线

缺点：在倒换母线的操作过程中，需使用隔离开关切换所有负荷电流回路，操作过程比较复杂，容易造成误操作；工作母线故障时，将造成短时（切换母线时间）全部进出线停电；在任一线路断路器检修时，该回路仍需停电或短时停电（用母线联络断路器代替线路断路器之前）；使用的母线隔离开关数量较多，同时也增加了母线的长度，使得配电装置结

构复杂，投资和占地面积增大。

改进：在隔离开关和断路器之间装设闭锁装置，运行人员严格按照操作制度进行操作；采用双母线分列运行、双母线单分段、双分段或加旁路母线。

双母线操作程序如下：检修母线时，电源和出线都可以继续工作，不会中断对用户的供电。例如需要检修工作母线时，可将所有回路转移到备用母线上工作。

倒换母线的具体步骤（Ⅰ母线运行，Ⅱ母线备用）如下：先合上 QFL 两侧的隔离开关，然后合上 QFL，之后取下 QFL 的直流操作熔断器，再合上Ⅱ母线侧的隔离开关 QS1，断开Ⅰ母线侧的隔离开关 QS2，然后再合上 QFL 的直流操作熔断器，之后断开 QFL，最后断开 QFL 及两侧的隔离开关，最终完成了Ⅰ母线和Ⅱ母线之间的倒换过程。

检修任一回路断路器操作步骤如下（以 1QF 检修为例）：设将所有回路切换到Ⅰ母线运行，断开 1QF 后，再断开 QS3，最后断开 QS1，1QF 两侧接线拆开后用“跨条”将缺口接通，再合上 QS1、QS3，之后合上 QFL 两侧的隔离开关，最后合上 QFL。

检修任一回路母线隔离开关时，只需断开该回路。工作母线故障时，所有回路能迅速恢复工作。当工作母线发生短路故障时，各电源回路的断路器便自动跳闸。此时，断开各出线回路的断路器和工作母线侧的母线隔离开关，合上各回路备用母线侧的母线隔离开关，再合上各电源和出线回路的断路器，各回路就迅速地在备用母线上恢复工作。任一线路断路器检修或拒动时，可用母线联络断路器代替其工作。

（5）双母线分段接线（双母单分段）　为了弥补双母线接线的缺点，提高双母线接线的可靠性，可进行以下接线方式的改进：用分段断路器将工作母线Ⅰ分段，每段用母线联络断路器与备用母线Ⅱ相连。这种双母线分段接线具有单母线分段和双母线接线的特点，有较高的供电可靠性与运行灵活性，但所使用的电气设备较多，使投资增大。双母线分段接线常用于大中型发电厂的发电机电压配电装置中。双母线分段接线如图 2-27 所示。

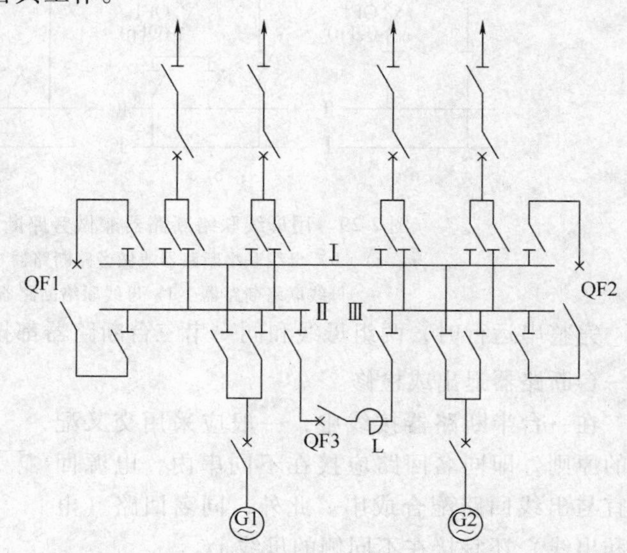

图 2-27　双母线分段接线

QF1、QF2—母线断路器　QF3—分段

L—电抗器及线路　G1、G2—发电机

（6）双母线带旁路母线接线（双母带旁母）　采用双母线带旁路母线接线，目的是为了不停电检修任一回路断路器。QFp 为专用旁路断路器。双母线带旁路母线接线如图 2-28 所示。

双母线带旁路母线接线，其供电可靠性和运行的灵活性都很高，但所用设备较多、占地面积大，经济性较差。因此，一般规定当 220kV 线路有 5（或 4）回及以上出线、110kV 线路有 7（或 6）回及以上出线时，可采用有专用旁路断路器的双母线带旁路母线接线。

当出线回路数较少时，为了减少断路器的数目，可不设专用旁路断路器，而用母线联络断路器兼作旁路断路器。

用母线联络断路器兼做旁路断路器的几种接线形式如图 2-29 所示。

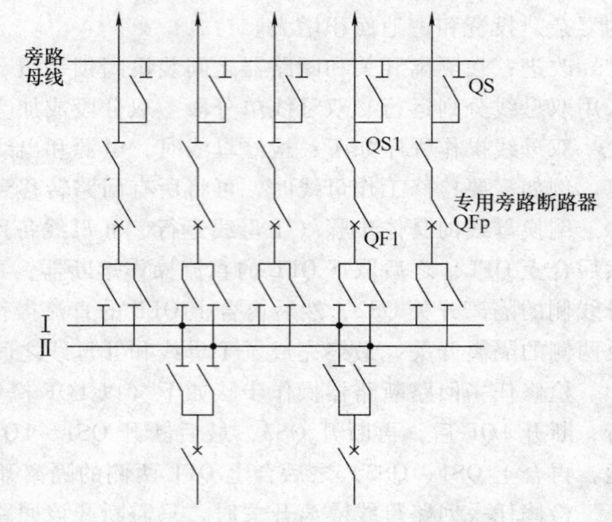

图 2-28 双母线带旁路母线接线

（7）一台半断路器接线（3/2 接线） 一台半断路器接线是在两组母线间装有三台断路器，可引接两个回路，断路数与回路数之比为 3/2，故又称为 3/2 接线，是现在国内外大型电厂和变电所超高电压配电装置广泛应用的一种接线。一台半断路器接线如图 2-30 所示。

优点：可靠性高；运行灵活性好；操作检修方便。

缺点：投资大、继电保护装置复杂。

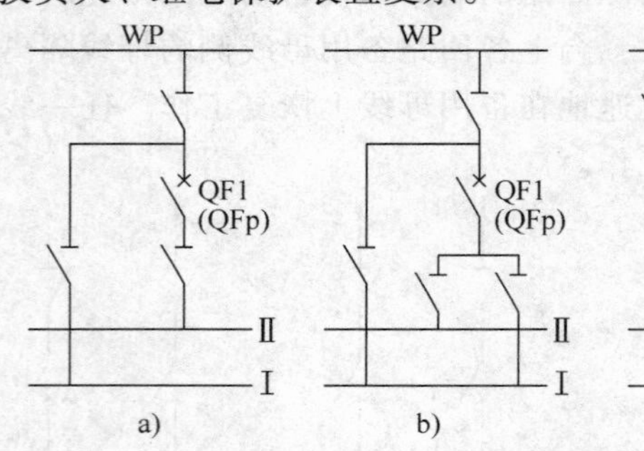

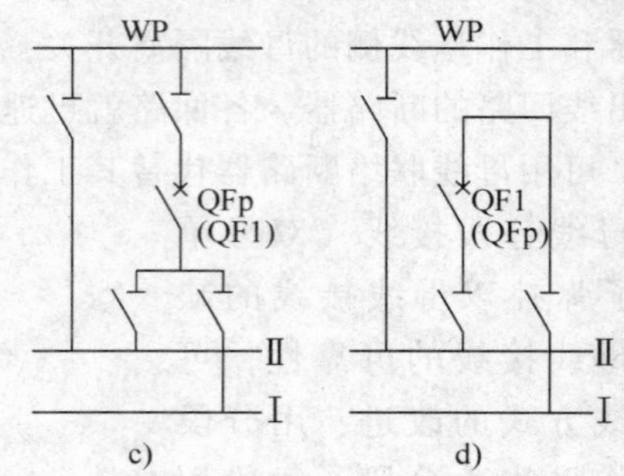

图 2-29 用母线联络断路器兼做旁路断路器的几种接线形式

a）、b）母线联络断路器兼做旁路断路器 c）旁路断路器兼做母线联络断路器 d）母线联络断路器兼做旁路断路器

完整串运行时，两组母线和同一串三台断路器都投入运行；不完整串运行时，指一串中任一台断路器退出或检修。

在一台半断路器接线中，一般应采用交叉配置的原则，即同名回路应接在不同串内，电源回路宜与出线回路配合成串。此外，同名回路（电源和出线）还宜接在不同侧的母线上。

（8）变压器母线组接线 各出线回路由两台断路器分别接在两组母线上，而在工作可靠、故障率很低的主变压器的出口不装设断路器，直接通过隔离开关接到母线上，组成变压器母线组接线，如图 2-31 所示。

变压器母线组接线调度灵活，电源和负荷可自由调配，安全可靠，有利于扩建。当变压器故障时，和它连接于同一母线上的断路器跳闸，但

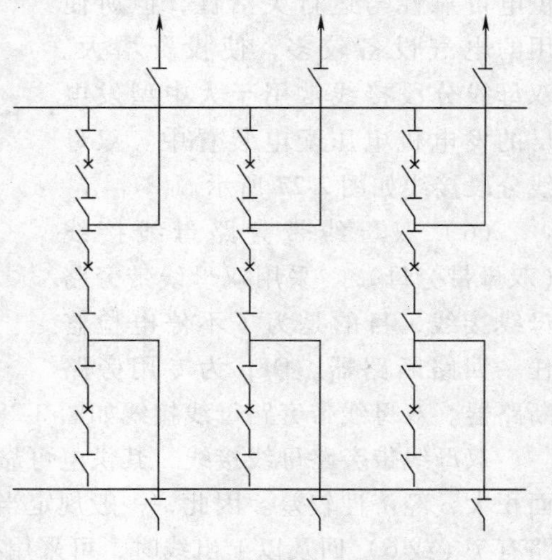

图 2-30 一台半断路器接线

不影响其他回路供电。由隔离开关隔离故障，使变压器退出运行后，该母线即可恢复运行。当出线回路数较多时，出线也可以采用一台半断路器接线形式。

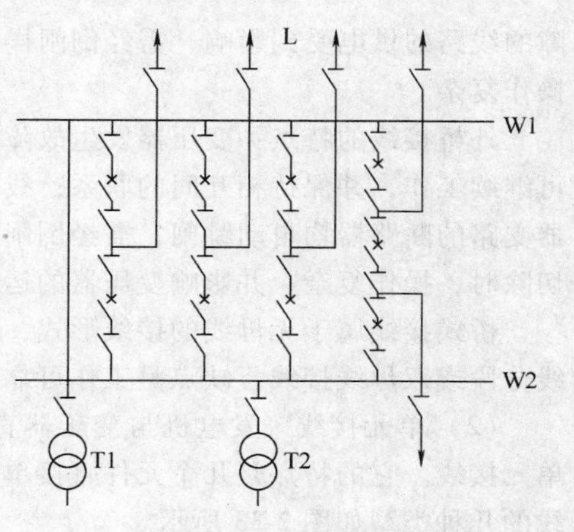

图 2-31　变压器母线组接线

2. 无汇流母线接线形式

无汇流母线的接线，其最大特点是使用断路器数量较少，一般采用的断路器数都等于或小于出现回路数，从而接线简单、投资少，因此在 6 ~ 220kV 电压级的主接线中被广泛采用。

（1）桥形接线　当具有两台变压器和两条线路时，在变压器—线路接线的基础上，在其中架一个连接桥，则成为桥形接线，如图 2-32 所示。按照桥连接断路器（桥连）的位置，可分为内桥（见图 2-32a）和外桥（见图 2-32b）两种接线。前者的桥连接断路器设置在变压器侧，而后者的桥连接断路器则设置在线路侧。图中，四个回路只有三台断路器，是需要断路器最少也是最节省的一种接线，但其可靠性和灵活性较差。

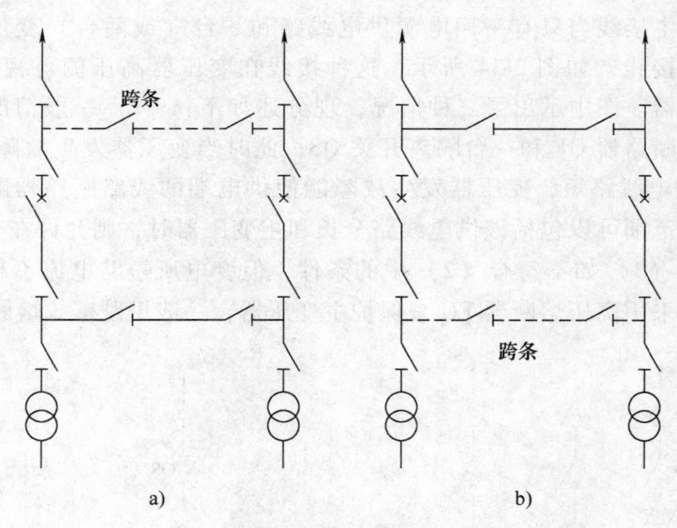

图 2-32　桥形接线
a）内桥接线　b）外桥接线

内桥接线适宜于输电线路较长，故障概率较高，穿越功率少而变压器又不需要经常切换时；外桥接线适用于线路较短、故障率较低、主变压器需按经济运行要求经常投切以及电力系统有较大的穿越功率通过桥臂回路的场合。

有时为了在检修出线和变压器回路中的断路器时不中断线路和变压器的正常运行，再在桥形接线中附加一个正常工作时断开的带隔离开关的跨条。在跨条上装设两台隔离开关，目的是可以轮换停电检修任何一组隔离开关。

内桥接线的特点：线路发生故障时，仅故障线路的断路器跳闸，其余支路可继续工作；变压器发生故障时，联络断路器及与故障变压器同侧的线路断路器均自动跳闸，使未发生故障的线路的供电受到影响，需经倒闸操作后，方可恢复对该线路的供电；正常运行时变压器操作复杂。

外桥接线的特点：变压器发生故障时，仅故障变压器支路的断路器跳闸，其余三条支路可继续工作，并保持相互间的联系；线路发生故障时，联络断路器及与故障线路同侧的变压器支路的断路器均自动跳闸，需经倒闸操作后，方可恢复被切除变压器的工作；线路投入与切除时，操作复杂，并影响变压器的运行。

桥式接线属于无母线的接线形式，简单清晰、设备少、造价低，也易于发展过渡为单母线分段或双母线接线。缺点是工作可靠性和灵活性较差，只能应用于小型变电所、发电厂。

（2）单元接线　发电机与变压器直接连接成一个单元，组成发电机—变压器组，称为单元接线。它的特点是几个元件直接单独连接，没有横向的联系，是最简单的接线。单元接线的几种类型如图 2-33 所示。

图 2-33a 是发电机—双绕组变压器单元接线，适用于没有直配负荷的火电厂及小型水电厂；图 2-33b 是发电机—三绕组变压器单元接线，变压器为三绕组，增加一个输出电压等级；图 2-33c 是发电机—双绕组变压器扩大单元接线，两台发电机与一台变压器连接，在大、中型电厂中广泛采用；图 2-33d 是变压器—线路单元接线，变压器高压侧与线路共用一台断路器，它们是一个整体。

工厂变电所的主接线当只有一回电源供电线路和一台（或两台）变压器时，可采用线路—变压器组单元接线，如图 2-34 所示。这种接线在变压器高压侧可视具体情况的不同，装设不同的开关电器。图中示出了三种情况，现分述如下：（1）一般情况，可在变压器高压侧装设一台高压断路器 QF 和一台隔离开关 QS，此时当变压器发生故障时，QF 断开，切断故障。（2）当供电线路短，变压器发生故障能使供电端的线路断路器断开时，或供电端变电所的继电保护范围可以包括该供电线路全长和主变压器时，则允许在变压器高压侧只装一台隔离开关 QS。（3）如不符合（2）中的条件，但变电所短路电流不超过高压熔断器的遮断容量时，允许采用高压熔断器 FU 来保护主变压器，一般用跌落式熔断器。

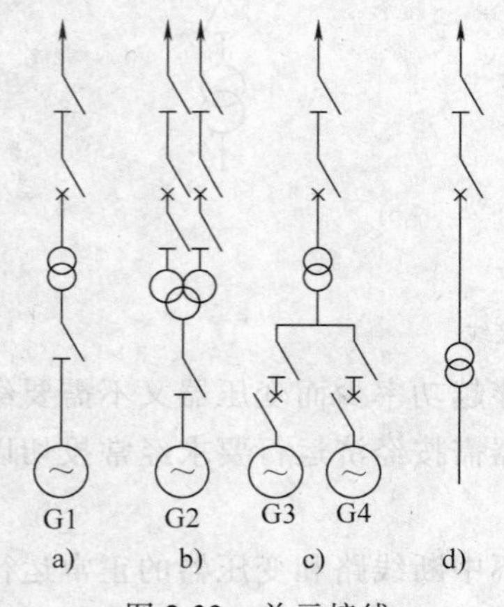

图 2-33　单元接线

a）发电机—双绕组变压器单元接线

b）发电机—三绕组变压器单元接线

c）发电机—双绕组变压器扩大单元接线

d）变压器—线路单元接线

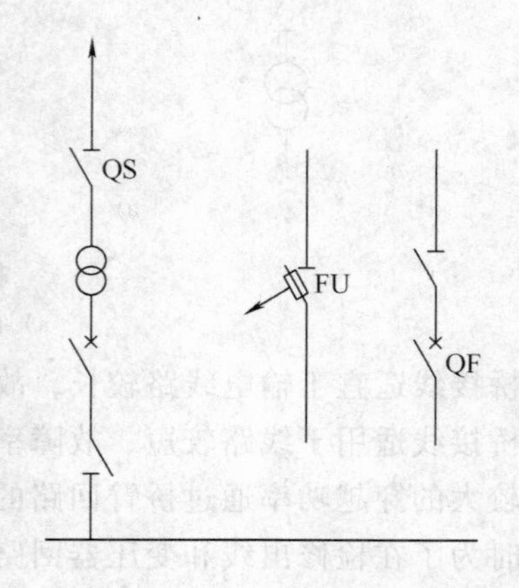

图 2-34　线路—变压器组单元接线

优点：接线简单清晰、投资小、占地少、操作方便、经济性好；由于不设发电机电压母线，减小了发电机电压侧发生短路故障的概率。

缺点：当该单元中任一个设备发生故障时，全部设备将停止工作。

(3) 角形接线 角形接线也称多边形接线，常用的有三角或四角形接线，最多不超过六角形。

优点：经济性较好；工作可靠性与灵活性较高，易于实现自动远动操作。

缺点：检修任一断路器时，角形接线变成开环运行，降低可靠性。为了提高可靠性，应将电源与馈线回路按照对角原则相互交替布置；角形接线在开环和闭环两种运行状态时，各支路所通过的电流差别很大，可能使电器设备的选择出现困难，并使继电保护复杂化；角形接线闭合成环，其配电装置难于扩建发展。

在110kV及以上配电装置中，当出线回数不多，且发展比较明确时，可以采用角形接线。常用角形接线如图2-35所示。

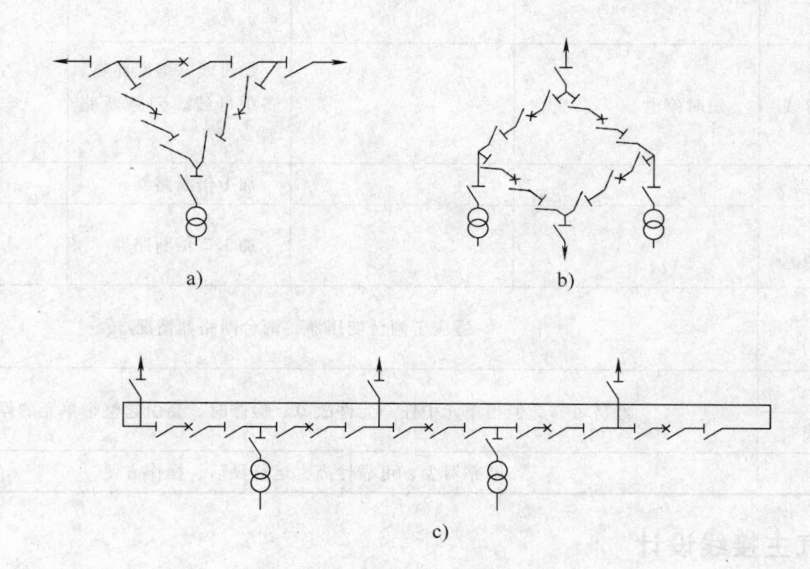

图2-35 角形接线

a) 三角形 b) 四角形 c) 多角形

综上所述，不同的主接线接线形式均有适用范围，各种接线形式特点比较见表2-1。

表2-1 主接线各种接线形式特点比较

特点 主接线形式	1. 母线、母线隔离开关故障或检修期间，连接在母线上所有回路都需长时间停止工作	2. 检修出线回路断路器时，该回路必须停电	3. 增大投资	4. 检修任一回路母线隔离开关，使该回路停电
单母线	存在	存在		
单母线分段	减少停电回路数目	存在	加分段断路器	
单母线带旁路母线	存在		加旁路母线、旁路断路器	

（续）

特点 主接线形式	1. 母线、母线隔离开关故障或检修期间，连接在母线上所有回路都需长时间停止工作	2. 检修出线回路断路器时，该回路必须停电	3. 增大投资	4. 检修任一回路母线隔离开关，使该回路停电
单母线分段带旁路母线	减少停电回路数目		加分段断路器、旁路母线、旁路断路器（有时两台）	
双母线	短时停电	存在（可以是短时停电）	加母线联络断路器、备用母线	
双母线单分段	短时停电（范围减小）		加母线联络断路器、备用母线、分段断路器	存在
双母线带旁路母线	短时停电		加母线联络断路器、备用母线、旁路断路器	
双母线双断路器			加1倍断路器	
3/2接线（一台半断路器）			加1/2倍断路器	
桥形接线（内桥、外桥）	适应于两台变压器、两台断路器情况			
单元接线	经济可靠，但当单元中任一元件故障、检修时，会引起整个单元的停运			
扩大单元接线				
角形接线	断路器少、可靠性高，运行灵活、操作方便			

2.4.3　电气主接线设计

1. 电气主接线设计的基本原则

电气主接线的设计是发电厂或变电站电气设计的主体。它与电力系统、电厂动能参数、原始资料以及电厂运行的可靠性、经济性的要求密切相关，并对电气设备的选择和布置、继电保护和控制方式等都有较大影响。电气主接线设计必须结合电力系统和发电厂或变电站的具体情况，合理选择主接线方案。

电气主接线设计的基本原则是以设计任务书为依据，以国家经济建设的方针、政策、技术规定、标准为准绳，结合工程实际情况，在保证运行灵活、维护方便等要求下，力争节约投资、降低造价，并尽可能采用先进技术。

在电气主接线设计时应综合考虑如下因素：发电厂、变电所的地理位置及其在系统中的地位和作用；发电厂、变电所与系统的连接方式和推荐的主接线；发电厂、变电所的出线回路数、用途及运行方式、传输容量；发电厂、变电所母线的电压等级，自耦变压器各侧的额定电压及调压范围；装设各种无功补偿装置的必要性、型式、数量和接线；高压、中压及低压各侧和系统短路电流及容量，以及限制短路电流的措施；变压器的中性点接地方式；本地区及本电厂或变电所负荷增长的过程。

2. 电气主接线设计步骤

电气主接线设计伴随发电厂或变电所整体设计同时进行，按着工程建设程序，历经可行性研究阶段、初步设计阶段、技术设计阶段和施工阶段等四个阶段。可行性研究阶段属于设计前期工作阶段，主要包括初步可行性研究、项目建议书编制、可行性研究、设计任务书编制等内容，初步设计和技术设计阶段属于设计工作阶段，之后是施工阶段。

设计主要步骤如下：

1）搜集、整理、综合分析基础数据，包括负荷性质及其地理位置、输电电压等级、出线回路及输送容量等；

2）选择和确定发电机、变压器的数量、台数、型式，并拟定可能采用的主接线形式；

3）发电厂、变电所自用电源的引接；

4）计算短路电流及主要电气设备的选择；

5）各方案的经济技术比较；

6）确定最终方案；

7）确定相应的配电布置方案。

3. 电气主接线设计的依据

电气主接线的设计依据是设计任务书，主要包括以下内容：

1）发电厂、变电所在电力系统中的地位和作用。

2）发电厂、变电所的分期和最终建设容量。

3）负荷的性质。

对于一类负荷必须有两个独立电源供电，而且失去任一电源时，都能保证全部一类负荷不中断供电；

对于二类负荷一般要有两个独立电源供电，且当任一电源失去后，能保证全部或大部分二类负荷的供电；

对于三类负荷一般只需一个电源供电。

4）电力系统备用容量的大小以及系统对电气主接线提供的具体资料。

5）环境条件，如当地的气温、湿度、覆冰、污秽、风向、水文、地质、海拔等，这些因素对主接线中电气设备的选择和配电装置的实施均有影响。

4. 电气主接线与经济比较

（1）电气主接线方案的初步拟定　根据设计任务书的要求，在分析原始资料的基础上，可拟定出若干个主接线方案，以不遗漏最优方案为原则。按照主接线的基本要求，从技术上对拟出的方案进行分析比较，淘汰明显不合理的方案，最终保留2～3个技术上适当、又能满足任务书要求的方案，再进行经济比较。对于重要的发电厂或变电所的电气主接线，还应进行可靠性的定量计算。

经济比较主要是对各方案的综合总投资和年运行费用进行综合效益比较，确定出最佳方案。

（2）综合总投资计算　综合总投资主要包括变压器综合投资，开关设备、配电装置综合投资以及不可预见的附加投资等。进行方案比较时，一般不必计算全部费用，只计算方案不同部分的投资，可用下式计算：

$$Z = Z_0\left(1 + \frac{\alpha}{100}\right)$$

式中 Z_0——主体设备的综合投资，包括变压器、开关设备、母线、配电装置及明显的增修桥梁、公路和拆迁等费用；

α——不明显的附加费用比例系数，如基础加工、电缆沟道开挖费用等，220kV 取 70，110kV 取 90。

(3) 年运行费用计算　年运行费用主要包括一年中变压器的电能损耗费及设备的检修、维护和折旧等费用，按投资百分率计算，计算式为

$$F = \alpha\Delta A + \alpha_1 Z + \alpha_2 Z$$

式中 α_1——检修维护费率，取 0.022～0.042；

α_2——折旧费率，取 0.005～0.058；

α——消耗电能的电价［元/（kW·h）］；

ΔA——变压器年电能损失（kW·h）。

在几个主接线方案中，综合总投资 Z 和年运行费用 F 均为最小的方案，应优先选用。当两种方案综合投资和年运行费用不同时，也可用抵偿年限法计算，设第一方案的综合总投资大，年运行费少，第二方案的综合总投资小，年运行费多，则

$$T = \frac{Z_1 - Z_2}{F_1 - F_2}$$

如果 T 小于 5 年，则采用投资大的第一方案，如果 T 大于 5 年，则选择投资小的第二方案为宜。

2.5　电气一次系统接线实例

2.5.1　火力发电厂的典型接线

火力发电厂电气主接线特点如下：

火力发电厂电气主接线应包括发电机电压接线形式及 1～2 级升高电压级接线形式的完整接线，且与系统相联系。

发电机电压接线的特点如下：

当发电机机端负荷比重较大、出线回路数又多时，发电机电压接线一般均采用有母线的接线形式。

实践中，发电机容量≤6MW，多采用单母线接线；发电机容量≥12MW，可采用单母线分段或双母线接线；发电机容量≥25MW，可采用双母线分段接线，并在母线分断处及电缆馈线上安装母线电抗器和出线电抗器以限制短路电流；发电机容量≥100MW，在满足地方负荷供电的前提下，多采用单元接线或扩大单元接线直接升高电压，这样不仅可以节省设备、简化接线、便于运行，而且能减小短路电流。

火力发电厂主要分为两类：

(1) 地方性火力发电厂（多为凝气式电厂）　地方性火电厂建设在城市或工业负荷中

心，且多为热电厂，在为工业和民用提供蒸汽和热水热能的同时，生产的电能大部分都用发电机电压直接馈送给地方用户，只将剩余的电能升高电压送往电力系统。由于受供热距离的限制，一般热电厂的单机容量多为中、小型机组。地方性火力发电厂的电气主接线包括发电机电压级接线及 1 ~ 2 级升高电压级接线，且与系统相连接。某中型热电厂的主接线如图 2-36 所示。

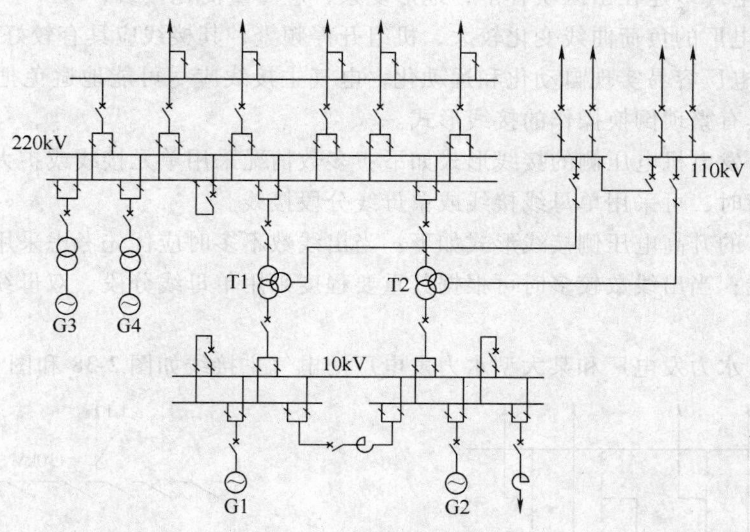

图 2-36　某中型热电厂的主接线

（2）区域性火电厂　区域性火力发电厂属于大型电厂，建在煤炭生产基地或港口附近，为凝气式电厂，一般距负荷中心较远，电能几乎全部用高压或超高压输电线路输送到远方。某 4 × 300MW 机组发电厂的主接线如图 2-37 所示。

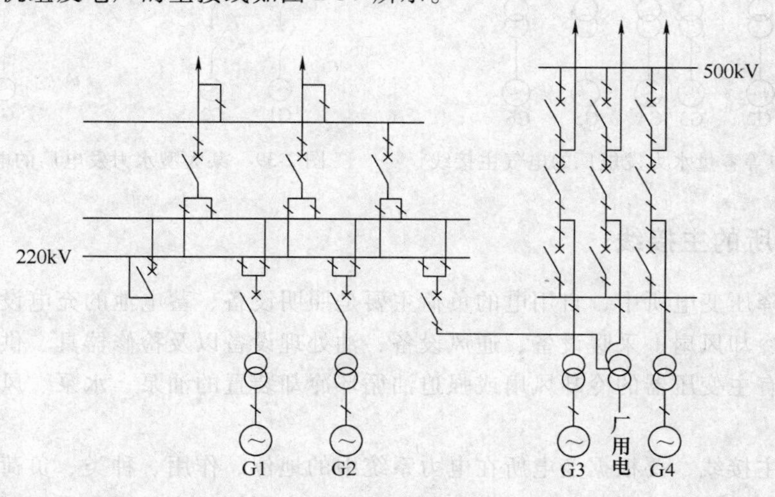

图 2-37　某 4 × 300MW 机组发电厂的主接线

2.5.2 水力发电厂的典型接线

水力发电厂的特点如下：

1）水力发电厂一般距负荷中心较远，发电机组的电压负荷很小或完全没有，几乎全部电能通过高压输电线路送入系统；

2）水力发电厂的装机台数和容量是根据水能利用条件一次确定的，一般不考虑发展和扩建；

3）水力发电厂多建在山区峡谷中，地形复杂，应尽量简化接线；

4）水力发电厂的负荷曲线变化较大，机组开停频繁，其接线应具有较好的灵活性；

5）水力发电厂容易实现自动化和远动化，电气主接线应尽可能地避免把隔离开关作为操作电器以及具有繁琐倒换操作的接线形式。

水力发电厂发电机电压侧的接线形式如下：多数情况采用单元接线或扩大单元接线；当有少量地区负荷时，可采用单母线接线或单母线分段接线。

水力发电厂的升高电压侧接线形式如下：当出线数不多时应优先考虑采用角形接线等类型的无母线接线；当出线数较多时可根据其重要程度采用单母线分段、双母线或一台半断路器接线等。

某中等容量水力发电厂和某大型水力发电厂的电气主接线如图 2-38 和图 2-39 所示。

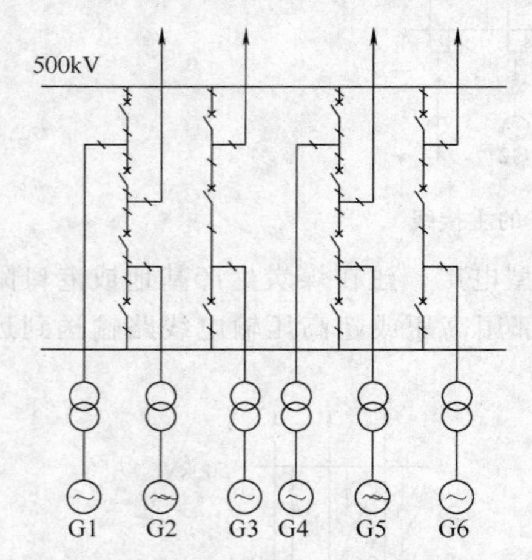

图 2-38　某中等容量水力发电厂的电气主接线

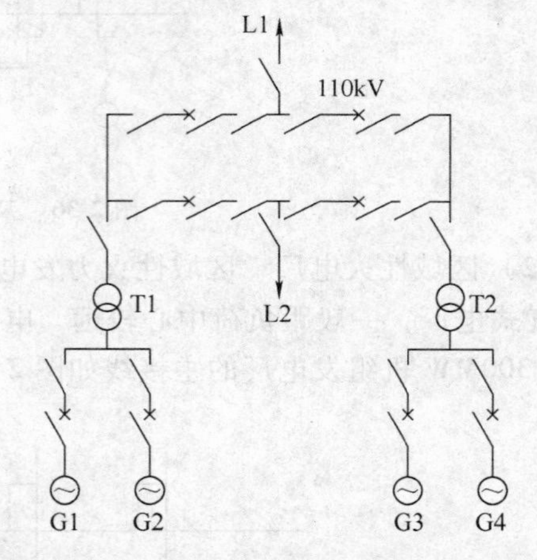

图 2-39　某大型水力发电厂的电气主接线

2.5.3　变电所的主接线

在中小型降压变电所中，自用电的负荷主要是照明设备、蓄电池的充电设备、硅整流设备、变压器的冷却风扇、采暖设备、通风设备、油处理设备以及检修器具、供水水泵等。其中，重要负荷有主变压器的冷却风扇或强迫油循环冷却装置的油泵、水泵、风扇以及整流操作电源等。

变电所的主接线，要根据变电所在电力系统中的地位、作用、种类、负荷性质、负荷容量、电网结构等多种因素确定。通常变电站主接线的高压侧，应尽可能采用断路器数目较少的接线，以节省投资，随出线数的不同，可采用桥形、单母线、双母线接线及角形接线等。

变电所分为枢纽变电所、地区变电所和一般变电所三类。如果变电站电压为超高压等级，又是重要的枢纽变电站，宜采用双母线双分段带旁路接线或采用一台半断路器接线。系统枢纽变电所汇集了多个大电源和大容量的联络线，在系统中属于枢纽地位，其高压侧交换系统间的巨大功率潮流，并向中压侧输送大量电能，因此如果全所停电，将使系统稳定破坏，电网瓦解，造成大面积停电。枢纽变电所的电气主接线如图 2-40 及图 2-41 所示。

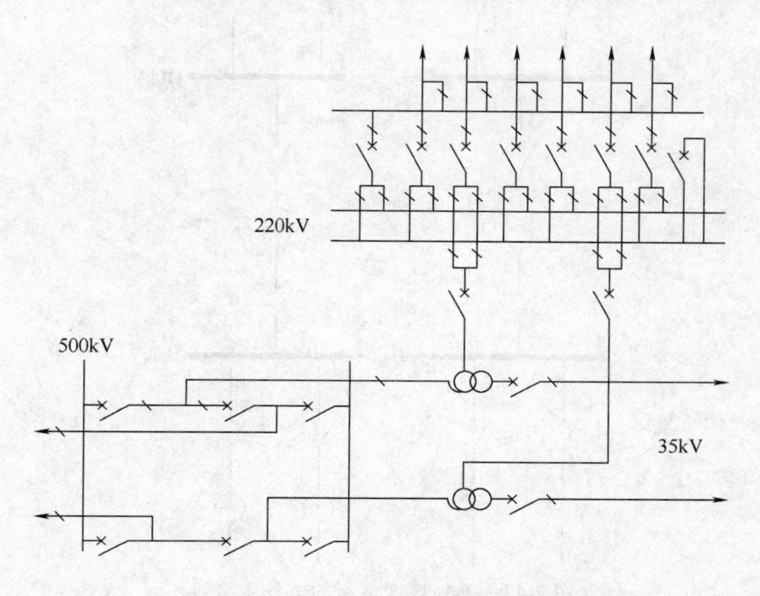

图 2-40　枢纽变电所的电气主接线

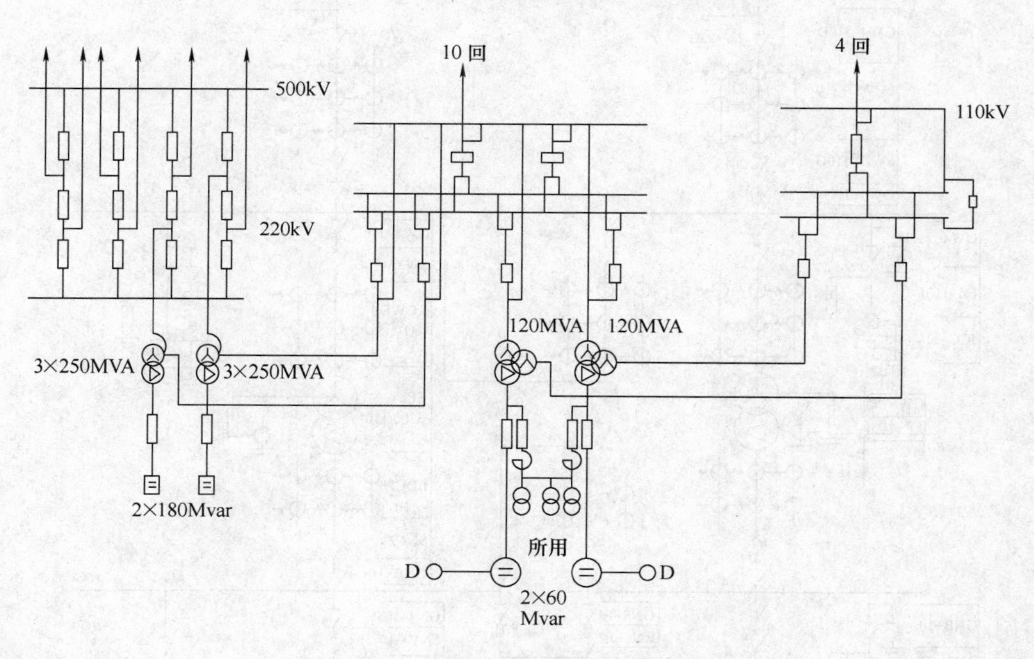

图 2-41　500kV 枢纽变电所的电气主接线

地区重要变电所位于地区网络的枢纽上，高压侧以交换和接收功率为主，供电给地区的中压侧和附近的低压侧负荷，全所停电后，将引起地区电网瓦解，影响整个地区供电。某地区变电所的电气主接线如图 2-42 所示，某 110kV/10kV 降压变电所的电气主接线如图 2-43 所示。

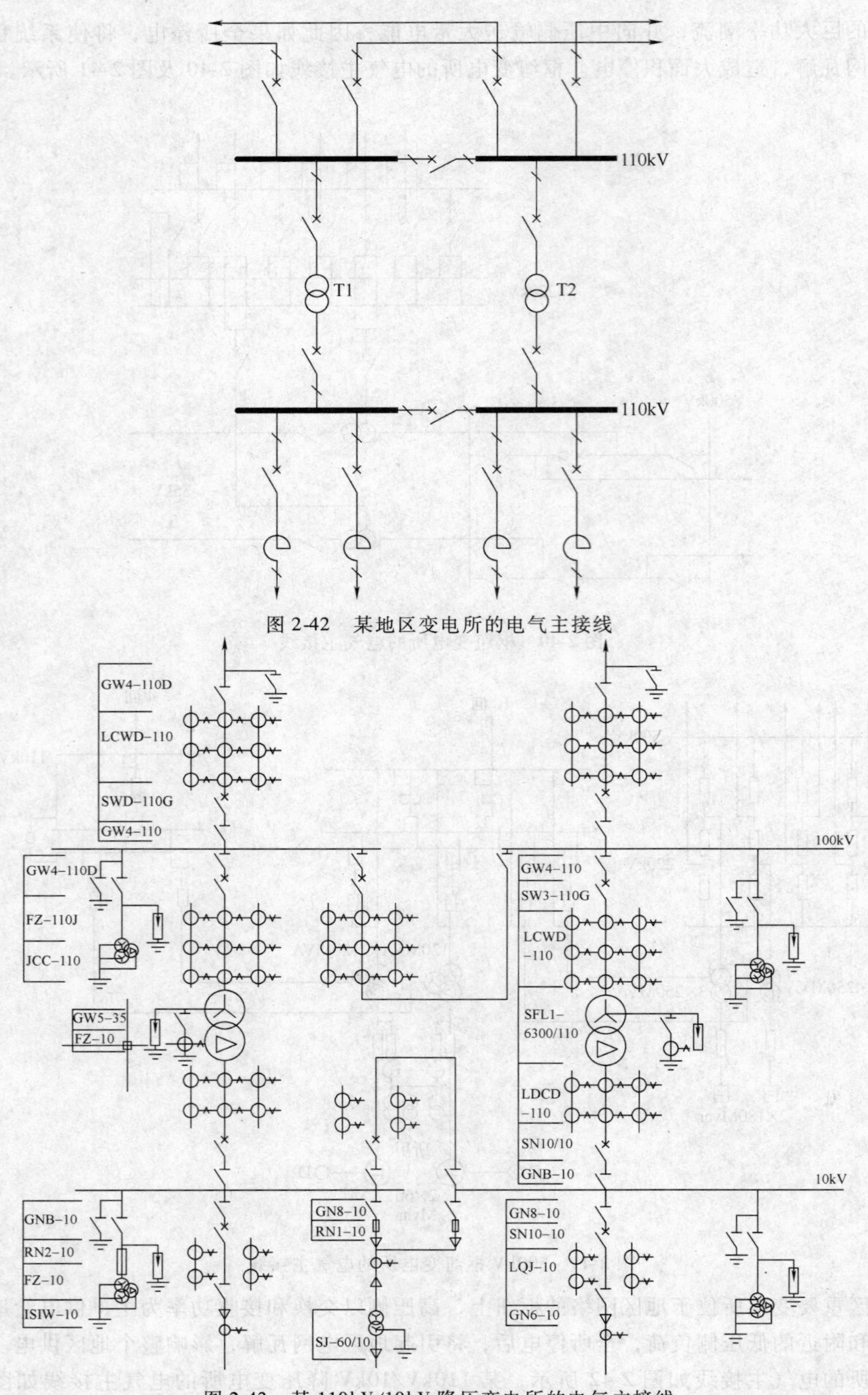

图 2-42　某地区变电所的电气主接线

图 2-43　某 110kV/10kV 降压变电所的电气主接线

思考题与习题

2-1　何谓变配电所（站）的一次、二次接线？

2-2　电气主接线设计原则和基本要求是什么？设计电气主接线时应收集哪些原始资料？

2-3　隔离开关和断路器有何区别，运行中应遵循哪些原则？

2-4　描述双母线接线时倒换母线的操作过程。

2-5　主母线和旁路母线各起什么作用？旁路断路器设置方式有哪些？各有怎样的特点？

2-6　一台半断路器和双母线带旁路母线接线相比较，各有何利弊？

2-7　某降压变电所，有两回66kV电源进线，6回10kV出线，拟采用两台双绕组变压器，低压采用单母线分段接线，试画出高压采用内桥接线或单母线分段接线时，降压变电所的电气主接线。主接线上标出主要的电气设备及出线，可不标出型号和参数。

2-8　某区域火力发电厂，有两台发电机，单机容量为600MW，主接线拟采用双母线带旁路母线接线或一台半断路器接线两种方案，拟留有两台发电机待扩建，试画出两种方案火电厂的电气主接线。主接线上标出主要的电气设备及出线，可不标出型号和参数。

第3章 电力系统稳态分析

3.1 输电线路的参数计算及等效电路

3.1.1 输电线路的参数计算

当线路通过交流电流时，导体将发热，消耗有功功率；同时由于交流电流产生的交变磁场将会在导线中产生感应电动势，对电流有抵抗作用。这些现象可通过电路参数，即电阻和电抗来反映。

当线路加上交流电压时，由于绝缘泄漏要消耗功率，同时架空线在一定电压下会产生发光、放电现象（称为电晕），也要消耗有功功率；另外在交流电场作用下，导线与导线、导线与大地之间的电容会产生充电电流。这些现象也可通过电路参数，即电阻与电抗（容抗）来反映。因为它们是电压的效应，所以用并联支路阻抗的形式来代表，为了表示方便，常用并联支路电导和电纳表示。

1. 电阻

直流电流通过导线时，单位长度导线的电阻按下式计算：

$$r_0 = \frac{\rho}{S} \tag{3-1}$$

在交流电路中，由于趋肤效应和邻近效应的影响，导线的交流电阻比直流电阻增大0.2%～10%；此外，由于所用导线多为多股绞线，使每股导线的实际长度比线路长度增大2%～3%，而导线的额定截面一般略大于实际截面。综合考虑以上因素后，在电力网计算中，实际使用的电阻率的数值略大于相应材料的电阻率。经修正后，导线材料的计算电阻率如下：铜为18.8$\Omega \cdot mm^2/km$，铝为31.5$\Omega \cdot mm^2/km$。

工程计算中，也可以直接从手册中查出各种导线的电阻值。从手册中查得或按式（3-1）计算所得的电阻值，都是指温度为20℃时的值，当导线实际温度不是20℃时，用下式对电阻值进行修正：

$$r_t = r_{20}[1 + \alpha(t - 20)] \tag{3-2}$$

式中 r_t——环境温度为t（℃）时导体单位长度的电阻（Ω/km）；

r_{20}——环境温度为20℃时导体单位长度的电阻（Ω/km）；

α——电阻的温度系数（1/℃），铜为0.00382，铝为0.0036。

2. 电抗

三相导线对称排列，或虽不对称但经完全换位后，三相电感相等。每相单位长度的电抗x_0（Ω/km）为

$$x_0 = \omega L = 0.1445\lg\frac{D_{eq}}{r} + 0.015\mu \tag{3-3}$$

式中 ω——角频率；

L——每相导线单位长度的电感；

r——导线半径；

μ——导线材料的相对磁导率，对于有色金属材料，$\mu=1$；

D_{eq}——三相导线间的几何均距。当三相导线间的距离分别为 D_{ab}、D_{bc}、D_{ca} 时，$D_{eq}=\sqrt[3]{D_{ab}D_{bc}D_{ca}}$；三相导线对称排列时，$D_{ab}=D_{bc}=D_{ca}=D$，则 $D_{eq}=D$；三相导线水平排列时，则 $D_{eq}=\sqrt[3]{DDD}=1.26D$。

从式（3-3）可以看出，由于电抗值与三相导线间的几何均距、导线半径为对数关系，因此，导线在杆塔上的布置方式及导线截面的大小对线路电抗值影响不大。在工程近似计算中，架空线路单位长度的电抗可取 0.4Ω/km。

对于超高压输电线路，为了减小线路电抗和降低导线表面电场强度以达到降低电晕损耗和抑制电晕干扰的目的，往往采用分裂导线。分裂导线的每相由 2～4 根导线组成，且 3 根或 4 根导线布置在正多角形的顶点上，如图 3-1 所示。

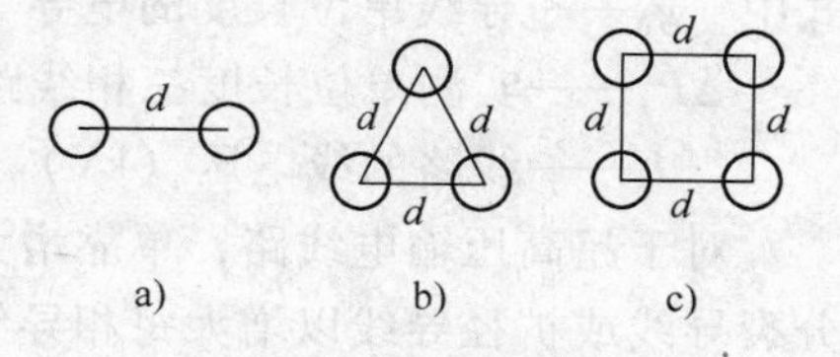

图 3-1　分裂导线

a）二分裂　b）三分裂　c）四分裂

分裂导线的采用改变了导线周围的磁场分布，等效地增大了导线半径，从而减小了导线的电抗。分裂导线的一相等效电抗 x_0（Ω/km）为

$$x_0=\omega L=0.1445\lg\frac{D_{eq}}{r_{eq}}+\frac{0.0157}{n}\mu \tag{3-4}$$

式中　r_{eq}——导线的等效半径，$r_{eq}=\sqrt[n]{nrA^{n-1}}$，其中，$A=\dfrac{d}{2\sin\pi/n}$为间隔环半径；

n——分裂导线的根数；

d——分裂导线的间距。

每相导线分裂间距 d 所对应的等效半径 r_{eq} 通常比单根导线的半径大得多，故分裂导线的等效电抗较小。

3. 电导

架空线路的电导主要与线路电晕损耗以及绝缘子的泄漏电阻有关。通常，前者起主要作用，而后者因线路的绝缘水平较高，往往可忽略不计。所谓电晕现象，就是在架空线路带有高电压的情况下，当导线表面的电场强度超过空气的击穿强度时，导线周围的空气被电离而产生的局部放电现象。电晕现象与导线表面的光滑程度、导线周围的空气相对密度、导线的布置方式及所处的气象状况等因素有关。

线路开始出现电晕的电压称为临界电压。当三相导线排列在等边三角形顶点上时，电晕临界电压的经验公式为

$$U_{cr}=84m_1m_2r\delta\lg\frac{D_{eq}}{r} \tag{3-5}$$

式中　U_{cr}——电晕临界电压有效值（kV）；

m_1——反映导线表面状况的光滑系数，对于多股绞线一般取 0.83～0.87；

m_2——反映气象状况的气象系数，晴天取 1，雨雪雾等恶劣天气取 0.8～1；

δ——空气相对密度，$\delta=3.92p/(273+t)$，其中，p 为大气压力（Pa）；t 为空气温

度（℃）；当 $t=25℃$，$p=76\text{Pa}$ 时，$\delta=1$。

导线水平排列时，布置在两边的边相导线的电晕临界电压比式（3-5）算得的值高6%，布置在中间的中相导线的电晕临界电压则比式（3-5）算得的值低4%。即中相导线较边相易发生电晕。

因为在线路设计时已避免在正常天气下产生电晕，故一般计算时可不计线路电导的影响。但当实际运行电压过高或气象条件变坏时，运行电压将超过临界电压而产生电晕。与电晕相对应的每相电导为

$$g_0=\frac{\Delta P_g}{U^2}\times10^{-3} \tag{3-6}$$

式中　g_0——导线单位长度的电导（S/km）；

ΔP_g——实测单位长度三相线路电晕消耗的总功率（kW/km）；

U——线路的线电压（kV）。

对于超高压输电线路，单靠增大导线截面的办法来限制电晕现象是不经济的，通常采用分裂导线或扩径导线以增大每相导线的等效半径，提高电晕临界电压。

4. 电纳

三相导线的相与相之间及相与地之间具有分布电容，当线路上施加三相对称的交流电压时，这时电容将形成相应的电纳。三相导线对称排列，或者虽排列不对称但经完全换位后，三相导线单位长度的电容及电纳分别相等。每相导线单位长度的电容 C_0（F/km）为

$$C_0=\frac{0.024}{\lg\frac{D_{eq}}{r}}\times10^{-6} \tag{3-7}$$

其相应的单位长度电纳 b_0（S/km）为

$$b_0=\omega C_0=2\pi fC_0=\frac{7.58}{\lg\frac{D_{eq}}{r}}\times10^{-6} \tag{3-8}$$

与线路电抗的计算相似，导线的半径和几何均距对架空线路的电纳值影响不大，单位长度的电纳一般在 2.85×10^{-6}S/km 左右。对于分裂导线的线路，仍可按式（3-8）计算其电纳，只是应用其等效半径 r_{eq} 取代式中的 r。由上述讨论可见，分裂导线的电纳会增大。

3.1.2　输电线路的等效电路

由于正常情况下三相线路是对称的，故等效电路只需画出一相。输电线路的参数实际上是沿线均匀分布的，可用图3-2所示等效电路（链形）表示。图中，r_0、x_0、g_0 和 b_0 分别为单位长度线路的电阻、电抗、电导和电纳。

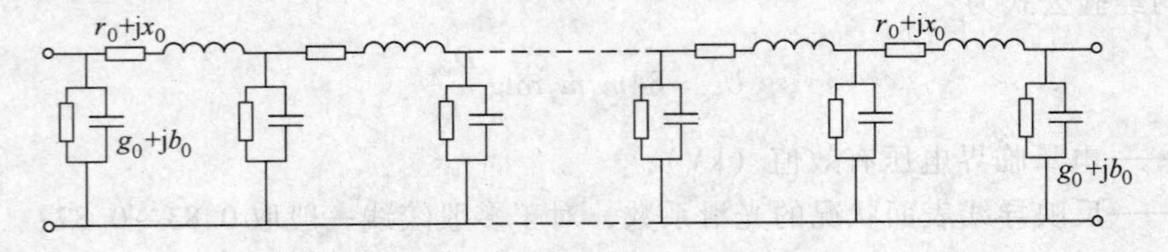

图3-2　均匀分布参数等效电路

用分布参数表示的等效电路计算很不方便，为了简化计算，工程上一般是根据线路的长短，采用下述两种类型的等效电路。

1. 一字形等效电路

对于线路长度不超过 100km 的短架空线路及不长的电缆线路，当线路电压不高时，线路电纳的影响可以忽略不计，同时，因正常天气时不产生电晕，故也可以不计线路电导的影响，因此，只剩下电阻和电抗两个参数，于是就得到图 3-3 所示的一字形等效电路。

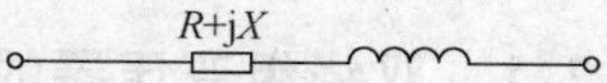

$R+jX$

图 3-3　一字形等效电路

2. Π 形和 T 形等效电路

对于长度在 100～300km 之间的架空线路或长度不超过 100km 的电缆线路，电纳的影响已不能忽略，故通常采用集中参数的 Π 形和 T 形等效电路，如图 3-4 所示。

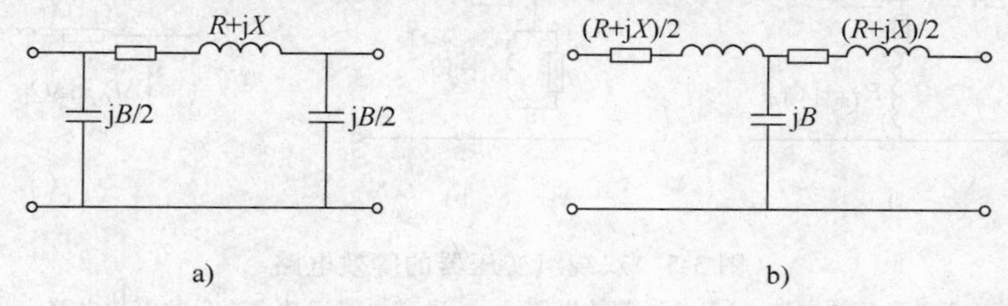

图 3-4　Π 形和 T 形等效电路

a) Π 形等效电路　b) T 形等效电路

Π 形等效电路是将线路的导纳平均分成两部分，分别并联在线路的始、末两端，而 T 形等效电路是将线路的阻抗平均分成两部分，分别串联在线路的两侧。由于 T 形等效电路中间增加了一个节点，从而增加了电网计算的工作量，所以 Π 形等效电路在实际工程计算中应用得更为广泛。

【例 3-1】 某 330kV 架空输电线路，导线水平排列，相间距离为 8m，采用 2×LGJQ—300 分裂导线，分裂间距为 0.4m，试求线路单位长度的电气参数（无电晕现象）。

解：（1）单位长度电阻

$$r_0=\frac{\rho}{2\times S}=\frac{31.5}{2\times 300}\Omega/\text{km}=0.053\Omega/\text{km}$$

（2）单位长度电抗。相间几何均距为

$$D_{eq}=1.26D=1.26\times 8000\text{mm}=10080\text{mm}$$

由手册可查得 LGJQ—300 导线的计算直径为 23.7mm，分裂导线的等效半径为

$$r_{eq}=\sqrt[n]{nrA^{n-1}}=\sqrt{2\times 11.85\times\frac{400}{2}}\text{mm}=68.84\text{mm}$$

$$x_0=0.1445\lg\frac{D_{eq}}{r_{eq}}+\frac{0.0157}{n}=\left(0.1445\lg\frac{10080}{68.84}+\frac{0.0157}{2}\right)\Omega/\text{km}=0.321\Omega/\text{km}$$

（3）单位长度电纳

$$b_0=\frac{7.58}{\lg\dfrac{D_{eq}}{r_{eq}}}\times 10^{-6}=\frac{7.58}{\lg\dfrac{10080}{68.84}}\times 10^{-6}\text{S/km}=3.49\times 10^{-6}\text{S/km}$$

3.2 变压器的参数计算及等效电路

3.2.1 双绕组变压器的参数计算及等效电路

在电机学中，变压器可用T形等效电路表示，如图3-5a所示。但在电力网计算中，为了减少网络的节点数，将励磁阻抗移至T形等效电路的电源侧，并将励磁阻抗用导纳或导纳中通过的三相功率表示，如图3-5b、c所示。对于电压等级在35kV及以下的变压器，励磁支路的损耗较小，在近似计算中励磁支路可以略去不计。

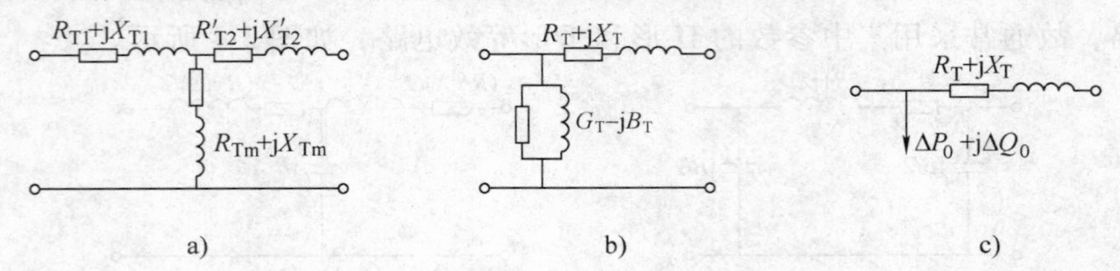

图3-5 双绕组变压器的等效电路

a）T形等效电路 b）Γ形等效电路 c）励磁电路用功率表示的等效电路

由等效电路可知，双绕组变压器有电阻R_T、电抗X_T、电导G_T和电纳B_T四个等效参数。任何一台变压器出厂时，制造厂商都在变压器的铭牌上或出厂试验书上给出代表其电气特性的四个参数，即负载损耗（短路损耗）ΔP_k、阻抗电压（短路电压）百分值$U_k\%$、空载损耗ΔP_o、空载电流百分值$I_o\%$。前面两个数据由短路试验得出，后面两个数据由空载试验得出。根据以上四个电气特性数据，即可计算出R_T、X_T、G_T和B_T。

1. 电阻R_T

变压器作短路试验时，一侧绕组短接，另一侧绕组利用调压变压器加电压，电流达到该侧绕组的额定值后，所测得的有功功率即为负载损耗。由于电压低，铁耗可忽略不计，可以认为负载损耗ΔP_k（kW）与变压器满载后两侧绕组中的总有功功率损耗（即额定有功功率损耗）相等，即

$$\Delta P_k = 3I_N^2 R_T \times 10^{-3} = \frac{S_N^2}{U_N^2} R_T \times 10^{-3} \tag{3-9}$$

式中 I_N——变压器的额定电流（A）；

U_N——变压器与I_N对应侧绕组的额定电压（kV）；

S_N——变压器的额定容量（kVA）

由此可得变压器电阻R_T（Ω）为

$$R_T = \frac{\Delta P_k U_N^2}{S_N^2} \times 10^3 \tag{3-10}$$

2. 电抗X_T

短路试验时，变压器绕组通过额定电流，其电抗X_T上电压降的百分值可用下式表示：

$$U_k\% = \frac{\sqrt{3} I_N Z_T \times 10^{-3}}{U_N} \times 100 = \frac{S_N Z_T \times 10^{-3}}{U_N^2} \times 100 \tag{3-11}$$

对于大、中型变压器，因其绕组电抗值远大于绕组电阻值，故R_T可以忽略不计。由此

可得变压器的电抗 X_T（Ω）为

$$X_T = \frac{U_k\% U_N^2}{100S_N} \times 10^3 \tag{3-12}$$

3. 电导 G_T

变压器空载试验是一侧开路，在另一侧加额定电压，测量变压器的有功损耗 ΔP_o（即空载损耗）以及空载电流百分值 $I_o\%$。由于空载电流相对于额定电流是很小的，因而空载时变压器绕组电阻的功率损耗也很小，故可近似认为其空载损耗 ΔP_o 就是铁心损耗。于是变压器的电导 G_T（S）为

$$G_T = \frac{\Delta P_o}{U_N^2} \times 10^{-3} \tag{3-13}$$

4. 电纳 B_T

变压器的电纳代表变压器的励磁无功功率。变压器空载电流虽包含有功分量和无功分量，但其有功分量通常很小，于是

$$I_o \approx \frac{U_N}{\sqrt{3}} B_T \times 10^3 \tag{3-14}$$

厂商给定的变压器空载电流百分值是指空载电流与额定电流之比乘以 100 的值，习惯上用符号 $I_o\%$ 表示，即

$$I_o\% = \frac{I_o}{I_N} \times 100 \tag{3-15}$$

由式（3-14）和式（3-15）得出变压器的电纳 B_T（S）为

$$B_T = \frac{I_o\%}{100} \times \frac{\sqrt{3} I_N}{U_N} \times 10^{-3} = \frac{I_o\% S_N}{100 U_N^2} \times 100^{-3} \tag{3-16}$$

当变压器导纳支路用功率形式表示时，其有功功率就是空载损耗 ΔP_o，导纳支路的功率损耗 ΔS_o（kvar）为

$$\Delta S_o = \Delta P_o + j\Delta Q_o = \Delta P_o + jU_N^2 B_T \times 10^3 = \Delta P_o + j\frac{I_o\% S_N}{100} \tag{3-17}$$

3.2.2　三绕组变压器的参数计算及等效电路

三绕组变压器的等效电路如图 3-6 所示，其导纳支路参数 G_T 和 B_T 的计算公式同双绕组变压器完全相同，阻抗支路参数 R_T 和 X_T 的计算与双绕组变压器没有本质的差别。但由于三绕组变压器各绕组的容量有不同的组合，因而其阻抗的计算方法有所不同。

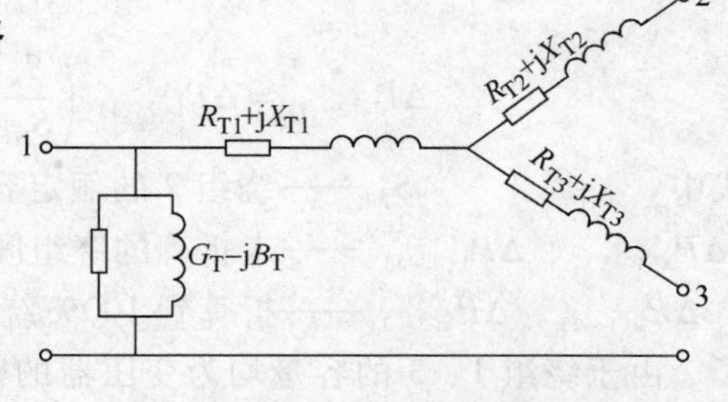

图 3-6　三绕组变压器的等效电路

1. 电阻 R_{T1}、R_{T2}、R_{T3}

我国三绕组变压器按三绕组容量比的不同分为 100/100/100、100/100/50 和 100/50/100 三种类型。

（1）容量比为 100/100/100 的三绕组变压器　三绕组变压器的短路试验是分别令一个绕组开路、一个绕组短路，而在余下的一个绕组施加电压依次试验求得的。若假设三绕组间的

负载损耗分别为 $\Delta P_{k(1-2)}$、$\Delta P_{k(1-3)}$、$\Delta P_{k(2-3)}$，各绕组的负载损耗分别为 ΔP_{k1}、ΔP_{k2}、ΔP_{k3}，则有

$$\left.\begin{aligned}\Delta P_{k(1-2)}&=\Delta P_{k1}+\Delta P_{k2}\\\Delta P_{k(1-3)}&=\Delta P_{k1}+\Delta P_{k3}\\\Delta P_{k(2-3)}&=\Delta P_{k2}+\Delta P_{k3}\end{aligned}\right\}\tag{3-18}$$

由式（3-18）可得每个绕组的负载损耗为

$$\left.\begin{aligned}\Delta P_{k1}&=\frac{1}{2}\left(\Delta P_{k(1-2)}+\Delta P_{k(1-3)}-\Delta P_{k(2-3)}\right)\\\Delta P_{k2}&=\frac{1}{2}\left(\Delta P_{k(1-2)}+\Delta P_{k(2-3)}-\Delta P_{k(1-3)}\right)\\\Delta P_{k3}&=\frac{1}{2}\left(\Delta P_{k(1-3)}+\Delta P_{k(2-3)}-\Delta P_{k(1-2)}\right)\end{aligned}\right\}\tag{3-19}$$

再利用双绕组变压器电阻计算式（3-10）求得各个绕组的电阻

$$\left.\begin{aligned}R_{T1}&=\frac{\Delta P_{k1}U_N^2}{S_N^2}\times10^3\\R_{T2}&=\frac{\Delta P_{k2}U_N^2}{S_N^2}\times10^3\\R_{T3}&=\frac{\Delta P_{k3}U_N^2}{S_N^2}\times10^3\end{aligned}\right\}\tag{3-20}$$

（2）容量比为100/100/50或100/50/100的三绕组变压器　这两种容量比不相等的变压器，由于短路试验时受50%容量绕组的限制，因此有两组数据是按50%容量的绕组达到额定容量时测量的值。而式（3-20）中的 S_N 均指100%绕组的额定容量，因此对制造厂商提供的或查资料所得到的负载损耗必须先按变压器的额定容量进行折算，然后再按容量比为100/100/100的三绕组变压器计算方法计算各个绕组的电阻。例如，对容量比为100/50/100的变压器，其折算公式为

$$\left.\begin{aligned}\Delta P_{k(1-2)}&=\Delta P'_{k(1-2)}\left(\frac{S_N}{S_{N2}}\right)^2=\Delta P'_{k(1-2)}\left(\frac{100}{50}\right)^2=4\Delta P'_{k(1-2)}\\\Delta P_{k(2-3)}&=\Delta P'_{k(2-3)}\left(\frac{S_N}{S_{N2}}\right)^2=\Delta P'_{k(2-3)}\left(\frac{100}{50}\right)^2=4\Delta P'_{k(2-3)}\end{aligned}\right\}\tag{3-21}$$

式中　S_{N2}——绕组2的额定容量；

$\Delta P'_{k(1-2)}$、$\Delta P'_{k(2-3)}$——未折算的绕组间的负载损耗（铭牌数据）；

$\Delta P_{k(1-2)}$、$\Delta P_{k(2-3)}$——折算到100%绕组额定容量下的绕组间负载损耗。

由于绕组1、3的容量均为变压器的额定容量，因此 $\Delta P'_{k(1-3)}$ 不用折算，即 $\Delta P_{k(1-3)}=\Delta P'_{k(1-3)}$。

2. 电抗 X_{T1}、X_{T2}、X_{T3}

利用制造厂商或有关手册提供的两个绕组之间的阻抗电压 $U_{k(1-2)}\%$、$U_{k(1-3)}\%$、$U_{k(2-3)}\%$，可计算各绕组的电抗。由于阻抗电压一般都已折算到与变压器的额定容量相对应，因而不管变压器各绕组的容量比如何，都可直接应用以下公式计算各绕组的电抗。

由于各绕组之间的阻抗电压分别为

$$\left.\begin{aligned} U_{k(1-2)}\% &= U_{k1}\% + U_{k2}\% \\ U_{k(1-3)}\% &= U_{k1}\% + U_{k3}\% \\ U_{k(2-3)}\% &= U_{k2}\% + U_{k3}\% \end{aligned}\right\} \tag{3-22}$$

因此利用式（3-22）可解得各绕组的阻抗电压为

$$\left.\begin{aligned} U_{k1}\% &= \frac{1}{2}\left(U_{k(1-2)}\% + U_{k(1-3)}\% - U_{k(2-3)}\%\right) \\ U_{k2}\% &= \frac{1}{2}\left(U_{k(1-2)}\% + U_{k(2-3)}\% - U_{k(1-3)}\%\right) \\ U_{k3}\% &= \frac{1}{2}\left(U_{k(1-3)}\% + U_{k(2-3)}\% - U_{k(1-2)}\%\right) \end{aligned}\right\} \tag{3-23}$$

然后利用双绕组变压器电抗的计算式（3-12）求得各个绕组的电抗

$$\left.\begin{aligned} X_{T1} &= \frac{U_{k1}\% U_N^2}{100S_N} \times 10^3 \\ X_{T2} &= \frac{U_{k2}\% U_N^2}{100S_N} \times 10^3 \\ X_{T3} &= \frac{U_{k3}\% U_N^2}{100S_N} \times 10^3 \end{aligned}\right\} \tag{3-24}$$

【例 3-2】　有一台 SFSL1—20000/110 型三相三绕组变压器，容量比为 100/50/100，$\Delta P'_{k(1-2)} = 52\text{kW}$，$\Delta P_{k(1-3)} = 148.2\text{kW}$，$\Delta P'_{k(2-3)} = 47\text{kW}$，$U_{k(1-2)}\% = 18$，$U_{k(2-3)}\% = 6.5$，$U_{k(1-3)}\% = 10.5$，$\Delta P_o = 50.2\text{kW}$，$I_0\% = 4.1$，试求变压器的参数并作出等效电路。

解：（1）计算各绕组的电阻。由于各绕组容量比不同，先将负载损耗折算至额定容量下的值

$$\Delta P_{k(1-2)} = 4\Delta P'_{k(1-2)} = 4 \times 52\text{kW} = 208\text{kW}$$
$$\Delta P_{k(2-3)} = 4\Delta P'_{k(2-3)} = 4 \times 47\text{kW} = 188\text{kW}$$

计算各绕组的负载损耗

$$\Delta P_{k1} = \frac{1}{2}\left(\Delta P_{k(1-2)} + \Delta P_{k(1-3)} - \Delta P_{k(2-3)}\right) = \frac{1}{2}(208 + 148.2 - 188)\ \text{kW} = 84.1\text{kW}$$

$$\Delta P_{k2} = \frac{1}{2}\left(\Delta P_{k(1-2)} + \Delta P_{k(2-3)} - \Delta P_{k(1-3)}\right) = \frac{1}{2}(208 + 188 - 148.2)\ \text{kW} = 123.9\text{kW}$$

$$\Delta P_{k3} = \frac{1}{2}\left(\Delta P_{k(1-3)} + \Delta P_{k(2-3)} - \Delta P_{k(1-2)}\right) = \frac{1}{2}(148.2 + 188 - 208)\ \text{kW} = 64.1\text{kW}$$

各绕组的电阻为

$$R_{T1} = \frac{\Delta P_{k1} U_N^2}{S_N^2} \times 10^3 = \frac{84.1 \times 110^2}{20000} \times 10^3\ \Omega = 2.54\Omega$$

$$R_{T2} = \frac{\Delta P_{k2} U_N^2}{S_N^2} \times 10^3 = \frac{123.9 \times 110^2}{20000} \times 10^3\ \Omega = 4.2\Omega$$

$$R_{T3} = \frac{\Delta P_{k3} U_N^2}{S_N^2} \times 10^3 = \frac{64.1 \times 110^2}{20000} \times 10^3\ \Omega = 1.94\Omega$$

（2）计算各绕组的电抗。先计算各绕组的阻抗电压百分值

$$U_{k1}\% = \frac{1}{2}\left(U_{k(1-2)}\% + U_{k(1-3)}\% - U_{k(2-3)}\%\right) = \frac{1}{2}(18 + 10.5 - 6.5) = 11$$

$$U_{k2}\% = \frac{1}{2}\left(U_{k(1-2)}\% + U_{k(2-3)}\% - U_{k(1-3)}\%\right) = \frac{1}{2}(18 + 6.5 - 10.5) = 7$$

$$U_{k3}\% = \frac{1}{2}\left(U_{k(1-3)}\% + U_{k(2-3)}\% - U_{k(1-2)}\%\right) = \frac{1}{2}(10.5 + 6.5 - 18) = -0.5$$

各绕组的电抗为

$$X_{T1} = \frac{U_{k1}\% U_N^2}{100S_N} \times 10^3 = \frac{11 \times 110^2}{100 \times 20000} \times 10^3 \Omega = 66.55\Omega$$

$$X_{T2} = \frac{U_{k2}\% U_N^2}{100S_N} \times 10^3 = \frac{7 \times 110^3}{100 \times 20000} \times 10^3 \Omega = 42.35\Omega$$

$$X_{T3} = \frac{U_{k3}\% U_N^2}{100S_N} \times 10^3 = \frac{-0.5 \times 110^2}{100 \times 20000} \times 10^3 \Omega = -3.03\Omega \approx 0\Omega$$

（3）计算变压器的导纳及功率损耗。变压器的导纳为

$$G_T = \frac{\Delta P_o}{U_N^2} \times 10^{-3} = \frac{50.2}{110^2} \times 10^{-3}\text{S} = 4.15 \times 10^{-6}\text{S}$$

$$B_T = \frac{I_o\% S_N}{100U_N^2} \times 10^{-3} = \frac{4.1 \times 20000}{100 \times 110^2} \times 10^{-3}\text{S} = 67.8 \times 10^{-6}\text{S}$$

导纳中的功率损耗为

$$\Delta P_o + j\Delta Q_o = \Delta P_o + j\frac{I_o\% S_N}{100} = \left(50.2 + j\frac{4.1 \times 20000}{100}\right)\text{kVA} = (50.2 + j820)\ \text{kVA}$$

（4）等效电路。计算得到的三绕组变压器的等效电路如图 3-7 所示。

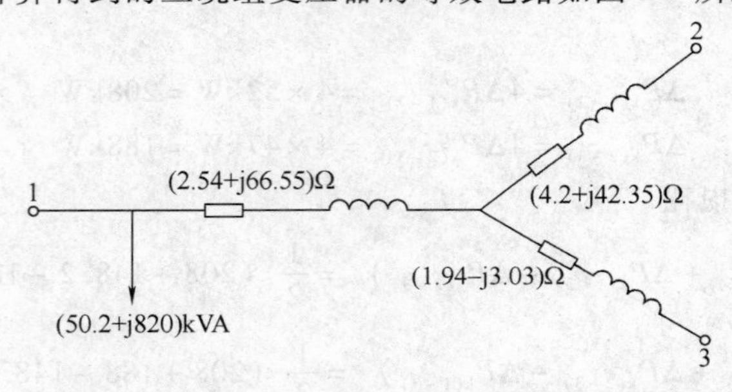

图 3-7　例 3-2 计算得到的三绕组变压器的等效电路

3.3　开式电力网的电压和功率分布计算

在电力网进行规划、设计和运行时，都要计算电力系统在各种运行方式下各节点的电压和通过网络各元件的功率。这种计算称为潮流计算。潮流计算方法分为经典手算法和计算机算法。为了便于对物理现象的分析，掌握潮流计算原理的基础，本章讨论经典手算法。

3.3.1　输电线的电压和功率分布计算

对于网络元件，在首末两个节点的电压、功率这四个运行变量中，定解条件是给定其中两个量而计算另两个量。根据给定量的不同，网络元件的电压、功率分布计算可归为两类问

题：一类是给定同一节点（首端或末端）的功率和电压的潮流计算；另一类是给定不同节点的功率和电压的潮流计算。

1. 给定同一节点的功率和电压的潮流计算

图 3-8 所示为输电线 Π 形等效电路，$\dot{U}_1$、$\dot{U}_2$分别为线路首端和末端的线电压，S_1、S_2 分别为线路首端和末端的三相复功率，$\dot{I}$ 为线路中的电流。

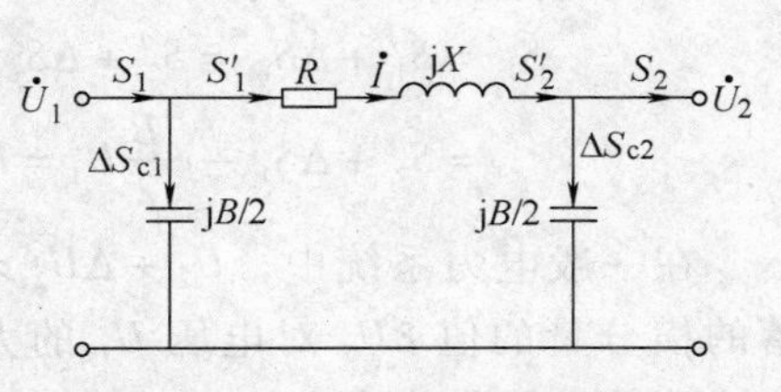

图 3-8　输电线路 Π 形等效电路

图 3-8 中，假定末端功率 S_2 和末端电压 $\dot{U}_2$给定，则由此计算线路首端功率 S_1 和首端电压 $\dot{U}_1$的过程如下：

线路末端导纳支路上的功率为

$$\Delta S_{c2} = -\mathrm{j}\,\frac{B}{2}U_2^2 \tag{3-25}$$

线路末端阻抗支路的功率 S_2'为

$$S_2' = S_2 + \Delta S_{c2} = S_2 - \mathrm{j}\,\frac{B}{2}U_2^2 = P_2' + Q_2' \tag{3-26}$$

阻抗支路中的功率损耗 ΔS_{L} 为

$$\Delta S_{\mathrm{L}} = \left(\frac{S_2'}{U_2}\right)^2 (R+\mathrm{j}X) = \frac{P'^2_2 + Q'^2_2}{U_2^2}(R+\mathrm{j}X) = \Delta P_{\mathrm{L}} + \Delta Q_{\mathrm{L}} \tag{3-27}$$

取末端电压为电压参考相量，即 $\dot{U}_2 = U_2$，则首端电压为

$$\begin{aligned}\dot{U}_1 &= \dot{U}_2 + \sqrt{3}\,\dot{I}\,(R+\mathrm{j}X) = U_2 + \left(\frac{\hat{S}_2}{U_2}\right)(R+\mathrm{j}X)\\ &= U_2 + \frac{P_2' - Q_2'}{U_2}(R+\mathrm{j}X) \qquad (3\text{-}28)\\ &= U_2 + \frac{P_2'R + Q_2'X}{U_2} + \mathrm{j}\,\frac{P_2'X - Q_2'R}{U_2}\\ &= U_2 + \Delta U_2 + \mathrm{j}\delta U_2 = U_1 \angle\delta\end{aligned}$$

其中

$$U_1 = \sqrt{(U_2+\Delta U_2)^2 + (\delta U_2)^2} \tag{3-29}$$

$$\delta = \arctan\frac{\delta U_2}{U_2 + \Delta U_2} \tag{3-30}$$

式中　ΔU_2——电压降落的纵分量，$\Delta U_2 = \dfrac{P_2'R + Q_2'X}{U_2}$；

δU_2——电压降落的横分量，$\delta U_2 = \dfrac{P_2'X - Q_2'R}{U_2}$。

电压相量图如图 3-9 所示。

线路首端导纳支路的功率 ΔS_{c1} 为

$$\Delta S_{c1} = -\mathrm{j}\frac{B}{2}U_1^2 \quad (3\text{-}31)$$

从而线路首端功率为

$$S_1 = S_1' + \Delta S_{c1} = S_2' + \Delta S_L + \Delta S_{c1}$$
$$= S_2' + \Delta S_L - \mathrm{j}\frac{B}{2}U_1^2 = P_1 + Q_1' \quad (3\text{-}32)$$

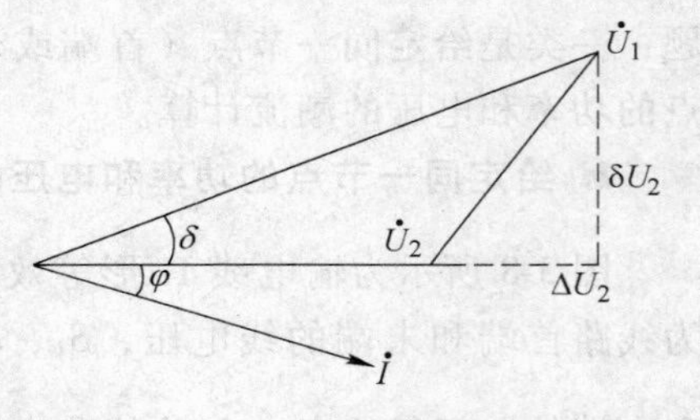

图 3-9 电压相量图

在一般电力系统中，$U_2 + \Delta U_2 >> \delta U_2$，也即电压降落的横分量的值 δU_2 对电压 U_1 的大小影响很小，常可忽略不计，简化公式为

$$U_1 \approx U_2 + \Delta U_2 = U_2 + \frac{P_2'R + Q_2'X}{U_2} \quad (3\text{-}33)$$

按照同样的方法，对于给定线路首端功率和首端电压的情况，可以用首端电压作为电压的参考相量，从而可推导出末端功率和末端电压的算式

$$U_2 = \sqrt{(U_1 - \Delta U_1)^2 + (\delta U_1)^2} \quad (3\text{-}34)$$

$$\delta = \arctan\frac{-\delta U_1}{U_1 - \Delta U_1} \quad (3\text{-}35)$$

式中

$$\Delta U_1 = \frac{P_1'R + Q_1'X}{U_1} \quad (3\text{-}36)$$

$$\delta U_1 = \frac{P_1'X - Q_1'R}{U_1} \quad (3\text{-}37)$$

同理，简化公式为

$$U_2 \approx U_1 - \Delta U_1 = U_1 - \frac{P_1'R + Q_1'X}{U_1} \quad (3\text{-}38)$$

在实际计算中，110kV 及 110kV 以下的网络，均可按上述处理，仅在 220kV 及其以上网络才考虑横分量的影响。

2. 给定不同节点的功率和电压的潮流计算

由于给定的不是同一节点的电压和功率，而在利用电压降落算式和功率损耗算式进行潮流计算时，要求电压和功率必须是同一节点的值，从而会使计算出现困难，因此应采取如下的算法：首先在已知功率点假定一个电压，求得已知电压点的功率，再由此点的已知电压与求得的功率返回求得已知功率点的电压，然后再用此求得的已知功率点的电压计算已知电压点的功率，……。如此反复递推，逐步逼近已知条件给定的电压和功率。如果初始电压选择得好，往往一、二次反复递推即可达到足够的精度。一般初始电压可取该级网络的额定电压。

常见的情况是已经给出了开式电力网的末端负荷功率和首端电压，对于这种情况，可进一步简化计算，不必进行反复递推。方法是用额定电压 U_N 近似代替末端实际电压，即

$$\Delta S_{c2} = -\mathrm{j}\frac{B}{2}U_N^2 \quad (3\text{-}39)$$

$$\Delta S_L = \frac{S_2'^2}{U_N^2}(R + \mathrm{j}X) \quad (3\text{-}40)$$

在计算得出首端功率 S_1 后，利用给定的首端电压 U_1 和计算所得的阻抗支路始端功率 S_1'，由式（3-36）计算电压降落，从而确定末端电压 U_2。

3. 工程常用的计算量

（1）电压降落　电压降落是指网络元件中首、末端电压的相量差（$\dot{U}_1-\dot{U}_2$）。电压降落是相量，可分解为电压降落的纵分量 ΔU 和电压降落的横分量 δU。

（2）电压损耗　电压损耗是指网络元件中首、末端电压的数值差（U_1-U_2）。电压损耗通常以网络额定电压 U_N 百分数表示，即

$$电压损耗=\frac{(U_1-U_2)}{U_N}\times 100\% \tag{3-41}$$

（3）电压偏移　电压偏移是指网络中某点的实际电压与网络额定电压的数值差（$U-U_N$）。电压偏移也常以网络额定电压 U_N 百分数表示，即

$$电压偏移=\frac{(U-U_N)}{U_N}\times 100\% \tag{3-42}$$

（4）输电效率　输电效率是指线路末端输出的有功功率 P_2 与线路首端输入的有功功率 P_1 的比值，常以百分数表示，即

$$输电效率=\frac{P_2}{P_1}\times 100\% \tag{3-43}$$

3.3.2　变压器的电压和功率分布计算

变压器的功率损耗包括阻抗支路中的功率损耗和导纳支路中的功率损耗两部分。变压器导纳支路中的功率损耗计算方法如式（3-17）所示，阻抗支路中的电压降落和功率损耗的计算与输电线路的计算方法相似。由于变压器两侧电压的相位差一般很小，常可将电压降落的横分量略去。

变压器阻抗中的功率损耗也可不经过变压器阻抗计算而直接根据变压器短路试验数据和功率计算。

1. 双绕组变压器阻抗支路的功率损耗计算

$$\Delta P_T=\Delta P_k\left(\frac{S}{S_N}\right)^2 \tag{3-44}$$

$$\Delta Q_T=\frac{U_k\% S^2}{100S_N} \tag{3-45}$$

式中　S——通过变压器的视在功率（kVA）；

S_N——变压器的额定容量（kVA）。

2. 三绕组变压器阻抗支路的功率损耗计算

$$\Delta P_T=\Delta P_{k1}\left(\frac{S_1}{S_N}\right)^2+\Delta P_{k2}\left(\frac{S_2}{S_N}\right)^2+\Delta P_{k3}\left(\frac{S_3}{S_N}\right)^2 \tag{3-46}$$

$$\Delta Q_T=\Delta Q_{k1}\left(\frac{S_1}{S_N}\right)^2+\Delta Q_{k2}\left(\frac{S_2}{S_N}\right)^2+\Delta Q_{k3}\left(\frac{S_3}{S_N}\right)^2 \tag{3-47}$$

式中　ΔP_{k1}、ΔP_{k2}、ΔP_{k3}——变压器高、中、低压绕组折算至额定容量后的等效负载损耗（kW）；

ΔQ_{k1}、ΔQ_{k2}、ΔQ_{k3}——变压器高、中、低压绕组折算至额定容量后的等效漏磁损耗（kvar）。

3.3.3　同一电压等级开式电力网的计算

负荷只能从一个方向获得电能的电力网称为开式电力网。开式电力网结构简单，可分成无变压器的同一电压等级的开式电力网和有变压器的多级电压开式电力网。下面首先讨论同一电压等级开式电力网的潮流计算。

以图 3-10 所示的由三段线路、三个负荷组成的开式电力网为例说明其计算方法。对于每段线路，用一个 Π 形等效电路表示。工程计算上为了简化网络，常把处于某节点的所有功率（含线路电容支路的充电功率）合成为一个负荷功率，称为运算负荷。在确定各节点的运算负荷后，利用前述的输电线路电压和功率分布计算方法，可进行多段开式电力网的电压和功率分布计算。假如给定开式电力网的首端电压和各负荷功率，则首先由末端向首端用各段末端功率和网络的额定电压逐段推算功率损耗，从而得出各段线路的首端功率；再用各段线路的首端功率和首端电压，由首端向末端逐步计算电压降落，最后计算出各节点的电压。

a
1
b
2
c
3
d
S_{LDb}
S_{LDc}
S_{LDd}
a)
R_1+jX_1
R_2+jX_2
R_3+jX_3
$jB_1/2$
$jB_2/2$
$jB_3/2$
S_{LDd}
S_{LDc}
b)
ΔS_{c1}
S_b
S_c
S_d
c)

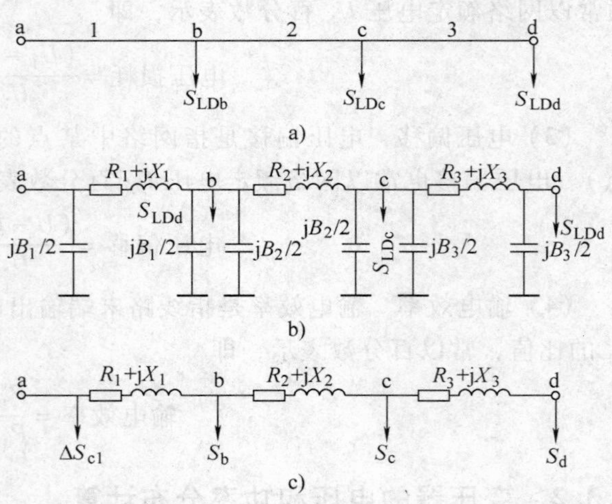

图 3-10　同一电压等级开式电力网

a）开式电力网接线　b）等效电路

c）用运算负荷表示的等效电路

【例 3-3】　开式电力网如图 3-11 所示，线路参数标于图中，线路额定电压为 110kV，电力网首端电压为 118kV，试求运行中电力网的功率和电压分布。各点负荷为 S_{LDb} = （20.4 + j15.8） MVA，S_{LDc} = （8.6 + j7.5） MVA，S_{LDd} = （12.2 + j8.8） MVA。

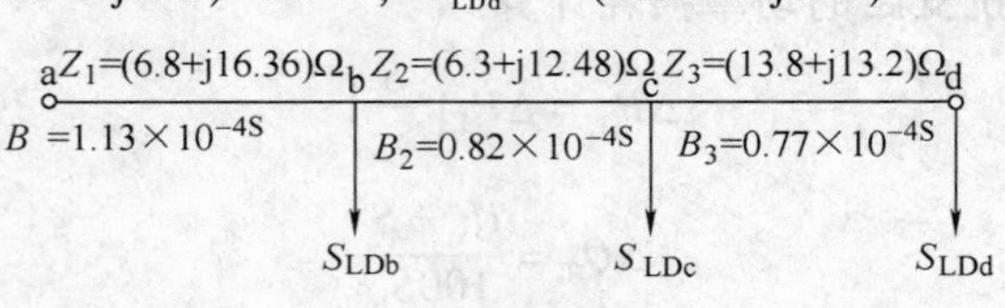

a
b
c
d
$Z_1=(6.8+j16.36)\Omega$
$Z_2=(6.3+j12.48)\Omega$
$Z_3=(13.8+j13.2)\Omega$
$B=1.13\times10^{-4}$S
$B_2=0.82\times10^{-4}$S
$B_3=0.77\times10^{-4}$S
S_{LDb}
S_{LDc}
S_{LDd}

图 3-11　开式电力网

解：（1）计算运算负荷

$$S_d = S_{LDd} - j\frac{B_3}{2}U_N^2 = \left(12.2 + j8.8 - j\frac{0.77}{2}\times10^{-4}\times110^2\right)\text{MVA} = (12.2 + j8.33)\ \text{MVA}$$

$$S_c = S_{LDc} - j\frac{B_2}{2}U_N^2 - j\frac{B_3}{2}U_N^2 = \left(8.6 + j7.5 - j\frac{0.82}{2}\times10^{-4}\times110^2 - j\frac{0.77}{2}\times10^{-4}\times110^2\right)\text{MVA}$$

$$= (8.6 + j6.53)\ \text{MVA}$$

$$S_b = S_{LDb} - j\frac{B_1}{2}U_N^2 - j\frac{B_2}{2}U_N^2$$

$$=\left(20.4+j15.8-j\frac{1.13}{2}\times10^{-4}\times110^2-j\frac{0.82}{2}\times10^{-4}\times110^2\right)\text{MVA}$$
$$=(20.4+j14.62)\ \text{MVA}$$

（2）计算线路的功率分布。线路3阻抗支路的功率损耗为

$$\Delta S_3=\frac{S_d^2}{U_N^2}(R_3+jX_3)=\frac{12.2^2+8.33^2}{110^2}(13.8+j3.2)\ \text{MVA}=(0.25+j0.24)\ \text{MVA}$$

线路2末端S_c'的功率为

$$S_c'=S_c+S_d+\Delta S_3=(8.6+j6.53+12.2+j8.33+0.25+j0.24)\ \text{MVA}$$
$$=(21.05+j15.1)\ \text{MVA}$$

线路2阻抗支路的功率损耗为

$$\Delta S_2=\frac{S_c'^2}{U_N^2}(R_2+jX_2)=\frac{21.05^2+15.1^2}{110^2}(6.3+j12.48)\ \text{MVA}=(0.35+j0.69)\ \text{MVA}$$

线路1末端S_b'的功率为

$$S_b'=S_c+S_c'+\Delta S_2=(20.4+j14.62+21.05+j15.1+0.35+j0.69)\ \text{MVA}$$
$$=(41.8+j30.41)\ \text{MVA}$$

线路1阻抗支路的功率损耗为

$$\Delta S_1=\frac{S_b'^2}{U_N^2}(R_1+jX_1)=\frac{41.8^2+30.41^2}{110^2}(6.8+j16.36)\ \text{MVA}=(1.5+j3.6)\ \text{MVA}$$

a点输入的总功率为

$$S_a=S_b'+\Delta S_1-j\frac{B_1}{2}U_N^2=\left(41.8+j30.41+1.5+j3.6-j\frac{1.13}{2}\times10^{-4}\times110^2\right)\text{MVA}$$
$$=(43.3+j33.34)\ \text{MVA}$$

（3）计算各节点的电压。通过线路1首端S_1'的功率为

$$S_1'=S_a+j\frac{B_1}{2}U_N^2=\left(43.3+j33.34+j\frac{1.13}{2}\times10^{-4}\times110^2\right)\text{MVA}=(43.3+j34.02)\ \text{MVA}$$

线路1的电压损耗为

$$\Delta U_1=\frac{P_1'R_1+Q_1'X_1}{U_a}=\frac{43.3\times6.8+34.02\times16.36}{118}\text{kV}=7.21\text{kV}$$

b点的电压值为

$$U_b\approx U_a-\Delta U_1=(118-7.21)\ \text{kV}=110.79\text{kV}$$

通过线路2首端S_2'的功率为

$$S_2'=S_c'+\Delta S_2=(21.05+j15.1+0.35+j0.69)\ \text{MVA}=(21.4+j15.79)\ \text{MVA}$$

线路2的电压损耗为

$$\Delta U_2=\frac{P_2'R_2+Q_2'X_2}{U_b}=\frac{21.4\times6.3+15.79\times12.48}{110.79}\text{kV}=3\text{kV}$$

c点的电压值为

$$U_c\approx U_b-\Delta U_2=(110.79-3)\ \text{kV}=107.79\text{kV}$$

通过线路3首端的功率为

$$S_2'=S_d+\Delta S_3=(12.2+j8.33+0.25+j0.24)\ \text{MVA}=(12.45+j8.57)\ \text{MVA}$$

线路 3 的电压损耗为

$$\Delta U_3=\frac{P_3'R_3+Q_3'X_3}{U_c}=\frac{12.45\times13.8+8.57\times13.2}{107.79}\text{kV}=2.64\text{kV}$$

d 点的电压值为

$$U_d\approx U_c-\Delta U_3=(107.79-2.64)\ \text{kV}=105.15\text{kV}$$

3.3.4 多级电压开式电力网的计算

对于含有变压器的开式电力网，潮流计算有两种处理方法。

一种是将变压器表示为理想变压器与变压器阻抗相串联。这里所谓的理想变压器就是无损耗、无漏磁、无需励磁的变压器，在电路中只以 K 反映变压器的电压比，而变压器的损耗通过变压器阻抗和导纳体现。在建立了这种含有理想变压器的开式电力网的等效电路后，即可按照前述处理同一电压等级开式电力网的类似方法做网络的电压和功率分布计算。在计算中遇到理想变压器时，需做电压的折算，而通过理想变压器的功率是不变的。

另一种是将变压器二次侧的所有元件参数全部折算到一次侧。这时整个网络为同一电压等级，其电压和功率分布的计算方法即为同一电压等级的开式电力网的计算方法。但这时算出的网络各节点电压除一次侧外，均不是各点的实际电压值，而是各节点折算到一次侧的电压值，故还要通过变压器的电压比 K 将这些电压值折算为各节点的实际电压值。

从以上两种处理方法比较来看，第一种方法的等效电路中虽含有不同的电压等级，但只要在各电压级中选用各级电压值，并未给计算带来太大麻烦。而且这种方法具有物理概念清楚、不必做元件参数的折算、能直接求得各节点的实际电压等优点，使用起来较为方便。

【例 3-4】 两级电压开式电力网如图 3-12 所示。输电线路参数为 $r_0=0.28\Omega/\text{km}$，$x_0=0.416\Omega/\text{km}$，$b_0=2.74\times10^{-6}\text{S/km}$；变压器参数为 $S_N=30000\text{kVA}$，$\Delta P_o=60\text{kW}$，$I_o\%=3.5$，$\Delta P_k=163\text{kW}$，$U_k\%=10.5$，$K=110\text{kV}/38.5\text{kV}$，末端负荷 $S_{LDc}=(20+\text{j}15)\ \text{MVA}$。若输电线路首端供电电压为 119kV，试求输电线路首端的功率和末端的电压。

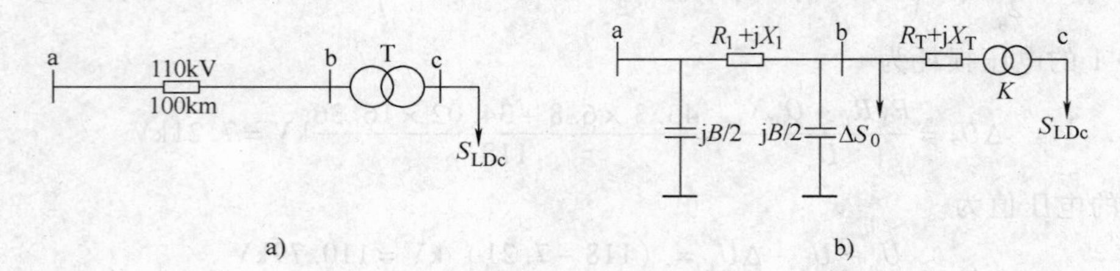

图 3-12 两级电压开式电力网

a）电力网接线 b）等效电路

解：（1）各元件参数计算。

线路

$$R_L=r_0l=0.28\times100\Omega=28\Omega$$

$$X_L=x_0l=0.416\times100\Omega=41.6\Omega$$

$$B_L=b_0l=2.74\times10^{-6}\times100\text{S}=2.74\times10^{-4}\text{S}$$

变压器

$$R_{\mathrm{T}}=\frac{\Delta P_{\mathrm{k}}U_{\mathrm{N}}^{2}}{S_{\mathrm{N}}^{2}}\times 10^{3}=\frac{163\times 110^{2}}{30000^{2}}\times 10^{3}\,\Omega=2.19\Omega$$

$$X_{\mathrm{T}}=\frac{U_{\mathrm{k}}\%\,U_{\mathrm{N}}^{2}}{100S_{\mathrm{N}}}\times 10^{3}=\frac{10.5\times 110^{2}}{100\times 30000}\times 10^{3}\,\Omega=42.35\Omega$$

$$\Delta S_{\mathrm{o}}=\Delta P_{\mathrm{o}}+\mathrm{j}\frac{I_{\mathrm{o}}\%}{100}S_{\mathrm{N}}=\left(60+\mathrm{j}\frac{3.5}{100}\times 30000\right)\mathrm{kVA}$$

$$=(60+\mathrm{j}1050)\ \mathrm{kVA}=(0.06+\mathrm{j}1.050)\ \mathrm{MVA}$$

（2）求输电线路首端功率。运算负荷为

$$S_{\mathrm{c}}=S_{\mathrm{LDc}}=(20+\mathrm{j}15)\ \mathrm{MVA}$$

变压器阻抗中的功率损耗为

$$\Delta S_{\mathrm{T}}=\frac{S_{\mathrm{c}}^{2}}{U_{\mathrm{N1}}^{2}}(R_{\mathrm{T}}+\mathrm{j}X_{\mathrm{T}})=\frac{20^{2}+15^{2}}{110^{2}}(2.19+\mathrm{j}42.35)\ \mathrm{MVA}=(0.113+\mathrm{j}2.187)\ \mathrm{MVA}$$

110kV 线路末端总功率为

$$S_{\mathrm{b}}'=S_{\mathrm{c}}+\Delta S_{\mathrm{T}}+\Delta S_{\mathrm{o}}-\mathrm{j}\frac{B_{1}}{2}U_{\mathrm{N1}}^{2}$$

$$=\left(20+\mathrm{j}15+0.113+\mathrm{j}2.187+0.06+\mathrm{j}1.05-\mathrm{j}\frac{2.74}{2}\times 10^{-4}\times 110^{2}\right)\mathrm{MVA}$$

$$=(20.173+\mathrm{j}16.58)\ \mathrm{MVA}$$

110kV 线路阻抗中的功率损耗为

$$\Delta S_{\mathrm{L}}=\frac{S_{\mathrm{b}}'^{2}}{U_{\mathrm{N1}}^{2}}(R_{\mathrm{L}}+\mathrm{j}X_{\mathrm{L}})=\frac{20.173^{2}+16.58^{2}}{110^{2}}(28+\mathrm{j}41.6)\ \mathrm{MVA}=(1.578+\mathrm{j}2.344)\ \mathrm{MVA}$$

输电线路首端的功率为

$$S_{\mathrm{a}}=S_{\mathrm{b}}'+\Delta S_{\mathrm{L}}-\mathrm{j}\frac{B}{2}U_{\mathrm{N1}}^{2}=(21.75+\mathrm{j}17.27)\ \mathrm{MVA}$$

（3）求负荷端的电压。通过线路 L 首端 S_{l}'的功率为

$$S_{\mathrm{L}}'=S_{\mathrm{a}}+\mathrm{j}\frac{B}{2}U_{\mathrm{N1}}^{2}=\left(21.75+\mathrm{j}17.27+\mathrm{j}\frac{2.74}{2}\times 10^{-4}\times 110^{2}\right)\mathrm{MVA}=(21.75+\mathrm{j}18.93)\ \mathrm{MVA}$$

线路 L 的电压损耗为

$$\Delta U_{\mathrm{L}}=\frac{P_{\mathrm{L}}'R_{\mathrm{L}}+Q_{\mathrm{L}}'X_{\mathrm{L}}}{U_{\mathrm{a}}}=\frac{21.75\times 28+18.93\times 41.6}{119}\mathrm{kV}=11.74\mathrm{kV}$$

b 点的电压值为

$$U_{\mathrm{b}}\approx U_{\mathrm{a}}-\Delta U_{\mathrm{L}}=(119-11.74)\ \mathrm{kV}=107.26\mathrm{kV}$$

通过变压器首端 S_{T}'的功率为

$$S_{\mathrm{T}}'=S_{\mathrm{c}}'+\Delta S_{\mathrm{T}}=(20+\mathrm{j}15+0.113+\mathrm{j}2.187)\ \mathrm{MVA}=(20.113+\mathrm{j}17.187)\ \mathrm{MVA}$$

变压器的电压损耗为

$$\Delta U_{\mathrm{T}}=\frac{P_{\mathrm{T}}'R_{\mathrm{T}}+Q_{\mathrm{T}}'X_{\mathrm{T}}}{U_{\mathrm{b}}}=\frac{20.113\times 2.19+17.187\times 42.35}{107.26}\mathrm{kV}=5.34\mathrm{kV}$$

c 点的电压值为

$$U_{\mathrm{c}}\approx\frac{U_{\mathrm{b}}-\Delta U_{\mathrm{T}}}{K}=\frac{107.26-5.34}{110/38.5}\mathrm{kV}=35.67\mathrm{kV}$$

3.4　简单闭式电力网的计算

负荷可以从两个及两个以上电源方向获得电能的电力网称为闭式电力网。闭式电力网的最大优点是供电可靠性高，任一元件发生故障，均能继续保证所有用户的供电，故在具有重要用户的电力网中获得了广泛的应用。闭式电力网虽形式多样，结构比较复杂，但从结构上看，最终可归结为两端供电电力网和环形电力网两种。由于将环形电力网在电源点拆开，即形成了一个两端电源电动势相同的两端供电电力网，因此以下重点讨论两端供电电力网的计算方法。此外，有备接线中的输电线双回路和双变压器并联运行也属于闭式电力网的范畴，其实质也可归结为一种特殊的两端供电电网。

3.4.1　两端供电电力网中的功率分布

闭式电力网与开式电力网相比，计算的主要困难在于，闭式电力网不计网络损耗时的功率分布，甚至某些支路的功率方向是不确定的。例如，图 3-13 所示的两端供电电力网，虽两个负荷 S_1 和 S_2 给定，但三段线路中的功率分布，甚至通过阻抗 Z_C 支路的功率方向是不能直观确定的。在解析计算中要直接计算计及网络损耗的功率分布往往比较困难，因此工程上通常分两步计算：首先确定不计网络损耗时网络中的功率分布，此为初步潮流分布计算；然后在确定初步潮流分布的基础上，将闭式电力网拆成开式网络，再确定计及网络损耗时的功率、电压分布，此为最终潮流分布计算。

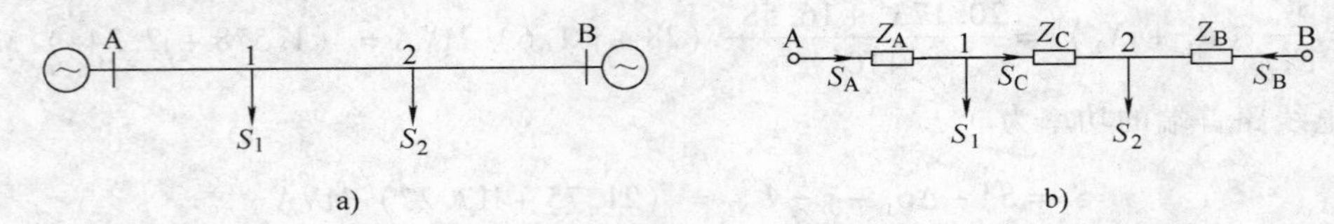

图 3-13　两端供电电力网及等效电路

a）两端供电电力网　b）等效电路

为了计算图 3-13 所示两端供电电力网的功率分布，由于实际功率方向不确定，故先假定各支路功率正向。根据基尔霍夫第一定律，可以列出

$$S_C = S_A - S_1 \tag{3-48}$$

$$S_B = S_2 - S_C = S_1 + S_2 - S_A \tag{3-49}$$

又根据基尔霍夫第二定律，有

$$\dot{U}_A - \dot{U}_B = \sqrt{3}\ (\dot{I}_A Z_A + \dot{I}_C Z_C - \dot{I}_B Z_B) \tag{3-50}$$

根据三相复功率的表达式 $S = \sqrt{3} I^* \dot{U}$ （ * 为共轭复数符号），如不计网络损耗，假设全网各点电压均为网络的额定电压 U_N，并取为参考相量，则有

$$\dot{U}_A - \dot{U}_B = \frac{S_A^*}{U_N^*} Z_A + \frac{S_C^*}{U_N^*} Z_C - \frac{S_B^*}{U_N^*} Z_B \tag{3-51}$$

对式（3-51）两边取共轭，再将式（3-48）和式（3-49）代入，经整理后得

$$S_A = \frac{Z_B^* + Z_C^*}{Z_A^* + Z_B^* + Z_C^*} S_1 + \frac{Z_B^*}{Z_A^* + Z_B^* + Z_C^*} S_2 + \frac{U_A^* - U_B^*}{Z_A^* + Z_B^* + Z_C^*} U_N \tag{3-52}$$

$$S_B = \frac{Z_A^*}{Z_A^* + Z_B^* + Z_C^*}S_1 + \frac{Z_A^* + Z_C^*}{Z_A^* + Z_B^* + Z_C^*}S_2 + \frac{U_B^* - U_A^*}{Z_A^* + Z_B^* + Z_C^*}U_N \tag{3-53}$$

在求出供电点输出的功率 S_A 和 S_B 之后，即可在线路上各点按线路功率和负荷功率相平衡的条件，求出整个电力网不计网络损耗的功率分布。对图 3-13 所示网络的节点 1，有

$$S_C = S_A - S_1$$

在式（3-52）中，令 $Z_\Sigma = Z_A + Z_B + Z_C$，$Z_1 = Z_B + Z_C$，$Z_2 = Z_B$，则

$$S_A = \frac{Z_1^* S_1 + Z_2^* S_2}{Z_\Sigma^*} + \frac{U_A^* - U_B^*}{Z_\Sigma^*}U_N \tag{3-54}$$

当两端电源向 n 个负荷供电时，则有

$$S_A = \frac{\sum_{i=1}^{n} Z_i^* S_i}{Z_\Sigma^*} + \frac{U_A^* - U_B^*}{Z_\Sigma^*}U_N \tag{3-55}$$

式中　Z_Σ^*——A、B 两电源之间的总阻抗共轭值；

Z_i^*——第 i 个负荷点至 B 电源点的阻抗共轭值。

由式（3-55）可知，每个电源点发出的功率由两个分量组成，第一个分量所含的项数与负荷个数相等，其中的每一项可看做各负荷独立存在时，两电源间的功率按阻抗共轭成反比分配；第二个分量与负荷无关，其值取决于两端电源的电压相量差，且与线路总阻抗成反比，称为循环功率，当两端电源的电压相同时，循环功率为零。

如果电力网各段线路采用相同型号的导线，且导线间的几何均距也相等，这时各段线路单位长度的阻抗都相等，这种电力网称为均一网络。在均一网络的情况下，可将式（3-55）中的第一分量记为 S_{ALD}，且简化为

$$S_{ALD} = \frac{\sum_{i=1}^{n} Z_i^* S_i}{Z_\Sigma^*} = \frac{\sum_{i=1}^{n} Z_0^* L_i S_i}{Z_0^* L_\Sigma} = \frac{\sum_{i=1}^{n} L_i S_i}{L_\Sigma} \tag{3-56}$$

式中　L_Σ——两电源间线路的总长；

L_i——第 i 个负荷点至 B 电源点的线路总长。

同理

$$S_{BLD} = \frac{\sum_{i=1}^{n} L_i' S_i}{L_\Sigma} \tag{3-57}$$

式中　L_i'——第 i 个负荷点至 A 电源点的线路总长。

显然，这时电源间各负荷功率按线路长度成反比分配，潮流分布计算大为简化。

在电力系统中，从经济性角度考虑，线路均一的电力网并不多。但在电压较高的电力网中，线路导线截面较大，为了运行、检修的灵活性，各段线路导线截面差别不超过国标额定截面的 2 ~ 3 个等级。又由于在同一电压等级下，导线材料相同，线间几何均距接近相等，这种电力网已接近于均一网络，因此在简化计算中，允许近似用线路长度代替阻抗，即按均一网络作潮流分布计算。

上述循环功率的产生是由于两端供电电源的电压相量差所致。这种循环功率也可能产生于含有变压器的环形网络中。图 3-14 所示含变压器的环形网络，如两变压器的电压比不匹

配，或取用不同的电压抽头，当网络空载且开环运行时，开口两侧将有电压差；闭环运行时，网络中将出现循环功率。显然，这个循环功率的大小将取决于此环形网络开环的电压差和环形网络的总阻抗，其表达式仍与两端供电电力网功率计算式（3-55）中的循环功率相似，只是由开环的电压差取代两端电源供电时的电源电压差。

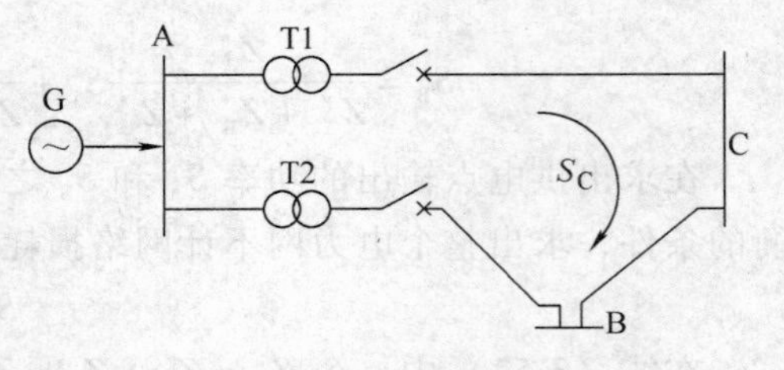

图 3-14　含变压器的环形网络

3.4.2　考虑网络损耗时的两端供电电力网功率和电压分布的计算

在电力网中，功率由两个方向流入的节点称为功率分点，用符号▼标出。有时有功功率分点和无功功率分点出现在电力网的不同节点，通常就用▼和▽分别表示有功功率分点和无功功率分点。

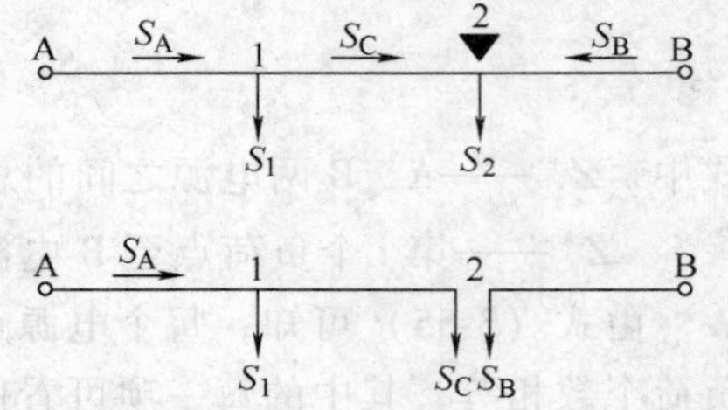

图 3-15　在功率分点处拆开网络

在确定了不计网络损耗的两端供电电力网的功率分布后，根据各支路的实际功率方向，确定网络的功率分点，显然，功率分点也是全网电压的最低点。在功率分点处将两端供电电网拆成两个开式电力网。功率分点处的负荷也分为两部分，分别挂在两个开式电力网的终端，如图 3-15 所示。

这两个开式电力网都是给定首端电压和末端功率，即可按照给定不同点的功率和电压的开式电力网的计算方法，分别计算这两个开式电力网的功率损耗和电压降落，从而确定原网络计及网络损耗时的电压和功率分布。需要指出，当有功功率分点和无功功率分点不在同一节点时，原则上可以按任一功率分点拆成两个开式电力网，但只有在分别算出各个节点的实际电压后，才能确定网络电压的最低点。

3.4.3　复杂闭式网络的计算方法

实际电力系统的接线是比较复杂的。为了确定复杂闭式网络的功率分布，一般首先需对网络进行变换，把复杂闭式网络逐步简化为两端供电电力网的形式，从而确定其中的功率分布；然后再通过网络还原，求出原网络的功率分布。进行网络变换时应遵循等效原则，即变换前后网络中未变换部分的电压和功率应保持不变。常用的网络化简方法包括无源串并联支路的合并、星网变换、并联有源支路的等效及分裂电压源等。

下面通过图 3-16 所示复杂网络的化简，说明复杂闭式网络的计算方法。

图 3-16a 所示网络，需经过化简才能成为两端供电电力网。化简的方法有多种，下面介绍一种方法。首先将 A 电源拆成 A1 和 A2 两个电源点，它们的电动势相等，其值为 $\dot{E}_{A1}=\dot{E}_{A2}=\dot{E}_A$，如图 3-16b 所示；然后将电源支路 A1 和电源支路 B 合并成一个等效电源支路，将电源支路 A2 和电源支路 C 合并成另一个等效电源支路，如图 3-16c 所示；再将由负荷 1、2、3 三个节点组成的三角形经网星变换转换成星形，负荷 1 和 2 保留，将负荷 3 所在的星形支路的功率损耗计入形成负荷 3′，如图 3-16d 所示。通过以上步骤，就将复杂闭式电力网化简成了两端电源供电电力网。

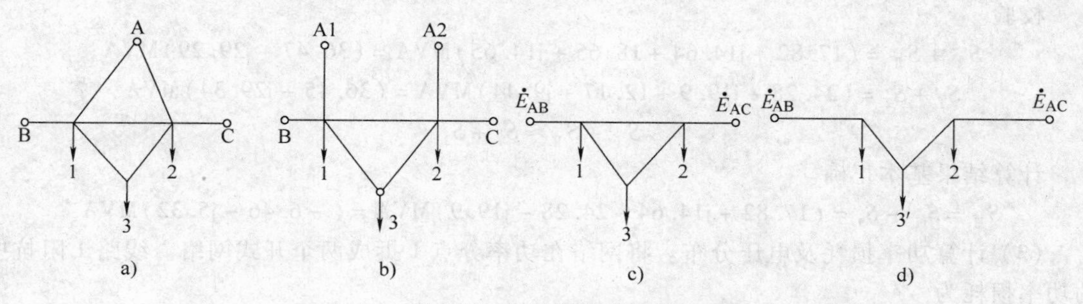

图 3-16　复杂网络的化简

a）复杂闭式网络　b）A 电源拆成两个电源

c）电源支路合并成等效电源支路　d）化简后的电力网

【例 3-5】　额定电压为 110kV 的两端供电电力网如图 3-17 所示，$\dot{U}_A = 117\text{kV}$，$\dot{U}_B = 118\text{kV}$；各线路参数如下：$Z_{\text{I}} = (16.2 + \text{j}25.38)\ \Omega$，$Z_{\text{II}} = (13.5 + \text{j}21.15)\ \Omega$，$Z_{\text{III}} = (18 + \text{j}17.6)\ \Omega$，$B_{\text{I}} = 1.61 \times 10^{-4}\text{S}$，$B_{\text{II}} = 1.23 \times 10^{-4}\text{S}$，$B_{\text{III}} = 1.14 \times 10^{-4}\text{S}$；$S_{1\text{LD}} = (24.28 + \text{j}21.56)\ \text{MVA}$，$S_{2\text{LD}} = (12.17 + \text{j}10.88)\ \text{MVA}$。试计算计及网络损耗时网络的功率和电压分布。

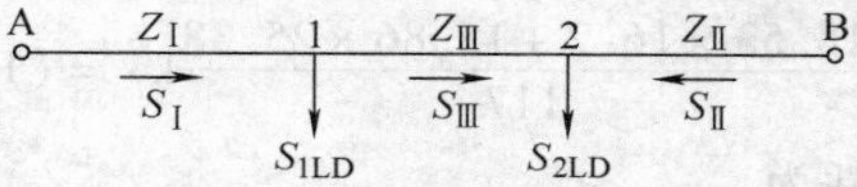

图 3-17　例 3-5 两端供电电力网

解：(1) 计算运算负荷。负荷节点 1 的运算负荷为

$$S_1 = S_{1\text{LD}} - \text{j}\frac{B_{\text{I}}}{2}U_{\text{N}}^2 - \text{j}\frac{B_{\text{III}}}{2}U_{\text{N}}^2 = (24.28 + \text{j}21.56 - \text{j}0.97 - \text{j}0.69)\ \text{MVA}$$
$$= (24.28 + \text{j}19.9)\text{MVA}$$

负荷节点 2 的运算负荷为

$$S_2 = S_{2\text{LD}} - \text{j}\frac{B_{\text{III}}}{2}U_{\text{N}}^2 - \text{j}\frac{B_{\text{II}}}{2}U_{\text{N}}^2 = (12.17 + \text{j}10.88 - \text{j}0.69 - \text{j}0.75)\ \text{MVA}$$
$$= (12.17 + \text{j}9.44)\ \text{MVA}$$

(2) 设定功率正向，计算不计网络损耗时的初步功率分布

$$S_{\text{I}} = \frac{S_1(Z_{\text{II}}^* + Z_{\text{III}}^*) + S_2 Z_{\text{II}}^*}{Z_{\text{I}}^* + Z_{\text{II}}^* + Z_{\text{III}}^*} + \frac{U_A^* - U_B^*}{Z_{\text{I}}^* + Z_{\text{II}}^* + Z_{\text{III}}^*}U_{\text{N}}$$
$$= \frac{(31.5 - \text{j}38.75)(24.28 + \text{j}19.9) + (13.5 - \text{j}21.15)(12.17 + \text{j}9.44)}{47.7 - \text{j}64.13}\text{MVA}$$
$$+ \frac{117 - 118}{47.7 - \text{j}64.13} \times 110\text{MVA} = (17.82 + \text{j}14.64)\text{MVA}$$

$$S_{\text{II}} = \frac{S_1 Z_{\text{I}}^* + S_2(Z_{\text{I}}^* + Z_{\text{III}}^*)}{Z_{\text{I}}^* + Z_{\text{II}}^* + Z_{\text{III}}^*} + \frac{U_B^* - U_A^*}{Z_{\text{I}}^* + Z_{\text{II}}^* + Z_{\text{III}}^*}U_{\text{N}}$$
$$= \frac{(24.28 + \text{j}19.9)(16.2 - \text{j}25.38) + (12.17 + \text{j}9.44)(34.2 - \text{j}42.98)}{47.7 - \text{j}64.13}\text{MVA}$$
$$+ \frac{118 - 117}{47.7 - \text{j}64.13} \times 110\text{MVA} = (18.65 + \text{j}14.65)\text{MVA}$$

校验

$$S_{Ⅰ}+S_{Ⅱ}=(17.82+j14.64+18.65+j14.65)\text{MVA}=(36.47+j29.29)\text{MVA}$$

$$S_1+S_2=(24.28+j19.9+12.17+j9.44)\text{MVA}=(36.45+j29.34)\text{MVA}$$

$$S_{Ⅰ}+S_{Ⅱ}\approx S_1+S_2$$

计算结果基本正确。

$$S_{Ⅲ}=S_{Ⅰ}-S_1=(17.82+j14.64-24.28-j19.9)\text{MVA}=(-6.46-j5.32)\text{MVA}$$

（3）计算功率损耗及电压分布。将网络在功率分点1拆成两个开式网络。线路1阻抗中的功率损耗为

$$\Delta S_{Ⅰ}=\frac{S_{Ⅰ}^2}{U_N^2}(R_{Ⅰ}+jX_{Ⅰ})=\frac{17.82^2+14.64^2}{110^2}\times(16.2+j25.38)\text{MVA}=(0.71+j1.12)\text{MVA}$$

考虑线路功率损耗后线路Ⅰ首端的功率为

$$S_{Ⅰ}'=S_{Ⅰ}+\Delta S_{Ⅰ}=(17.82+j14.64+0.71+j1.12)\text{MVA}=(18.53+j15.86)\text{MVA}$$

A电源发出的功率

$$S_A=S_{Ⅰ}'-j\frac{B_{Ⅰ}}{2}U_N^2=(18.57+j15.86-j0.97)\text{MVA}=(18.53+j14.89)\text{MVA}$$

负荷节点1的电压

$$U_1=U_A-\Delta U_1=117\text{kV}-\frac{18.53\times16.2+15.86\times25.38}{117}\text{kV}=(117-6.01)\text{kV}=110.99\text{kV}$$

线路Ⅲ阻抗中的功率损耗为

$$\Delta S_{Ⅲ}=\frac{S_{Ⅲ}^2}{U_N^2}(R_{Ⅲ}+jX_{Ⅲ})=\frac{6.46^2+5.32^2}{110^2}\times(18+j17.6)\text{MVA}=(0.1+j0.1)\text{MVA}$$

线路Ⅱ末端功率为

$$S_{Ⅱ}''=S_2+S_{Ⅱ}+\Delta S_{Ⅲ}=(12.17+j9.44+6.46+j5.32+0.1+j0.1)\text{MVA}=(18.73+j14.86)\text{MVA}$$

线路Ⅱ阻抗中的功率损耗为

$$\Delta S_{Ⅱ}=\frac{S''^2_{Ⅱ}}{U_N^2}(R_{Ⅱ}+jX_{Ⅱ})=\frac{18.73^2+14.86^2}{110^2}\times(13.5+j21.15)\text{MVA}=(0.64+j1.0)\text{MVA}$$

考虑线路功率损耗后线路Ⅱ首端功率为

$$S_{Ⅱ}'=S_{Ⅱ}+\Delta S_{Ⅱ}=(18.73+j14.86+0.64+j1.0)\text{MVA}=(19.37+j15.86)\text{MVA}$$

B电源发出的功率为

$$S_B=S_{Ⅱ}'-j\frac{B_{Ⅱ}}{2}U_N^2=(19.37+j15.86-j0.69)\text{MVA}=(19.37+j15.17)\text{MVA}$$

负荷节点2的电压为

$$U_2=U_B-\Delta U_{Ⅱ}=118\text{kV}-\frac{19.37\times13.5+15.86\times21.15}{118}\text{kV}=(118-5.06)\text{kV}=112.94\text{kV}$$

3.5　电力系统的频率调整

3.5.1　频率调整的必要性

1. 电力系统综合负荷与频率的关系

电力系统综合负荷是系统各种类型负荷的总称。电力系统中许多用电设备的运行状况都与频率有密切的关系，不受频率影响的用电设备较少。各种用电设备与频率的关系如下：

（1）不受频率影响的负荷　白炽灯泡、电阻器、电热器等电阻性的负荷，它们从系统中吸收的三相有功功率不受频率变化的影响。其计算式为

$$P = 3I^2R \times 10^{-3} \tag{3-58}$$

式中　R——用电器的电阻；

I——通过用电器电阻的负荷电流；

P——用电器电阻消耗的三相有功功率。

（2）与频率变化成正比的负荷　与频率变化成正比的负荷占系统综合负荷的较大比重，如拖动金属切削机床或磨粉机的异步电动机等均属此类负荷。这类负荷从系统中吸收的有功功率与频率之间的关系为

$$P = M\frac{2\pi f}{p} \tag{3-59}$$

式中　M——异步电动机的转矩；

p——异步电动机的极对数；

f——交流电的频率。

在外界工作条件不变的情况下，这类异步电动机的转矩 M 为一常数，故其有功功率 P 正比于频率 f。

（3）与频率高次方成比例的负荷　这类负荷有拖动鼓风机、离心水泵的电动机等。它们从系统吸收的有功功率表达式同式(3-59)，但其转矩 M 是频率 f 的高次方函数，随着频率的变化而变化。因此，电动机消耗的有功功率 P 正比于频率 f 的高次方。

2. 频率变化的危害

电力系统中许多用电设备的运行状况都与频率的变化密切相关。频率变化会引起异步电动机转速的变化，严重影响用户产品的质量和产量，如造纸及纺织行业就可能会出现次品和废品；频率变化会影响现代工业、国防和科学研究部门广泛应用的各种电子技术设备的精确性；频率变化还会使计算机发生误计算和误打印。

频率的变化对电力系统的正常运行也是十分有害的：频率下降会使发电厂的许多重要设备，如给水泵、循环水泵、风机等的出力下降，造成水压、风力不足，使整个发电厂的有功出力减少，导致频率进一步下降，如不采取必要措施，就会产生所谓“频率崩溃”的恶性循环；频率的变化会使汽轮机的叶片产生共振，降低叶片寿命，严重时会产生裂纹甚至断片，造成重大事故。另外，频率的下降，会使异步电动机和变压器的励磁电流增大、无功损耗增加，给电力系统的无功平衡和电压调整增加困难。

3.5.2　电力系统的频率特性

1. 电力系统综合负荷的有功功率—频率静态特性

描述电力系统负荷的有功功率随频率变化的关系曲线，称为电力系统负荷的有功功率—频率静态特性，简称为负荷频率特性。

由于工业生产中广泛应用异步电动机，所以电力系统的综合负荷是和频率密切相关的。虽然负荷和频率间呈现非线性关系，但考虑到在实际运行中频率偏移的允许值很小，因而可

认为在额定频率 f_N 附近，电力系统综合负荷的有功功率与频率变化之间的关系近似于一直线，如图 3-18 中 P_2 所示。

当频率由 f_N 升高到 f_1 时，负荷有功功率就自动由 P_{LDN} 增加到 P_{LD1}；反之，负荷有功功率就自动减少。负荷有功功率随频率变化的大小可由图 3-18 中直线的斜率确定。图中直线的斜率为

$$k_{LD} = \tan\theta = \frac{\Delta P}{\Delta f} \tag{3-60}$$

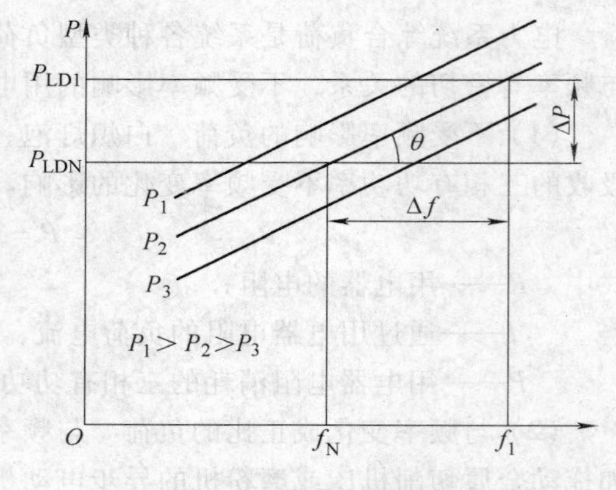

图 3-18　负荷频率特性

式中　k_{LD}——负荷调节效应系数；

ΔP——有功负荷变化量；

Δf——频率变化量。

若将式(3-60)中的 ΔP 和 Δf 分别以额定有功负荷 P_{LDN} 和额定频率 f_N 为基准值的标幺值表示，则负荷频率特性斜率的标幺值为

$$k_{LD}^{*} = \frac{\Delta P / P_{LDN}}{\Delta f / f_N} = \frac{\Delta P^{*}}{\Delta f^{*}} \tag{3-61}$$

式中　k_{LD}^{*}——负荷调节效应系数的标幺值。

k_{LD}^{*}不能人为整定，它的大小取决于全系统各类负荷的比重和性质。不同系统或同一系统的不同时刻，k_{LD}^{*}值都可能不同。实际系统中的 $k_{LD}^{*} = 1 \sim 3$，它表明频率变化 1% 时，有功负荷功率就相应变化 1% ~3%。k_{LD}^{*}的具体数值通常由试验或计算求得。当电力系统的综合负荷增大时，负荷频率特性曲线将平行上移；负荷减小时，将平行下移，如图 3-18 中的 P_1、P_3 所示。

2. 发电机组有功功率—频率静态特性

(1) 发电机组调速器　电力系统的负荷功率是靠发电机组供给的。当有功负荷发生变化时，发电机组输出的有功功率就相应发生变化，以保证频率偏移不超出允许范围。发电机组的有功功率输出是靠原动机(如汽轮机、水轮机等)的调速系统自动控制进汽(水)量来实现的。发电机组输出的有功功率与频率之间的关系称为发电机组的有功功率频率静态特性，简称发电机组功频特性。

调速系统大致可分为机械液压和电气液压调速两大类，主要由测速组件、放大传动组件、反馈组件和调节对象(进汽门或进水阀)四部分组成。测速组件的任务是测量发电机转子相对额定转速的改变量，它可分为离心测速、液压测速和电压测速等。放大传动组件的任务，一方面是将测得的转速改变量放大后传递给调节对象，另一方面作用于反馈组件，使此过程中止。调节对象的任务是在放大传动组件的作用下，开大或关小进汽门(或进水阀)，使进入原动机(汽轮机或水轮机)的进汽量(或进水量)增加或减少，调节转子的转速，以适应负荷变化。

(2) 发电机组功频特性　当负荷功率增加时，通过调速器调整原动机的出力，使其输出功率增加，频率就会回升，但仍低于初始值；当负荷功率减少时，通过调速器调整原动机的出力，使其输出功率减少，频率就会下降，但仍高于初始值。发电机组功频特性如图 3-19 所示，也称此特性为发电机组的有差调节特性。这种依靠发电机组调速器自动调整发电机组

有功功率输出的过程，称为一次调频。负荷变化时，除了已经满载运行的机组外，系统中的每台机组都将参与一次调频。

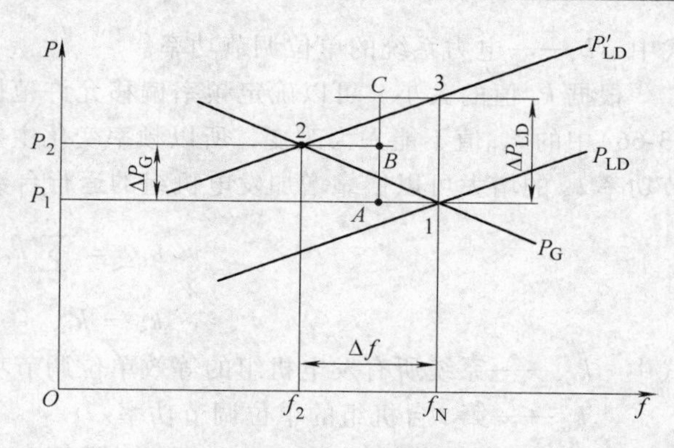

图 3-19　发电机组功频特性

发电机组输出有功功率的大小与频率之间的关系可由图 3-19 中直线的斜率来确定。即

$$k_G = -\frac{\Delta P_G}{\Delta f} \tag{3-62}$$

式中　k_G——发电机组的单位调节功率；

ΔP_G——发电机输出有功功率的变化量；

Δf——频率的变化量。

式(3-62)中的负号表示 ΔP_G 的变化与 Δf 的变化相反，并非 k_G 为负值。k_G 也可以表示成以 f_N 和 P_{GN}(发电机输出的额定有功功率)为基准值的标幺值，即

$$k_G^* = -\frac{\Delta P_G/P_{GN}}{\Delta f/f_N} = -\frac{\Delta P_G^*}{\Delta f^*} \tag{3-63}$$

或

$$k_G = k_G^* \frac{P_{GN}}{f_N} \tag{3-64}$$

式中　k_G^*——发电机组功频特性系数。

与 k_{LD}不同的是，k_G 可以人为调节整定，但其大小，即调整范围要受机组调速机构的限制。不同类型的机组，k_G 的取值范围不同：汽轮发电机组，$k_G^* = 25 \sim 16.7$；水轮发电机组，$k_G^* = 50 \sim 25$。

3. 电力系统的频率调整

电力系统的负荷是不可能准确预测的，随时都在发生变化，导致频率也相应地变化。欲使频率变化不超出允许范围，就应进行频率调整。电力系统的频率调整一般分为一次调频与二次调频两个过程，现分别说明如下。

(1) 一次频率调整　进行一次调频时，仅发电机组的调速器动作。其调频效应可用图3-19所示电力系统的功频静态特性来说明。

正常运行时，发电机组功频特性(曲线 P_G)和负荷频率特性(曲线 P_{LD})相交于点 1，对应的频率为 f_N，功率为 P_1。即在频率为 f_N 时，发电机输出功率和负荷功率达到了平衡。

若负荷增加 ΔP_{LD}，即将曲线 P_{LD}平行移到曲线 P_{LD}'，而发电机组仍维持为原来的功频特性曲线 P_G，则电力系统就会在点 2 达到新的功率平衡。新的平衡点的频率为 f_2，功率为 P_2。此时由于频差 $\Delta f = f_2 - f_N < 0$，所以发电机组会增发功率 $\Delta P_G = -k_G \Delta f$，即图 3-19 中的$\overline{AB}$段；由于负荷本身的调节效应，负荷功率会减少 $\Delta P = -k_{LD} \Delta f$，即图 3-19 中的$\overline{BC}$段，两者共同作用，平衡了频率为 f_N 时的负荷功率增量 ΔP_{LD}，即

$$\Delta P_{LD} = \Delta P_G + \Delta P = -(k_G + k_{LD})\Delta f = k_S \Delta f \tag{3-65}$$

或

$$k_S = k_G + k_{LD} = -\frac{\Delta P_{LD}}{\Delta f} \tag{3-66}$$

式中　k_S——电力系统的单位调节功率。

根据 k_S 值的大小，可以确定频率偏移允许范围内系统所能承受的负荷变化量。由于式(3-66)中的 k_{LD} 值不能人为改变，所以频率变化主要取决于 k_G 的大小。即电力系统的单位调节功率 k_S 的增大可以依靠增加发电机组的运行台数来实现，此时有

$$\left.\begin{aligned} k_{G\Sigma} &= \sum_{i=1}^{m} k_{Gi} \\ k_S &= k_{G\Sigma} + k_{LD} \end{aligned}\right\} \tag{3-67}$$

式中　$k_{G\Sigma}$——系统所有发电机组的等效单位调节功率；

k_{Gi}——第 i 台机组的单位调节功率。

显然，在负荷功率增量 ΔP_{LD} 相同的情况下，此时频率变化的幅度就会减小。

（2）二次频率调整　由于所有发电机组的调速系统均为有差调节特性，因而一次调频只能改善系统的频率。当一次调频不能将频率调整到允许偏移范围内时，就需要在一次调频的基础上再进行二次调频。二次调频的过程可用图 3-20 来说明。

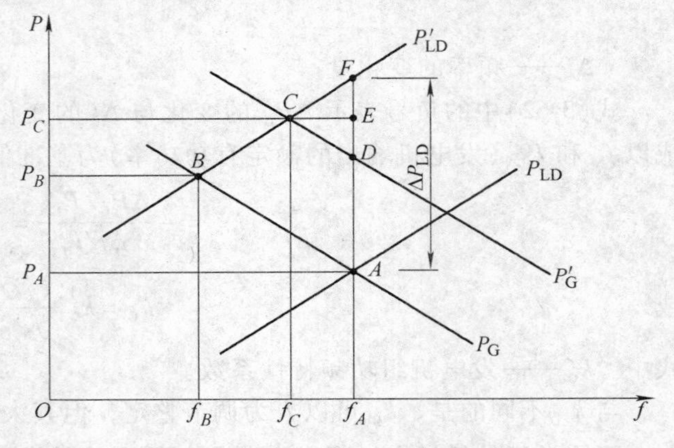

图 3-20　频率的一次、二次调整

设系统原始运行点为 A，它是负荷频率特性 P_{LD} 与发电机组功频特性 P_G 的交点。负荷增加时，负荷频率特性由 P_{LD} 平行移到 P_{LD}'，它与 P_G 的交点为 B。此时，频率由 f_A 下降到 f_B，发电机组的输出功率由 P_A 增加到 P_B，此为一次调频。二次调频的作用是将发电机组功频特性由 P_G 平行上移到 P_G'，它与 P_{LD}' 的交点为 C。此时，频率将由 f_B 上升为 f_C（f_C 仍小于 f_A），机组的输出功率将由 P_B 增加到 P_C。此时负荷增量 ΔP_{LD} 由三部分调节功率所平衡。这三部分调节功率如下：

1）调速系统一次调频增发的功率 $-k_G\Delta f$，即图 3-21 中的 $\overline{DE}$ 段；

2）由于负荷调节效应的作用而自动少取用的功率 $-k_{LD}\Delta f$，即图 3-21 中的 $\overline{EF}$ 段；

3）同步器二次调频增发的功率 ΔP_{G0}，即图 3-21 中的 $\overline{AD}$ 段。

其数学表达式为

$$\Delta P_{LD} = \Delta P_{G0} - k_G\Delta f - k_{LD}\Delta f \tag{3-68}$$

或

$$\Delta f = -\frac{\Delta P_{LD} - \Delta P_{G0}}{k_G + k_{LD}} = -\frac{\Delta P_{LD} - \Delta P_{G0}}{k_S} \tag{3-69}$$

式(3-69)表明，由于二次调频增加了发电机组的出力，所以在相同负荷变化量的情况下，系统频率偏移减少了。当二次调频增发的功率 ΔP_{G0} 与负荷增量 ΔP_{LD} 相等时，频差 Δf 就会等于零，也就是说实现了无差调频。当有若干个电厂参加二次调频时，式(3-68)和式(3-69)中的 ΔP_{G0} 应为各电厂增发功率之和。

3.6　电力系统的电压调整

3.6.1　电压调整的必要性

1. 电压偏移对用电设备的影响

所有用电设备均是按照在电力网的额定电压下运行而设计、制造的，当用电设备端的运行电压偏离额定电压而超出允许偏移范围时，其运行性能就会受到影响。

供照明用的白炽灯、荧光灯等灯具设备，其发光效率、光通量和使用寿命与电压有关。当电力网电压升高时，白炽灯和荧光灯的光通量增加，寿命将缩短。反之，电压降低则使其光通量减少。照明灯的电压特性如图3-21所示。

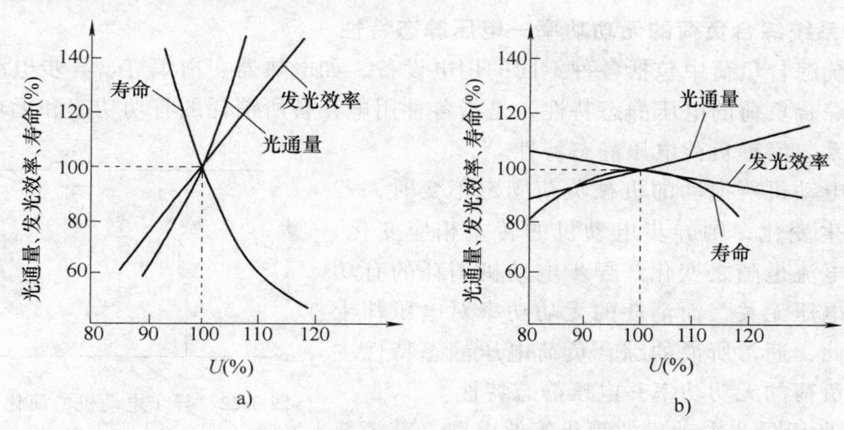

图3-21　照明灯的电压特性
a）白炽灯　b）荧光灯

用户中大量使用的异步电动机，当端电压变化时，其转矩、电流和效率都会发生变化。异步电动机的最大转矩（功率）与端电压的二次方成正比。若在额定电压时电动机的转矩为100%，则当电压下降10%时，其转矩将降低19%。因此，当电压降低太多时，运行的电动机可能停止运转；重载电动机可能起动困难。另外，电压降低，电动机绕组电流显著增大，温度增高，会加速绝缘老化，严重时可能烧损电动机。反之，异步电动机的外加电压若超出额定电压过多时，对电动机的绝缘也是很不利的。

电压的变化对其他用电设备的效率也产生影响，如电炉等电热设备，当电压低时，其功率减少，效率较低。对于广泛使用的电子设备，电压的变化将影响其使用效率和寿命，如电视和计算机的显示管，不但屏幕显示不稳定，而且当电压高于额定电压时，其寿命会大大缩短。

2. 欠电压运行的危害

当运行电压低于额定电压并超出允许电压偏移的范围时，称为欠电压运行。欠电压运行的主要危害如下：

1）使异步电动机的转矩减小，转差率增大，转速降低，造成运行中的异步电动机转速下降、停转、甚至烧毁，带载的异步电动机难以起动；

2）大大降低照明设备的光通量和家用电器的使用效果，影响人们的学习、娱乐和工作；

3）工厂、公司生产效率降低，产品质量下降，严重时还会出现大量废品；

4）发电机、变压器、线路过负荷运行，严重时引起跳闸，导致供电中断或并联运行的系统解列；

5）降低系统并列运行的稳定性，影响系统运行的经济性。

电压的变化与波动，取决于系统无功电源和无功负荷功率是否平衡。因此，调整电压就是调整系统无功功率的平衡。当系统处于欠电压运行状态时，应迅速投入或增添无功电源容量，以满足无功负荷的要求，促使运行电压回升到正常运行水平。

3.6.2　电力系统的无功功率—电压静态特性

1. 电力系统综合负荷的无功功率—电压静态特性

电力系统综合负荷中包括各种不同的用电设备，如电热器、白炽灯、异步电动机等。所谓电力系统综合负荷的电压静态特性，是指各种用电设备所消耗的有功功率和无功功率随电压变化的关系，简称负荷电压静态特性。

当异步电动机所拖动的机械负荷固定不变时，若外加电压发生变化，则异步电动机的转差相应变化，定子绕组的电流也随之变化。异步电动机消耗的有功功率几乎与电压无关，而消耗的无功功率对电压却十分敏感。因此，通常所说的综合负荷电压静态特性主要是指综合负荷的无功功率—电压静态特性。

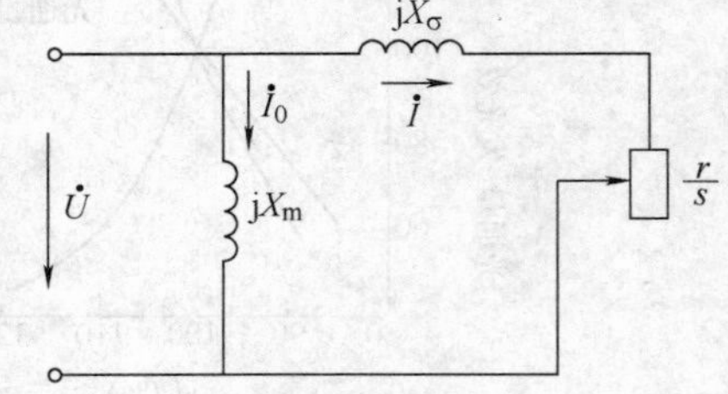

图 3-22　异步电动机的简化等效电路

图 3-22 所示异步电动机的简化等效电路，其消耗的无功功率为

$$Q_M = Q_m + Q_\sigma = \frac{U^2}{X_m} + 3I^2X_\sigma \tag{3-70}$$

式中　Q_M——异步电动机消耗的无功功率；

Q_m——励磁电抗 X_m 中的励磁功率；

Q_σ——漏磁电抗 X_σ 中的无功功率损耗。

通常当外加电压接近异步电动机的额定电压时，电动机铁心磁路的工作点刚好达到饱和状态位置，如图 3-23 曲线中的 A 点所示。当外加电压高于电动机额定电压时，由于铁心磁路饱和，励磁电抗 X_m 数值将有所下降，从而使励磁无功功率 Q_m 按电压的高次方比例增加；当外加电压低于电动机额定电压时，由于铁心磁路尚未饱和，Q_m 将按电压的二次方成正比例地减小；当电压低于额定电压很多时，由于拖动的机械负荷不变，电动机的转差率将显著增大，定子电流也随之增大，漏电抗中的无功功率损耗显著增加。

综合 Q_m 和 Q_σ 的变化特点，可得异步电动机无功功率—电压静态特性，如图 3-24 所示。在额定电压 U_N 附近，Q_M 会随电压的升高而增加，随电压的降低而减少。但当电压低于临界电压 U_{cr}时，漏磁电抗中的无功功率损耗 Q_σ 起主导作用，随着电压的下降，Q_M 不但不减小，反而会增大。这一特点对于电力系统运行的稳定性具有非常重要的意义。

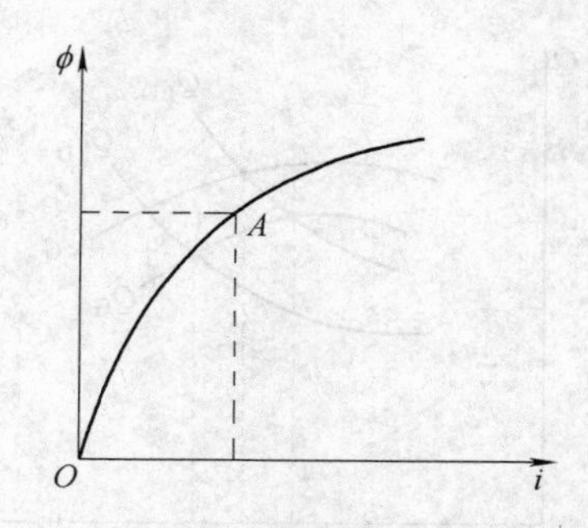

图 3-23　异步电动机的磁化曲线

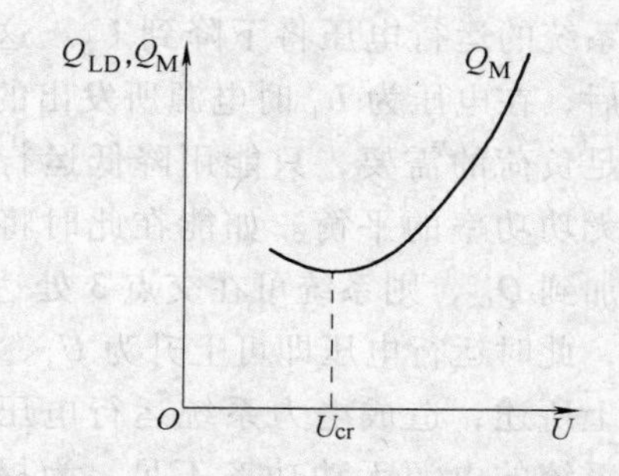

图 3-24　异步电动机无功功率—电压静态特性

2. 发电机无功功率—电压静态特性

所谓发电机的电压静态特性，是指发电机向系统输出的无功功率与电压之间变化关系的曲线。

在图 3-25 所示的简单电力系统中，若发电机为隐极机，略去各元件的电阻，用电抗 X 表示发电机电抗 X_d 与线路电抗 X_L 之和，则发电机送至负荷点的功率为

$$\left.\begin{aligned} P_G &= \frac{EU}{X}\sin\delta \\ Q_G &= \frac{EU}{X}\cos\delta - \frac{U^2}{X} \end{aligned}\right\} \tag{3-71}$$

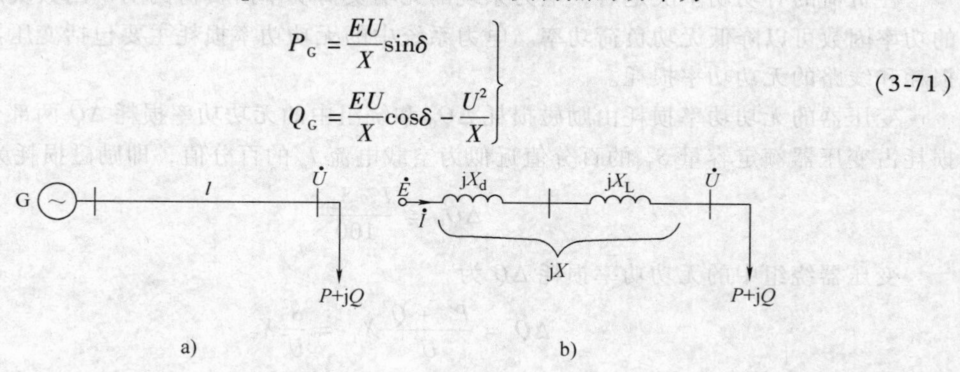

图 3-25　简单电力系统
a）电路　b）等效电路

若励磁电流不变，则发电机电动势 E 可视为常数，无功功率就是电压 U 的二次函数，其无功功率—电压静态特性如图 3-26 所示。

当 $U > U_{cr}$时，发电机输出的无功功率 Q_G 将随着电压的降低而升高；当 $U < U_{cr}$时，电压的降低，非但不能增加发电机无功功率 Q_G 的输出，反而会使 Q_G 减少。

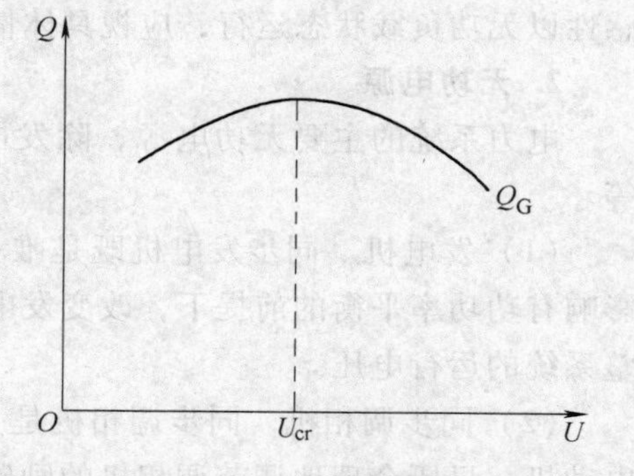

图 3-26　发电机的无功功率—电压静态特性

3. 电力系统电压静态特性

电力系统的电压运行水平取决于发电机输出的无功功率 Q_G 和综合负荷无功功率 Q_{LD}（含网络无功功率损耗）的平衡，如图 3-27 所示。

当综合无功负荷曲线为 Q_{LD}、发电机输出无功功率曲线为 Q_G 时，两特性曲线在 1 点相交，对应的电压为 U_1，即电力系统在电压 U_1 下运行时能达到无功功率的平衡。若无功负荷由 Q_{LD}增加到 Q_{LD}'，而 Q_G 不变，则 Q_{LD}' 与 Q_G 两特性曲线将在 2 点相交，对应的电压为 U_2，

即电力系统的运行电压将下降到 U_2。这说明无功负荷增加后，在电压为 U_1 时电源所发出的无功功率已不能满足负荷的需要，只能用降低运行电压的方法来取得无功功率的平衡。如能在此时将发电机无功功率增加到 Q'_G，则系统可在交点 3 处达到无功功率的平衡，此时运行电压即可上升为 U_3。

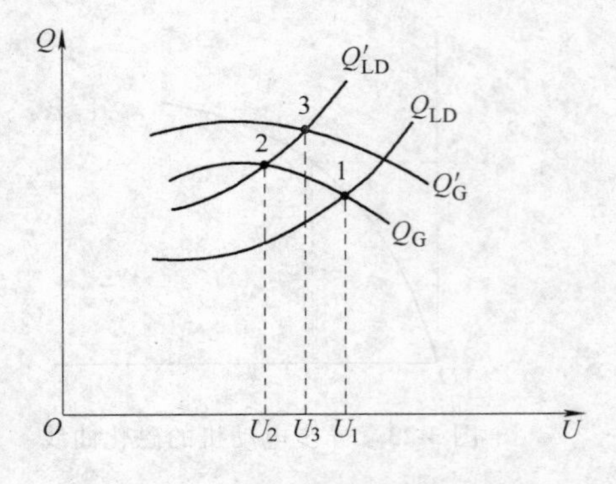

图 3-27 电力系统无功功率—电压静态特性

综上所述，造成电力系统运行电压下降的主要原因是系统的电源无功功率不足。为提高电力系统的运行质量，减小电压的偏移，应采取措施使无功电源功率与无功负荷和无功损耗功率保持平衡。

3.6.3 电力系统的无功功率平衡

1. 无功负荷和无功损耗

在负荷的有功功率决定后，电力系统的无功负荷功率由负荷的功率因数决定，提高负荷的功率因数可以降低无功负荷功率。电力系统中的无功功率损耗主要包括变压器的无功功率损耗和线路的无功功率损耗。

变压器的无功功率损耗由励磁损耗 ΔQ_0 和绕组中的无功功率损耗 ΔQ 两部分组成。励磁损耗占变压器额定容量 S_{TN} 的百分值近似为空载电流 I_o 的百分值，即励磁损耗为

$$\Delta Q_0 = \frac{I\% S_{TN}}{100} \tag{3-72}$$

变压器绕组中的无功功率损耗 ΔQ 为

$$\Delta Q = \frac{P^2 + Q^2}{U^2} X_T = \frac{S^2}{U^2} X_T \tag{3-73}$$

输电线路中的无功功率损耗也是由两部分组成的，即线路电抗中的无功功率损耗和线路的电容功率。这两部分功率是互为补偿的。线路究竟是呈容性以无功电源状态运行，还是呈感性以无功负载状态运行，应视具体情况而定。

2. 无功电源

电力系统的主要无功电源，除发电机外，还有同步调相机、电力电容器及静止补偿器等。

(1) 发电机　同步发电机既是唯一的有功功率电源，也是重要的无功功率电源。在不影响有功功率平衡的前提下，改变发电机的功率因数，可以调节其无功功率的输出，从而调整系统的运行电压。

(2) 同步调相机　同步调相机是只输出无功功率的发电机，或者说是空载运行的同步电动机。只要合理地调节调相机的励磁电流的大小，就可以平滑无级地改变无功功率的大小和方向，达到调整系统运行电压的目的。

(3) 电力电容器　电力电容器可以作为无功电源向系统输送无功功率，每相电容由若干个电力电容器组成电容器组，可以采用三角形或星形联结。

(4) 静止补偿器　静止补偿器由特殊电抗器和电容器组成，既有两者之一为可控的，又有两者都是可控的，是一种并联连接的无功功率发生器和吸收器。所谓“静止”，就是它

不同于同步调相机，其主要元件是不能旋转的。静止补偿器具有电力电容器的结构优点，又具有同步调相机良好调节特性的优点。它可以迅速地按负荷的变化改变无功功率输出的大小和方向，调节或稳定系统的运行电压，尤其适用于冲击性负荷的无功补偿装置。

3. 无功功率的平衡方程

电力系统无功功率平衡的基本要求是，系统中的无功电源功率要大于或等于负荷所需的无功功率和网络中的无功功率损耗之和。为了保证系统运行的可靠性和适应无功负荷的增长需要，还应留有一定的无功备用容量，无功备用容量一般为无功负荷的7%～8%。系统无功功率平衡方程式为

$$\Sigma Q_{G}=\Sigma Q_{LD}+\Sigma Q_{p}+\Sigma \Delta Q+\Sigma Q_{re} \tag{3-74}$$

式中　ΣQ_{G}——电力系统所有无功电源容量之和；

ΣQ_{LD}——电力系统无功负荷之和；

ΣQ_{p}——所有发电厂厂用无功负荷之和；

$\Sigma \Delta Q$——电力系统无功功率损耗之和；

ΣQ_{re}——无功备用容量之和。

要使得系统电压运行在允许的电压偏移范围内，应在额定电压或在额定电压所允许的电压偏移范围的前提下建立电力系统的无功功率平衡方程式，一般按最大负荷运行方式进行计算。

系统无功电源的总出力包括发电机的无功功率和各种无功补偿设备的无功功率。发电机一般均在接近于额定功率因数下运行，故发电机的无功功率可按其额定功率因数计算。如果这样计算系统的无功功率能够保持平衡，则发电机就保持有一定的无功备用，这是因为发电机的有功功率是留有备用的。各种无功补偿设备的无功出力可按其额定容量计算。系统总无功负荷ΣQ_{LD}则按负荷的有功功率和功率因数计算。

电力系统的无功功率平衡应分别按正常最大和最小负荷的运行方式进行计算，必要时还应校验某些设备检修时或故障后运行方式下的无功功率平衡。

3.6.4　电力系统的电压管理

1. 电压中枢点的调压方式

实现系统在额定电压前提下的无功功率平衡是保证电压质量的基本条件。当无功电源较充足时，系统就会有较高的运行电压水平。但应指出，仅有全系统的无功功率平衡，并不能使各负荷点的电压都满足电压偏移的要求，要保证各负荷点电压都在允许电压偏移范围内，还应该分地区、分电压等级，合理地分配无功负荷，进行电压调整。电力系统结构复杂，负荷点很多，如果对每个负荷点的电压都进行监视和调整，不仅不经济，而且也不可能，因此，对电力系统电压的监视、控制和调整一般只在某些选定的母线上实行。这些母线称为电压中枢点。通过对中枢点电压的控制来控制全系统电压的方式称为中枢点调压。一般选择下列母线为电压中枢点：①区域性发电厂和枢纽变电所的高压母线；②枢纽变电所的二次母线；③有一定地方负荷的发电机电压母线；④城市直降变电所的二次母线。

2. 改变发电机的励磁调压

改变发电机的励磁电流进行电压调整，是一种最经济、最直接的调压手段，在考虑调压措施时，应予优先考虑。现代同步发电机的电压波动只要不超过其额定电压的±5%，都可

保证以额定功率运行。

在不同的供电网络中，发电机调压所起的作用是不同的。在直接用发电机母线电压供电的小型电力系统中，由于供电线路短，线路上的电压损耗较小，因而改变发电机的励磁电流可作为主要调压手段，通常都能满足负荷电压质量的要求。在最大负荷时，增加励磁电流使发电机端电压升高不超出5%；在最小负荷时，减小励磁电流使发电机端电压下降不低于额定值。

3. 改变变压器的分接头调压

变压器的一次侧加上电压后，只要改变变压器的电压比，就可以改变二次侧的电压，达到调压的目的。为了达到调压的目的，双绕组变压器在高压侧、三绕组变压器在高压侧和中压侧都装有分接头开关。

改变变压器的电压比调压，实质上就是如何根据低压侧的调压要求合理地选择变压器的分接头电压。

4. 改变电力网的无功功率分布

网络的无功功率既可由发电机供给，也可由设在负荷点附近的无功补偿装置提供。改变电力网无功功率分布的调压是指采用无功补偿装置就近向负荷提供无功功率，这样既能减小电压损耗，保证电压质量，也能减小网络的有功功率损耗和电能损耗。

改变无功功率分布调压的效果与导线截面的大小和负荷的性质有关。在导线截面较大的高压电力网中，线路电抗大于线路电阻，负荷的功率因数一般也不高，电抗电压损耗分量所占比重大，因而改变无功功率分布能获得较好的调压效果；在导线截面较小的低压电力网中，线路电阻往往大于线路电抗，负荷的功率因数一般又较高，电阻电压损耗分量所占比重大，因而改变无功功率分布调压效果不大。

5. 改变电力网的参数调压

当输送的有功功率和无功功率不变时，改变网络参数也能改变电压损耗，达到调压的目的。

改变网络参数的常用方法有：按允许电压损耗选择合适的地方网导线截面；在不降低供电可靠性的前提下改变电力系统的运行方式，如切除、投入双回路或并联运行的变压器；在高压电力网中串联电容器补偿等。

思考题与习题

3-1　110kV双回架空线路，长100km，导线型号为LGJ—120，三相导线的几何平均距离为5m。已知电力线路末端负荷为（30 + j15）MVA，末端电压为160kV，试求首端电压和功率。

3-2　三相双绕组升压变压器的额定容量为40.5MVA，额定电压为121kV/10.5kV，其 $P_k = 234\text{kW}$，$P_o = 93.6\text{kW}$，$U_k\% = 11$，$I_o\% = 2.5$。试求变压器的参数并作等效电路。

3-3　闭式电力网潮流计算与开式电力网潮流计算的主要区别是什么？

3-4　某三相三绕组自耦变压器，容量比为300000kVA/3000000kVA/150000kVA，电压比为242kV/121kV/13.8kV，$\Delta P_{k(1-2)} = 950\text{kW}$，$\Delta P_{k(1-3)} = 500\text{kW}$，$\Delta P_{k(2-3)} = 620\text{kW}$，$U_{k(1-2)}\% = 13.73$，$U_{k(2-3)}\% = 18.64$，$U_{k(1-3)}\% = 11.9$，$\Delta P_o = 123\text{kW}$，$I_o\% = 0.5$，试求折算到高压侧的变压器参数并作出等效电路。

3-5　开式电力网如图3-28所示，线路参数标于图中，线路额定电压为110kV，如电力网首端电压为118kV，各点负荷为 $S_{LDb} = (35.2 + j28.4)\text{MVA}$，$S_{LDc} = (16.5 + j12.9)\text{MVA}$。试求运行中全电网的功率和电压分布。

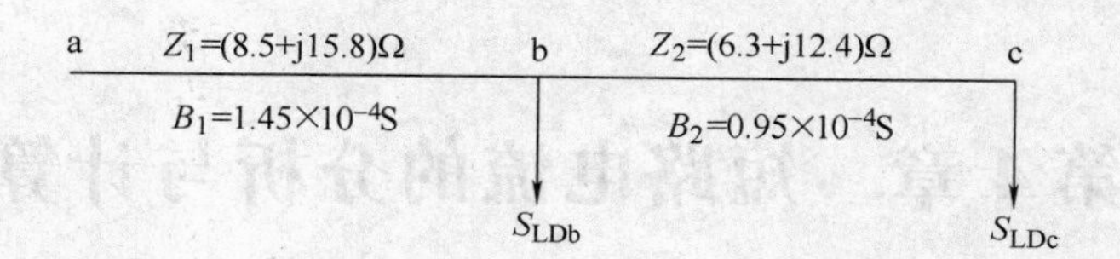

图 3-28　题 3-5 图

3-6　图 3-29 所示简单电力网中，已知变压器的参数为 $S_N=31.5\text{MVA}$，$\Delta P_o=31\text{kW}$，$I_o\%=0.7$，$\Delta P_k=190\text{kW}$，$U_k\%=10.5$，$K_T=110\text{kV}/11\text{kV}$。线路单位长度的参数为 $r_0=0.21\Omega/\text{km}$，$x_0=0.416\Omega/\text{km}$，$b_0=2.74\times10^{-6}\text{S/km}$。当线路首端电压为 120kV 时，求网络的电压和功率分布。

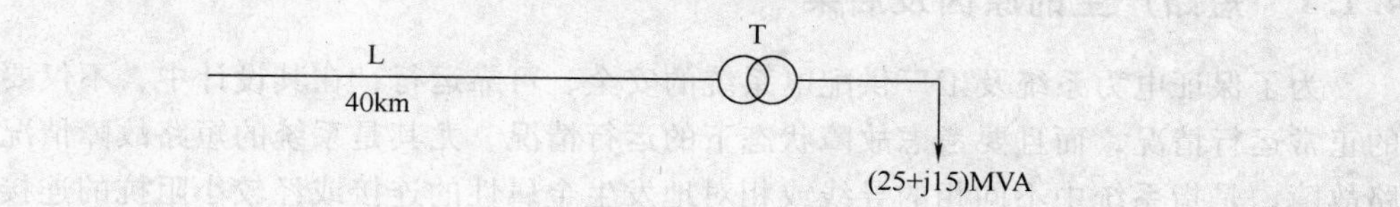

图 3-29　题 3-6 图

3-7　什么是一次调频、二次调频？各有何特点？

3-8　什么叫电压中枢点？通常选什么母线作为电压中枢点？

3-9　电力系统的调压措施有哪几种？

第4章　短路电流的分析与计算

4.1　电力系统的短路故障

4.1.1　短路产生的原因及后果

为了保证电力系统及工厂供配电系统的安全、可靠运行，在其设计中，不仅要考虑系统的正常运行情况，而且要考虑故障状态下的运行情况，尤其是系统的短路故障情况。所谓短路故障，是指系统中不同相的导线或相对地发生金属性的连接或经较小阻抗的连接。

短路产生的原因主要是系统中电气绝缘的破坏，引起这种破坏的原因有过电压、雷击、绝缘材料的陈旧、设备维护不周、运行人员误操作等。另外，鸟害、鼠害、施工机械的直接损害等，也都可能造成短路。

短路的发生会使得电力系统中各工作点的电压降低、电流增大，而且距离短路点越近，电压越低。短路引起的不良后果有以下几个方面：

1）短路电流引起的热效应：虽然短路电流通过电路的时间很短，但它往往超过额定电流的几倍到几十倍，巨大的短路电流将使导体和电气设备产生过热，造成导体熔化或绝缘损坏；

2）短路电流引起的电动力效应：短路电流作用于设备上，使其相间产生很大的电动力，导致设备变形或损坏；

3）短路使网络电压降低；

4）短路可能造成电力系统稳定性的破坏；

5）短路可能干扰附近通信线路和信号系统，使其不能正常工作或发生误动作。

综上所述，短路后果是严重的，但只要正确地选择和校验电气设备、选用限制短路电流的电器和整定继电保护的动作值，就可以消除或减轻短路的影响。为此，必须对短路电流进行分析和计算，并将其作为采取正确对策的依据。

4.1.2　短路的类型

短路的类型有单相短路、两相短路、两相接地短路和三相短路等，见表4-1。

表4-1　短路类型及其代表符号

短路类型	原理图	代表符号
三相短路		$k^{(3)}$

（续）

短路类型	原理图	代表符号
两相短路		$k^{(2)}$
单相短路		$k^{(1)}$
两相接地短路		$k^{(1,1)}$

当线路发生三相短路时，由于短路的三相阻抗相等，因此，三相电流和电压仍然是对称的，故三相短路又称为对称短路。其他类型的短路不仅各相的相电流和相电压数值不等，而且各相之间的相角也不相等，这些类型的短路统称为不对称短路。在电力系统中，发生单相短路的可能性最大，发生三相短路的可能性最小；但通常三相短路的短路电流最大，危害也最严重，所以短路电流计算的重点是三相短路电流计算。

4.2　标幺制

4.2.1　标幺值和基准值

在计算短路电流时，电气设备各元件的阻抗及电气参数用有名单位（欧、安、伏）来计算，称为有名单位制。由于电力系统中电气设备的容量规格多，电压等级多，尤其是对于多电压等级的折算，用有名单位制来计算，工作量很大，因此在电力系统的短路计算中，广泛采用标幺制来计算。标幺制是把各个物理量用标幺值来表示的一种计算方法。标幺值是指任意一个物理量的实际值与所选定的基准值的比值，即

$$标幺值 = \frac{实际值}{基准值(与实际值同单位)}$$

用标幺值表示的物理量是没有单位的，是相对值，在计算高压网路短路电流时，采用标幺制的计算方法非常简便，无须考虑变压器的电压比和电气设备参数的折算问题。

用标幺值进行计算时，首先要规定各物理量的基准值，即基准电流 I_d、基准电压 U_d、基准阻抗 Z_d、基准功率 S_d。在三相交流系统中，它们之间有下列关系：

$$S_d = \sqrt{3}U_d I_d \tag{4-1}$$

$$U_d = \sqrt{3}I_d Z_d \tag{4-2}$$

在基准值选定后，任意的 I、U、Z、S 四个量的标幺值可分别表示如下：

$$S_* = \frac{S}{S_d} = \frac{P + jQ}{S_d} = P_* + jQ_* \tag{4-3}$$

$$U_* = \frac{U}{U_d} \tag{4-4}$$

$$I_* = \frac{I}{I_d} \tag{4-5}$$

$$Z_* = \frac{Z}{Z_d} = \frac{R + jX}{Z_d} = R_* + jX_* \tag{4-6}$$

式中　S_*、U_*、I_*、Z_*——功率、电压、电流和阻抗相对于其基准值的标幺值。

若将有名值的功率关系式与基准值的功率关系式相除、将有名值的欧姆定律式与基准值的欧姆定律式相除，可得

$$\frac{S}{S_d} = \frac{U}{U_d}\frac{I}{I_d}$$

$$\frac{U}{U_d} = \frac{I}{I_d}\frac{Z}{Z_d}$$

即

$$S_* = U_* I_* \tag{4-7}$$

$$U_* = I_* Z_* \tag{4-8}$$

式（4-7）和式（4-8）说明，在三相电路中，采用标幺值后，仍可按单相电路的关系式计算。由于四个物理量的标幺值只有两个是独立的，因此只需预先选择两个基准值即可，一般选取功率和电压的基准值 S_d 和 U_d，则电流和阻抗的基准值分别为

$$I_d = \frac{S_d}{\sqrt{3}U_d} \tag{4-9}$$

$$Z_d = \frac{U_d}{\sqrt{3}I_d} = \frac{U_d^2}{S_d} \tag{4-10}$$

标幺值计算的结果，还要换算成有名值，其换算公式为

$$U = U_* U_d \tag{4-11}$$

$$I = I_* I_d = I_* \frac{S_d}{\sqrt{3}U_d} \tag{4-12}$$

$$S = S_* S_d \tag{4-13}$$

$$Z = (R_* + jX_*)\frac{U_d^2}{S_d} \tag{4-14}$$

4.2.2　不同基准标幺值的换算

电力系统中的发电机、变压器、电抗器等电气设备的阻抗参数是以其本身额定值为基准的标幺值或百分数，但各个电气设备的额定值可能不同。由于计算中所有元件应以统一基准值下的标幺值进行计算，因此必须把不同基准值的标幺值换算成统一基准值的标幺值。

进行换算时，需先将各自以额定值为基准值的标幺值还原成为有名值，然后再将有名值换算成为统一基准值下的标幺值。

对于发电机，铭牌参数一般给出其额定电压、额定功率及以额定值为基准值的电抗标幺值，故可将此电抗标幺值换算为统一基准值的标幺值。

$$X_G = X_{GN*}\frac{U_{GN}^2}{S_{GN}}$$

$$X_{Gd*} = X_G \frac{S_d}{U_d^2} = X_{GN*} \frac{U_{GN}^2}{S_{GN}} \frac{S_d}{U_d^2} \tag{4-15}$$

对于变压器，一般给出其额定电压、额定功率及阻抗电压百分值，其阻抗电压百分值与电抗标幺值的关系为

$$U_k\% = \frac{\sqrt{3}I_N X_T}{U_N} \times 100\% = \frac{S_N}{U_N^2} X_T \times 100\% = X_{TN*} \times 100\%$$

在统一基准值下变压器电抗标幺值为

$$X_{Td*} = \frac{U_k\%}{100} \frac{U_N^2}{S_N} \frac{S_d}{U_d^2} \tag{4-16}$$

对于电力系统中限制短路电流的电抗器，它通常给出其额定电压、额定电流及电抗百分值，电抗百分值与其标幺值的关系为

$$X_{RN*} = \frac{X_R\%}{100}$$

在统一基准值下的电抗标幺值为

$$X_{Rd*} = \frac{X_R\%}{100} \frac{U_N}{\sqrt{3}I_N} \frac{S_d}{U_d^2} \tag{4-17}$$

对于输电线路的电抗，通常给出每千米欧姆值，换算成统一基准值下的标幺值为

$$X_{Ld*} = \frac{X_L}{Z_d} = X_L \frac{S_d}{U_d^2} \tag{4-18}$$

4.2.3　变压器联系的多极电压网络中的标幺值计算

在实际电力系统中，往往有多个不同电压等级的线路通过变压器相连。在用标幺值计算时，首先应将不同电压等级中各元件的参数全部折算到同一电压等级，这个电压等级称为基本电压级，然后选取统一的功率基准值和电压基准值。功率基准值的选择是任意的，但为了计算方便，一般选择基准功率 $S_d = 100\text{MVA}$，或者取要计算的某一元件的额定功率。在实际计算中，有准确计算法和近似计算法两种算法。

1. 准确计算法

首先选定某一段为基准段，其余各段的电压基准值均通过变压器实际电压比来计算。在有 n 台变压器的网络中，任一段基准电压按下式确定：

$$U_{dn} = U_d \frac{1}{K_1 K_2 \cdots K_{n-1}} \tag{4-19}$$

式中　U_d——基本段选定的基准电压；

U_{dn}——其他段的基准电压。

在确定了网络中各段的基准电压后，可利用统一的基准功率和各段的基准电压，计算各元件的电抗标幺值。

2. 近似计算法

由于准确计算法采用变压器的实际电压比，因此计算结果是准确的。但当网络中变压器较多时，计算各段基准电压较为复杂，在工程计算中可以采用近似计算法。近似计算法是将变压器的实际电压比用变压器两侧网络的平均额定电压代替进行计算的方法。各级线路的额

定电压与平均额定电压对照值见表 4-2。

表 4-2 各级线路的额定电压和平均额定电压

额定电压/kV	3	6	10	35	110	220	330	500
平均额定电压/kV	3.15	6.3	10.5	37	115	230	345	525

采用近似计算法时，以平均额定电压为电压的基准值，各元件的额定电压用所在网络段的平均额定电压（电抗器除外，因电抗器有不按额定电压使用的情况，如 10kV 电抗器用于 6kV 系统中，故计算电抗器电抗的标幺值时，仍采用电抗器本身的额定电压）。

短路回路中各电气元件所计算的基准标幺值，无需再考虑短路回路中变压器的电压比进行电抗的折算，可直接用电抗基准标幺值进行串并联计算，求得总电抗基准标幺值。这是因为采用标幺制的计算方法实质上已将变压器电压比折算在标幺值之中了，从而可使计算工作大为简化。将各元件的电抗标幺值求出后，可画出等效电路。等效电路中需包括电源及电路中全部电气元件，这些元件均用电抗（或阻抗）图形符号表示，并表明相互间的连接及与短路点的连接。电源和电气元件的参数均需一一标出，并对每个元件规定一个顺序号。元件顺序号和参数标注法通常以分数形式表示，分子为顺序号，分母为该元件的电抗（或阻抗）参数。短路计算的电路及其等效电路如图 4-1 和图 4-2 所示。

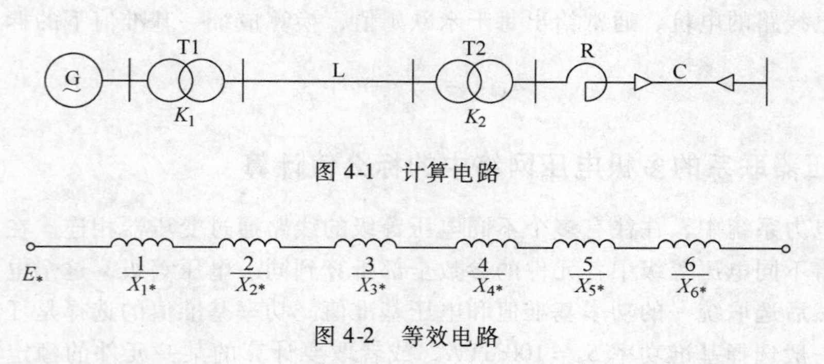

图 4-1 计算电路

图 4-2 等效电路

4.2.4 网络的等效变换和简化

现代电力系统有许多发电机并联运行，网络结构日趋复杂。在工程计算中，一般首先将网络进行适当的简化，然后再计算短路电流。

1. 星网变换法

复杂网络的简化，可以通过消除网络中非电源的节点来实现。设网络的某部分由节点 n 和另外 m 个节点组成星形电路，节点 n 同 m 个节点中的任意一个都有一条支路相连，支路之间没有互感，如图 4-3a 所示。通过星网变换可以消去节点 n，把星形电路变换为以节点 1，2，…，m 为顶点的网形电路，其中任一对节点之间都有一条支路相连，如图 4-3b 所示。

由图 4-3a，根据基尔霍夫电流定律可得

$$\sum_{k=1}^{m} Y_{kn}(\dot{U}_k - \dot{U}_n) = 0 \tag{4-20}$$

由此可以解出节点 n 的电压为

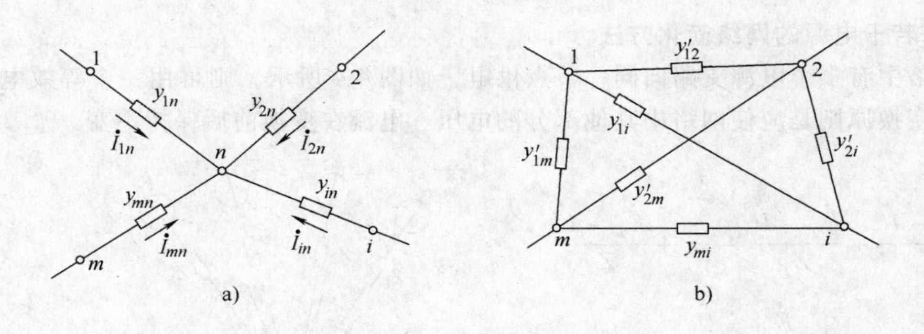

图 4-3　星网变换

a）星形　b）网形

$$\dot{U}_n=\frac{\sum_{k=1}^{m}Y_{kn}\dot{U}_k}{\sum_{k=1}^{m}Y_{kn}}=\frac{\sum_{k=1}^{m}Y_{kn}\dot{U}_k}{Y_\Sigma} \tag{4-21}$$

式中　Y_Σ——星形电路所有支路导纳之和，$Y_\Sigma=\sum_{k=1}^{m}Y_{kn}$。

根据等效条件，如果保持变换前后节点 1，2，…，m 的电压不变，则自网络外部流向这些节点的电流也应保持不变。对任一节点 i 有

$$Y_{in}(\dot{U}_i-\dot{U}_n)=\sum_{\substack{k=1\\k\neq i}}^{m}Y'_{ik}(\dot{U}_i-\dot{U}_k) \tag{4-22}$$

将式（4-21）代入式（4-22）得

$$Y_{in}\left(\dot{U}_i-\frac{\sum_{k=1}^{m}Y_{kn}\dot{U}_k}{Y_\Sigma}\right)=\sum_{\substack{k=1\\k\neq i}}^{m}Y'_{ik}(\dot{U}_i-\dot{U}_k) \tag{4-23}$$

由于

$$Y_{in}\left(\dot{U}_i-\frac{\sum_{k=1}^{m}Y_{kn}\dot{U}_k}{Y_\Sigma}\right)=Y_{in}\frac{\dot{U}_i\sum_{k=1}^{m}Y_{kn}-\sum_{k=1}^{m}Y_{kn}\dot{U}_k}{Y_\Sigma}=\frac{Y_{in}\sum_{k=1}^{m}Y_{kn}(\dot{U}_i-\dot{U}_k)}{Y_\Sigma} \tag{4-24}$$

因为式（4-23）与式（4-24）右端相等，所以变换后网形电路中节点 i 和节点 j 之间的支路导纳计算公式为

$$Y'_{ij}=\frac{Y_{in}Y_{jm}}{Y_\Sigma}=\frac{Y_{in}Y_{jm}}{\sum_{k=1}^{m}Y_{kn}} \tag{4-25}$$

式中　Y'_{ij}——网形网络节点 i 和节点 j 之间的导纳；

　　Y_{kn}——星形网络中节点 k 与待消节点 n 之间的导纳。

如果用阻抗表示则有

$$Z'_{ij}=\frac{1}{Y'_{ij}}=\frac{\sum_{k=1}^{m}Y_{kn}}{Y_{in}Y_{jm}}=Z_{in}Z_{jn}\sum_{k=1}^{m}\frac{1}{Z_{kn}} \tag{4-26}$$

当 $m=3$ 时，式（4-26）就为常见的星-三角变换公式。

2. 有若干电源的网络简化方法

若网络中有多个电源支路向同一节点供电，如图 4-4 所示，则可用一个等效电源支路代替，等效变换原则是应使网络中其他部分的电压、电流在变换前后保持不变。

由于

$$\frac{\dot{E}_1-\dot{U}}{Z_1}+\frac{\dot{E}_2-\dot{U}}{Z_2}+\cdots+\frac{\dot{E}_n-\dot{U}}{Z_n}=\frac{\dot{E}_{eq}-\dot{U}}{Z_{eq}} \tag{4-27}$$

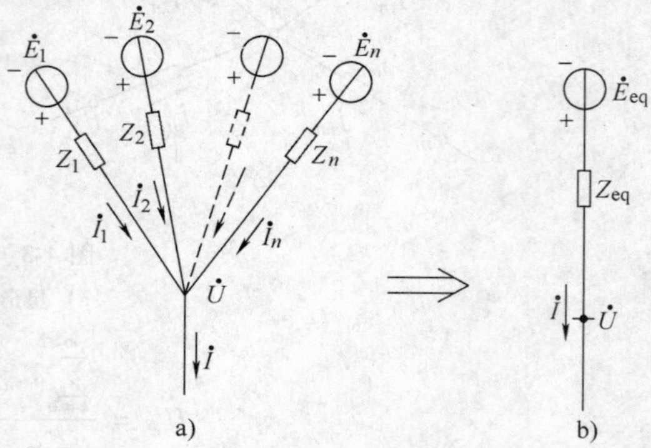

图 4-4　有若干电源的网络简化方法

a）原电路　b）简化电路

令 $\dot{E}_1=\dot{E}_2=\cdots=\dot{E}_n=0$，$\dot{E}_{eq}=0$，式（4-27）可写成

$$\frac{1}{Z_1}+\frac{1}{Z_2}+\cdots+\frac{1}{Z_n}=\frac{1}{Z_{eq}}$$

即等效阻抗为

$$Z_{eq}=\frac{1}{\sum\limits_{i=1}^{n}\frac{1}{Z_i}} \tag{4-28}$$

令 $\dot{U}=0$，代入式（4-27）得

$$\frac{\dot{E}_1}{Z_1}+\frac{\dot{E}_2}{Z_2}+\cdots+\frac{\dot{E}_n}{Z_n}=\frac{\dot{E}_{eq}}{Z_{eq}}$$

即等效电动势为

$$\dot{E}_{eq}=Z_{eq}\sum_{i=1}^{n}\frac{\dot{E}_i}{Z_i}=\frac{\sum\limits_{i=1}^{n}\frac{\dot{E}_i}{Z_i}}{\sum\limits_{i=1}^{n}\frac{1}{Z_i}} \tag{4-29}$$

在某些情况下，往往不允许把所有的电源都合并成一个等效电源，而是需要保留若干个等效电源，如图 4-4a 中的 $\dot{E}_1$、$\dot{E}_2$、…、$\dot{E}_n$。在这种情况下，就需要先分别求出这些电源与短路点之间直接相连的阻抗，将它简化为图 4-4b 的形式，据此计算出各电源支路向短路点提供的短路电流。

短路电流的一般表达式为

$$\dot{I}_k=\frac{\dot{E}_1}{Z_{1k}}+\frac{\dot{E}_2}{Z_{2k}}+\cdots+\frac{\dot{E}_i}{Z_{ik}}+\cdots+\frac{\dot{E}_n}{Z_{nk}} \tag{4-30}$$

式中　Z_{ik}——网络中第 i 个电源与短路点直接相连的阻抗，通常称为该电源与短路点之间的转移阻抗。

3. 利用单位电流法求转移电抗

在没有闭合回路的网络中，单位电流法是求转移电抗较为方便的方法。网络如图 4-5a 所示，欲求电源 1、2、3 对 k 点的转移电抗。

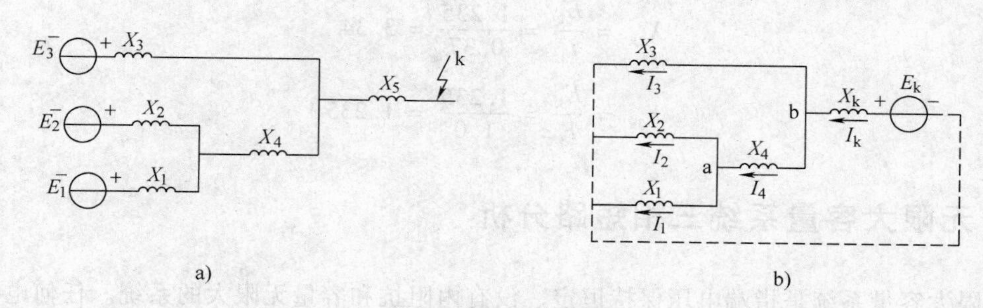

图 4-5　单位电流法

a）原电路　b）单位电流法示意图

令 $E_1 = E_2 = E_3 = 0$，在 k 点加上 E_k，如图 4-5b 所示。使支路 X_1 中通过单位电流，即取 $I_1 = 1$，I_2、I_3 及 E_k 可分别求得如下：

$U_a = I_1X_1 = X_1$，$I_2 = U_a/X_2 = X_1/X_2$，$I_4 = I_1 + I_2$

$U_b = U_a + I_4X_4$，$I_3 = U_b/X_3$，$I_k = I_3 + I_4$

$U_k = U_b + I_kX_5$

各电源对短路点 k 的转移电抗为

$$X_{ik} = E_k/I_i$$

【例 4-1】　某系统具有如图 4-6 所示的等效电路，所有电抗及电动势均为折算至统一基准值的标幺值。试用单位电流法确定各电源对短路点的转移电抗。

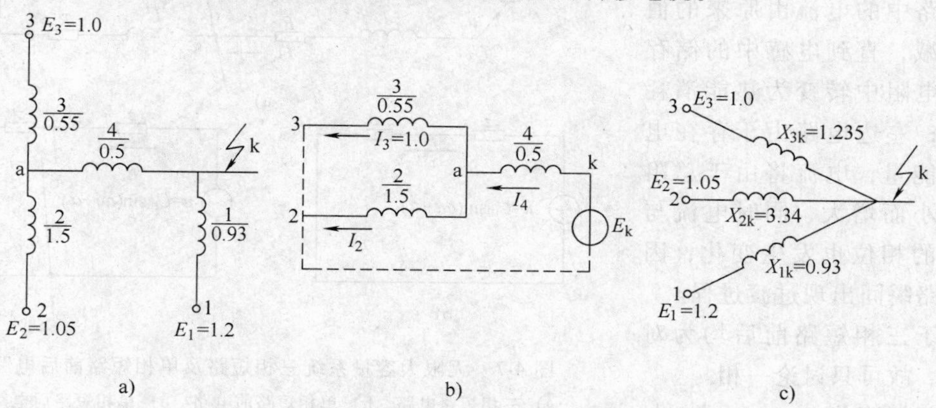

图 4-6　用单位电流法求转移电流

a）标幺值等效电路　b）转移电抗计算　c）简化后的等效电路

解：由于本题电源 1 的转移电抗是 0.93，故只需确定电源 2 和电源 3 的转移电抗。令 $I_3 = 1.0$，则

$$U_a = I_3X_3 = 1.0 \times 0.55 = 0.55$$

$$I_2 = \frac{U_a}{X_2} = \frac{0.55}{1.5} = 0.37$$

$$I_4 = I_2 + I_3 = 0.37 + 1.0 = 1.37$$

$$E_k = U_a + I_4X_4 = 0.55 + 1.37 \times 0.5 = 1.235$$

电源 2 及电源 3 对短路点的转移电抗分别为

$$X_{2k} = \frac{E_k}{I_2} = \frac{1.235}{0.37} = 3.34$$

$$X_{3k} = \frac{E_k}{I_3} = \frac{1.235}{1.0} = 1.235$$

4.3 无限大容量系统三相短路分析

无限大容量系统是指端电压保持恒定、没有内阻抗和容量无限大的系统。任何电力系统的容量与内阻抗都有一定的数值，因此当电力系统供电网络的电流变化时，系统电压将有相应的变化。由于在网络容量比系统容量小得多、且网络阻抗比系统阻抗大得多的情况下，无论电流如何变化，对电力系统电压的影响都甚小，因此在实际计算时，如果网络阻抗不超过短路回路总阻抗的5%～10%，就可以将系统看做一个无限大容量系统。

4.3.1 短路的暂态过程

设有无限大容量系统如图 4-7 所示，其端电压为一振幅恒定的正弦波。在正常运行时电路中通过负载电流，若突然在 $k^{(3)}$ 点发生三相短路，此时电路被短路点分成两个独立回路，右边电路中的电流由原来的值逐渐衰减，直到电感中的储存能量在电阻中转变为热能消耗尽为止；左边电路由于存在电源提供能量，电流将由于总阻抗的减小而增大，同时电流与电压间的相位也发生变化，因而在短路瞬间出现过渡过程。

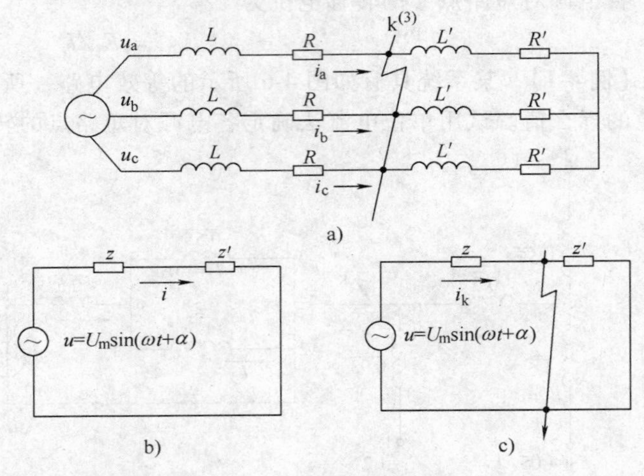

图 4-7 无限大容量系统三相短路及单相短路前后电路
a）三相短路电路 b）单相短路前电路 c）单相短路后电路

由于三相短路前后均为对称电路，故可只讨论一相。

单相短路前

$$\begin{cases} u = U_m \sin(\omega t + \alpha) \\ i = \dfrac{U_m}{Z + Z'} \sin(\omega t + \alpha - \varphi) = I_m \sin(\omega t + \alpha - \varphi) \end{cases} \tag{4-31}$$

式中 φ——发生短路以前电路的阻抗角。

单相短路后

$$\begin{cases} Ri_k + L\dfrac{di_k}{dt} = u \\ Ri_k + L\dfrac{di_k}{dt} = U_m \sin(\omega t + \alpha) \end{cases} \tag{4-32}$$

该微分方程的解为

$$i = \frac{U_m}{Z}\sin(\omega t + \alpha - \varphi_k) + ce^{-\frac{R}{L}t} = I_{pm}\sin(\omega t + \alpha - \varphi_k) + ce^{-\frac{R}{L}t} = i_p + i_{np} \quad (4\text{-}33)$$

式中　α——电源电压的初相位；

φ_k——短路电流与电压间的相位；

c——常数，其值由起始条件决定；

I_{pm}——三相短路电流周期分量的幅值；

i_p——三相短路电流的周期分量；

i_{np}——三相短路电流的非周期分量。

显然，短路电流由两个分量组成，第一项为短路电流的周期分量 i_p，它是按正弦规律变化的振幅不变的电流；第二项为短路电流的非周期分量 i_{np}，它是按指数规律衰减的电流，起始值取决于初始条件，衰减速度取决于电路参数 R/L 的比值。

由于电路中存在电感，所以电流不会发生突变，即短路前瞬间电流的瞬时值必然与短路后瞬间电流的瞬时值相等。

短路前瞬间电流的瞬时值为

$$i_{0-} = I_m\sin(\alpha - \varphi) \quad (4\text{-}34)$$

短路后瞬间电流的瞬时值为

$$i_{0+} = I_{pm}\sin(\alpha - \varphi_k) + c \quad (4\text{-}35)$$

则有

$$I_m\sin(\alpha - \varphi) = I_{pm}\sin(\alpha - \varphi_k) + c$$

$$c = I_m\sin(\alpha - \varphi) - I_{pm}\sin(\alpha - \varphi_k)$$

短路后的短路全电流为

$$i_k = I_{pm}\sin(\omega t + \alpha - \varphi_k) + [I_m\sin(\alpha - \varphi) - I_{pm}\sin(\alpha - \varphi_k)]e^{-\frac{R}{L}t} \quad (4\text{-}36)$$

在电源电压及短路地点不变的情况下，要使短路全电流达到最大值，必须具备以下的条件：

1）短路前为空载，即 $I_m = 0$；

2）设电路的感抗 X 比电阻 R 大得多，即短路阻抗角 $\varphi_k \approx 90°$；

3）短路发生于电压瞬时值过零时，即当 $t = 0$ 时，初相位 $\alpha = 0$。

将 $I_m = 0$、$\varphi_k \approx 90°$、$\alpha = 0$ 代入式（4-36），则得

$$i_k = -I_{pm}\cos\omega t + I_{pm}e^{-\frac{R}{L}t} = -I_{pm}\cos\omega t + I_{pm}e^{-\frac{t}{T_a}} \quad (4\text{-}37)$$

式中　T_a——短路电流非周期分量的时间常数，$T_a = L/R$。

短路全电流为最大值时的波形如图 4-8 所示。由图可见，由于非周期分量的出现，短路电流不再和时间参照轴对称，实际上非周期分量曲线本身就是短路电流曲线的对称轴。

4.3.2　短路冲击电流和短路容量

1. 短路冲击电流

短路电流最大可能的瞬时值称为短路冲击电流。短路冲击电流出现在短路后半个周期，即 $t = 0.01$s 时，短路冲击电流为

$$i_{sh} = I_{pm} + I_{pm}e^{-\frac{t}{T_a}} = I_{pm}(1 + e^{-\frac{t}{T_a}}) \quad (4\text{-}38)$$

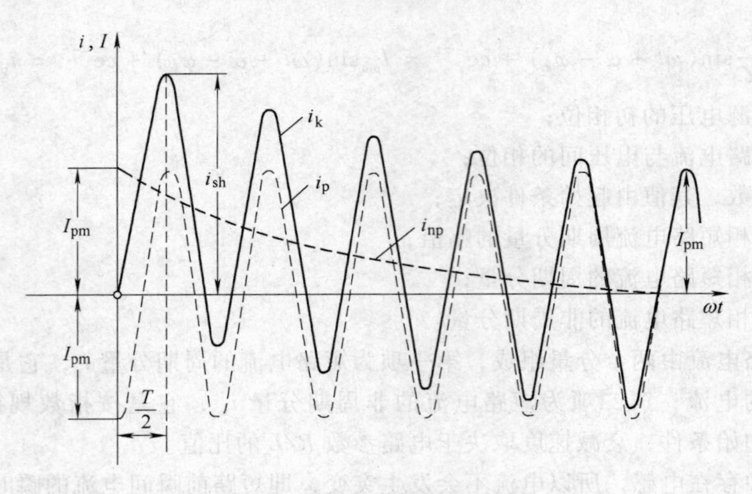

图 4-8　短路全电流为最大值时的波形

令冲击系数 k_{sh} 为

$$k_{sh} = 1 + e^{-\frac{t}{T_a}} \tag{4-39}$$

短路电流的短路冲击系数 k_{sh} 只与电路中元件参数有关。若短路回路中只有电抗（$R=0$），则 $k_{sh}=2$；若短路回路中只有电阻（$X=0$），则 $k_{sh}=1$。因此 k_{sh} 的大致范围为

$$1 \leqslant k_{sh} \leqslant 2$$

把 k_{sh} 代入式（4-38），可得冲击电流

$$i_{sh} = k_{sh} I_{pm} = \sqrt{2} k_{sh} I_p \tag{4-40}$$

式中　I_p——短路电流周期分量的有效值。

在工程计算中，当短路发生在发电机电压母线时，$k_{sh}=1.9$；当短路发生在发电厂高压侧母线时，$k_{sh}=1.85$；当短路发生在一般高压电网时，$k_{sh}=1.8$。

短路冲击电流主要用于校验电气设备和载流导体在短路时的电动力稳定度。

2. 短路电流的最大有效值

短路电流任一时刻的有效值是指以该时刻为中心的一个周期内短路全电流瞬时值的方均根值，即

$$I_{kt} = \sqrt{\frac{1}{T}\int_{t-\frac{T}{2}}^{t+\frac{T}{2}} i_{kt}^2 \mathrm{d}t} = \sqrt{\frac{1}{T}\int_{t-\frac{T}{2}}^{t+\frac{T}{2}} (i_{pt} + i_{npt})^2 \mathrm{d}t} \tag{4-41}$$

短路全电流 i_{kt} 中包含有周期分量和非周期分量。其中，对于周期分量，可认为它在所计算的周期内幅值是恒定的，即 $I_{pt} = I_{pmt}/\sqrt{2}$；非周期分量是随时间增大而衰减的，短路电流的有效值将随所计算时刻不同而变化。根据短路全电流的有效值定义，可以近似地认为，短路电流的非周期分量在该周期内大小不变，因此它在时间 t 的有效值就等于它的瞬时值，即

$$I_{npt} = i_{npt}$$

根据上述假定条件，式（4-41）可以简化为

$$I_t = \sqrt{I_{pt}^2 + I_{npt}^2} \tag{4-42}$$

短路电流的最大有效值 I_{sh} 发生在短路后的第一个周期内，为

$$I_{sh} = \sqrt{I_p^2 + [(k_{sh}-1)\sqrt{2}I_p]^2} = I_p\sqrt{1+2(k_{sh}-1)^2} \tag{4-43}$$

当冲击系数 $k_{sh}=1.9$ 时，$I_{sh}=1.62I_p$；当 $k_{sh}=1.8$ 时，$I_{sh}=1.51I_p$。

短路电流最大有效值主要用于校验电气设备的动稳定性或断流能力。

3. 短路功率

短路功率（短路容量）等于短路电流有效值乘以短路处的正常工作电压（一般用平均额定电压），即

$$S_k = \sqrt{3}U_{av}I_k \tag{4-44}$$

若用标幺值表示，假定基准电压等于正常工作电压，则

$$S_{k*} = \frac{S_k}{S_d} = \frac{\sqrt{3}U_{av}I_k}{\sqrt{3}U_{av}I_d} = \frac{I_k}{I_d} = I_{k*} \tag{4-45}$$

式（4-45）表明，短路功率的标幺值等于短路电流的标幺值，这给短路功率计算带来了方便。

短路功率主要用于校验断路器的断流能力。

4.3.3　无限大容量系统三相短路电流的计算

无限大容量系统发生三相短路时，短路电流的周期分量和有效值保持不变。在进行三相短路的相关计算中，只要计算出短路电流周期分量的有效值，其他各物理量就很容易求得。

若选取 $U_d=U_{av}$，系统的端电压取平均额定电压，则 $U_*=U_{av}/U_d=1$，三相短路电流周期分量为

$$I_{p*} = \frac{U_*}{X_{\Sigma*}} = \frac{1}{X_{\Sigma*}}$$

$$I_p = I_{p*}I_d = \frac{I_d}{X_{\Sigma*}} \tag{4-46}$$

式中　$I_d=\dfrac{S_d}{\sqrt{3}U_j}$。

短路功率为

$$S_{k*} = \frac{1}{X_{\Sigma*}}$$

$$S_k = S_{k*}S_d = \frac{S_d}{X_{\Sigma*}} \tag{4-47}$$

【例 4-2】　某供电系统由无限大容量系统供电，如图 4-9 所示，求 $k^{(3)}$ 点发生三相短路时的短路电流周期分量、短路冲击电流和短路容量（取 $k_{sh}=1.8$）。

解：（1）取 $S_d=100\text{MVA}$，$U_d=U_{av}$，三个基准电压分别为 $U_{d1}=37\text{kV}$、$U_{d2}=10.5\text{kV}$、$U_{d3}=0.4\text{kV}$。

（2）计算各元件电抗标幺值

线路 L1　　$X_{1*}=X_0 l_1 \dfrac{S_d}{U_d^2}=0.4\times5\times\dfrac{100}{37^2}=0.146$

变压器 T1 和 T2　　$X_{2*}=X_{3*}=\dfrac{U_k\%}{100}\dfrac{S_d}{S_N}=\dfrac{7.5}{100}\times\dfrac{100}{2.5}=3.0$

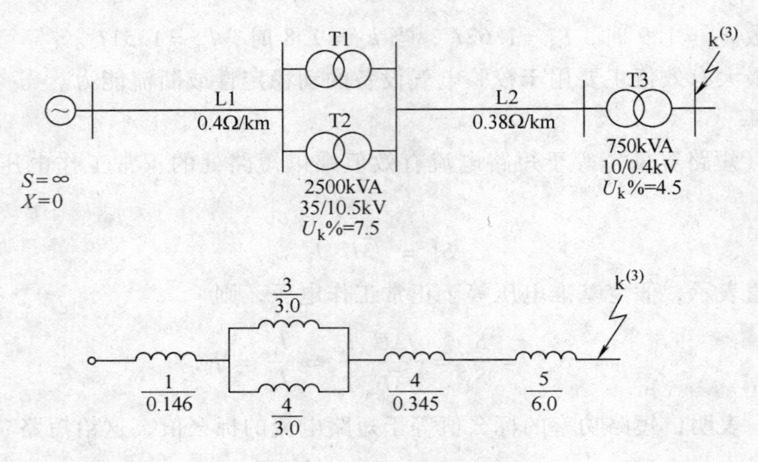

图 4-9　例 4-2 的系统图

线路 L2　　$X_{4*}=X_0 l_2 \frac{S_d}{U_d^2}=0.38\times1\times\frac{100}{10.5^2}=0.345$

变压器 T3　　$X_{5*}=\frac{U_k\%}{100}\frac{S_d}{S_N}=\frac{4.5}{100}\times\frac{100}{0.75}=6.0$

（3）电源至短路点的总电抗标幺值

$$X_*=X_{1*}+\frac{X_{2*}}{2}+X_{4*}+X_{5*}=0.146+\frac{3.0}{2}+0.345+6.0=8.081$$

（4）$k^{(3)}$点所在电压等级的基准电流

$$I_d=\frac{S_d}{\sqrt{3}U_d}=\frac{100}{\sqrt{3}\times0.4}\text{kA}=144.3\text{kA}$$

（5）短路电流周期分量

$$I_{p*}=\frac{1}{X_{\Sigma*}}=\frac{1}{8.081}=0.124$$

$$I_p=I_{p*}I_d=0.124\times144.3\text{kA}=17.835\text{kA}$$

（6）短路冲击电流

$$I_{sh}=k_{sh}I_{pm}=k_{sh}\sqrt{2}I_p=1.8\times\sqrt{2}\times17.835\text{kA}=45.394\text{kA}$$

（7）短路容量

$$S_k=\frac{S_d}{X_{\Sigma*}}=\frac{100}{8.081}\text{MVA}=12.375\text{MVA}$$

4.4　有限容量系统三相短路电流的实用计算

4.4.1　同步发电机突然三相短路的暂态过程

根据楞次定则，任何闭合线圈在突然变化的瞬间，都将维持与之交链的总磁通不变。在实际电机中，绕组中的电阻将引起与磁链对应的电流在暂态过程中的衰减。

在同步发电机发生突然短路后，发电机定子绕组中周期分量电流的突然变化，将对转子产生强烈的电枢反应作用。为了抵消定子电枢反应产生的交链发电机励磁绕组的磁链，以维持励磁绕组在短路发生瞬间的总磁链不变，励磁绕组内也将产生一个自由直流电流分量，它的方向与原有的励磁电流方向相同，这个附加的自由直流分量产生的磁通有一部分要穿入定子绕组，从而使定子绕组的周期分量电流增大。因此，在有限容量系统发生突然短路时，短路电流的初值将大大超过稳态短路电流。由于实际发电机的绕组中都存在电阻，因此所有绕组的磁链都将发生变化，逐步过渡到新的稳态值。同时，励磁绕组中因维持磁链不变而出现的自由直流分量电流终将衰减至零，与转子自由直流分量对应的、突然短路时定子周期分量中的自由直流分量也将逐步衰减，定子电流最终成为稳态短路电流。

为了便于描述同步发电机在突然短路时的暂态过程，需要确定一个在突然短路瞬间不发生突变的电动势，用它求取短路瞬间的定子电流周期分量。显然，计算稳态短路电流用的空载电动势 E_q 将因产生它的励磁电流的突变而突变，不能满足计算的需要。

对于无阻尼绕组的同步发电机，转子中唯有励磁绕组是闭合绕组，在短路瞬间，与该绕组交链的总磁链不能突变，因此通过对突然短路暂态过程的数学分析，可以给出一个与励磁绕组总磁链成正比的电动势 E'_q（称为 q 轴暂态电动势）和对应的同步发电机电抗 X'_d（称为暂态电抗）。在短路计算中，通常可不计同步发电机纵轴和横轴参数的不对称，从而由暂态电动势 E' 代替 q 轴暂态电动势 E'_q。无阻尼绕组的同步发电机电动势方程表示为

$$\dot{E}' = \dot{U} + jX'_d\dot{I} \tag{4-48}$$

式中，$\dot{U}$ 和 $\dot{I}$ ——正常运行时同步发电机的端电压和定子电流。

从式（4-48）可知，E' 可根据短路前运行状态及同步发电机结构参数 X'_d 求出，并近似地认为它在突然短路瞬间保持不变，从而用于计算暂态短路电流的初始值。

对于有阻尼绕组的同步发电机（在电力系统中，大多数的水轮发电机均装有阻尼绕组，汽轮发电机的转子虽不装设阻尼绕组，但转子铁心是整块锻钢做成的，本身具有阻尼作用），在突然短路时，定子周期电流的突然增大引起电枢反应磁通的突然增加，励磁绕组和阻尼绕组为了保持磁链不变，都要感应产生自由直流电流，以抵消电枢反应磁通的增加。转子各绕组的自由直流电流产生的磁通都有一部分穿过气隙进入定子，并在定子绕组中产生定子周期电流的自由分量，显然，这时定子周期电流将大于无阻尼绕组时的电流。对应于有阻尼绕组的同步发电机突然短路的过渡过程称之为次暂态过程。按无阻尼绕组过渡过程类似的处理方法，可以给出一个与转子励磁绕组和纵轴阻尼绕组的总磁链成正比的电动势 E''_q 和一个与转子横轴阻尼绕组的总磁链成正比的电动势 E''_d（分别称为 q 轴和 d 轴次暂态电动势），对应的发电机次暂态电抗分别为 X''_d 和 X''_q。当忽略纵轴和横轴参数的不对称时，有阻尼绕组的同步发电机电动势方程可表示为

$$\dot{E}'' = \dot{E}''_q + \dot{E}''_d = \dot{U} + jX''_d\dot{I} \tag{4-49}$$

从式（4-49）可知，E'' 可根据短路前运行状态及同步发电机结构参数 X''_d 求出，并在突然短路瞬间保持不变，从而用于计算次暂态短路电流的初始值。

4.4.2　起始次暂态电流和冲击电流的计算

在很多情况下，电力系统短路电流的工程计算，只需计算短路电流周期分量的初值，即

起始次暂态电流。这时，只要把系统所有元件都用其次暂态参数表示，次暂态电流的计算就同稳态电流的计算方法相同了（系统中所有静止元件的次暂态参数都与其稳态参数相同，但旋转电机的次暂态参数则与其稳态参数不同）。

如前所述，在突然短路瞬间，系统中所有同步发电机的次暂态电动势均保持短路发生前瞬间的值。为了简化计算，应用图4-10所示的同步发电机简化相量图，可求得其次暂态电动势的近似计算公式

$$E''_0 = E''_{[0]} = U_{[0]} + X''I_{[0]}\sin\phi_{[0]} \tag{4-50}$$

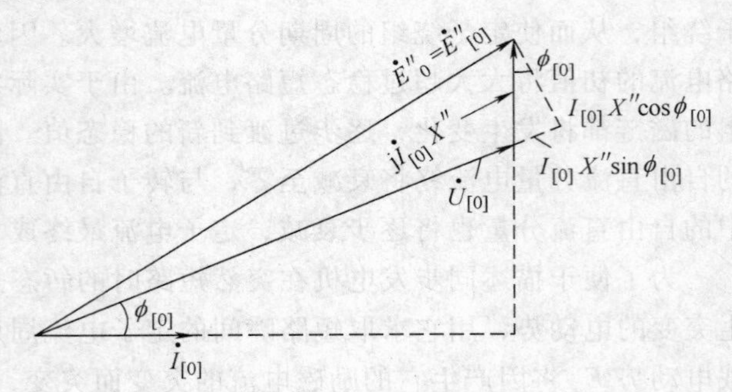

图4-10 同步发电机简化相量图

式中 $U_{[0]}$、$I_{[0]}$ 和 $\phi_{[0]}$——同步发电机短路前瞬间的电压、电流和功率因数角。

求得发电机的次暂态电动势后，图4-11所示网络的起始次暂态电流为

$$I'' = \frac{E''_0}{(X'' + X_k)} \tag{4-51}$$

式中 X_k——从发电机端至短路点的组合电抗。

系统中同步发电机提供的冲击电流，仍可按式（4-40）计算，只是用起始次暂态电流的最大值 I''_m 代替式中的稳态电流的最大值 I_{pm}。此外，电力系统的负荷中有大量的异步电动机，在短路过程中，它们可能提供一部分短路电流。异步电动机在突然短路时的等效电路也可用与其转子绕组总磁链成正比的次暂态电势 E''_0 和与之相应的次暂态电抗 X'' 来表示。异步电动机的次暂态电抗的标幺值可由下式确定：

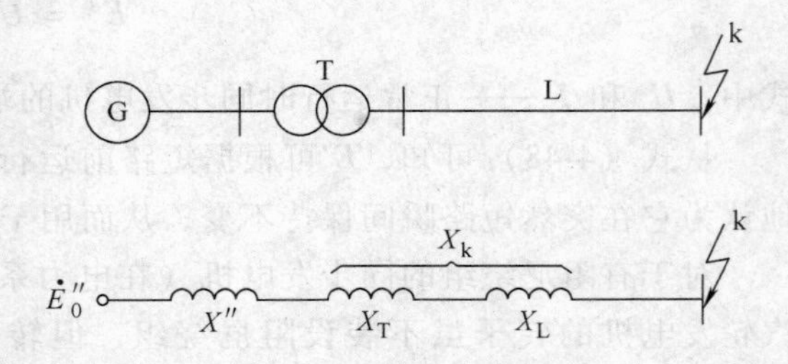

图4-11 次暂态电流计算示意图

$$X'' = \frac{1}{I_{st}} \tag{4-52}$$

式中 I_{st}——异步电动机起动电流的标幺值，一般为4～7。

因此，近似可取 $X''=0.2$。

图4-12所示为异步电动机的次暂态参数简化相量图，由此可得出其次暂态电动势的近似计算公式

$$E''_0 = U_{[0]} - X''I_{[0]}\sin\phi_{[0]} \tag{4-53}$$

式中 $U_{[0]}$、$I_{[0]}$ 和 $\phi_{[0]}$——短路前异步电动机的端电压、电流和两者的相位差。

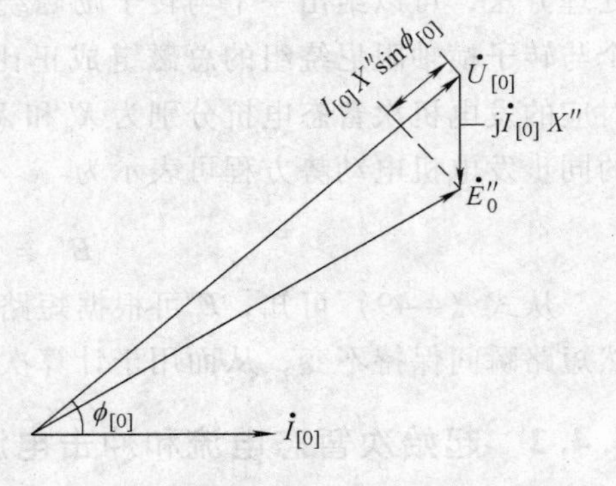

图4-12 异步电动机简化相量图

由于接于配电网络的电动机数量多，短路前运行状态难以弄清，因而，在实用计算中，只考虑短路点附近的大型电动机，对于其余的电动机，一般可当做综合负荷来处理。以额定运行参数为基准，

综合负荷的电动势和电抗的标幺值可取作 $E''=0.8$ 及 $X''=0.35$。X''中包括电动机本身的次暂态电抗0.2和降压变压器及馈电线路的电抗0.15。在实用计算中，负荷提供的冲击电流可表示为

$$i_{\mathrm{shLD}} = k_{\mathrm{shLD}}\sqrt{2}I''_{\mathrm{LD}} \tag{4-54}$$

式中　I''_{LD}——负荷提供的起始次暂态电流的有效值。

k_{shLD}——负荷冲击系数，对于小容量电动机和综合负荷，取 $k_{\mathrm{shLD}}=1$，大容量的电动机，$k_{\mathrm{shLD}}=1.3\sim1.8$。

由于异步电动机所提供的短路电流的周期分量及非周期分量衰减得非常快，当 $t>0.01\mathrm{s}$ 时就可认为其暂态过程已告结束，因此对于一切异步电动机及综合负荷，只在冲击电流计算中予以计及。

【例4-3】　试计算图4-13所示网络中k点发生三相短路时的冲击电流。

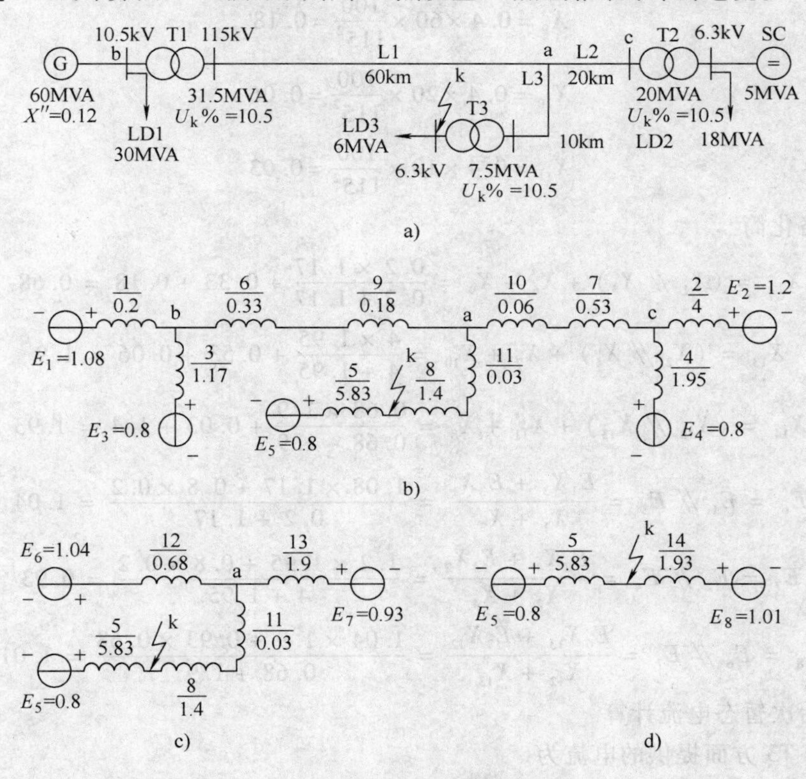

图4-13　例4-3的网络图

a）系统图　b）等效网络　c）简化网络　d）简化网络

解：发电机G：取 $E''=1.08$，$X''=0.12$；同步调相机SC：取 $E''=1.2$，$X''=0.20$；负荷：取 $E''=0.8$，$X''=0.35$；线路电抗为 $0.4\Omega/\mathrm{km}$。

（1）取 $S_{\mathrm{d}}=100\mathrm{MVA}$，$U_{\mathrm{d}}=U_{\mathrm{av}}$，各元件电抗的标幺值如下：

发电机　$X_1=0.12\times\dfrac{100}{60}=0.2$

同步调相机　$X_2=0.2\times\dfrac{100}{5}=4$

负荷 LD1　　$X_3 = 0.35 \times \frac{100}{30} = 1.17$

负荷 LD2　　$X_4 = 0.35 \times \frac{100}{18} = 1.95$

负荷 LD3　　$X_5 = 0.35 \times \frac{100}{6} = 5.83$

变压器 T1　　$X_6 = 0.105 \times \frac{100}{31.5} = 0.33$

变压器 T2　　$X_7 = 0.105 \times \frac{100}{20} = 0.53$

变压器 T3　　$X_8 = 0.105 \times \frac{100}{7.5} = 1.4$

线路 L1　　$X_9 = 0.4 \times 60 \times \frac{100}{115^2} = 0.18$

线路 L2　　$X_{10} = 0.4 \times 20 \times \frac{100}{115^2} = 0.06$

线路 L3　　$X_{11} = 0.4 \times 10 \times \frac{100}{115^2} = 0.03$

(2) 网络化简

$$X_{12} = (X_1 /\!/ X_3) + X_6 + X_9 = \frac{0.2 \times 1.17}{0.2 + 1.17} + 0.33 + 0.18 = 0.68$$

$$X_{13} = (X_2 /\!/ X_4) + X_7 + X_{10} = \frac{4 \times 1.95}{4 + 1.95} + 0.53 + 0.06 = 1.9$$

$$X_{14} = (X_{12} /\!/ X_{13}) + X_{11} + X_8 = \frac{0.68 \times 1.9}{0.68 + 1.9} + 0.03 + 1.4 = 1.93$$

$$E_6 = E_1 /\!/ E_3 = \frac{E_1 X_3 + E_3 X_1}{X_1 + X_3} = \frac{1.08 \times 1.17 + 0.8 \times 0.2}{0.2 + 1.17} = 1.04$$

$$E_7 = E_2 /\!/ E_4 = \frac{E_2 X_4 + E_4 X_2}{X_2 + X_4} = \frac{1.2 \times 1.95 + 0.8 \times 0.2}{4 + 1.95} = 0.93$$

$$E_8 = E_6 /\!/ E_7 = \frac{E_6 X_{13} + E_7 X_{12}}{X_{12} + X_{13}} = \frac{1.04 \times 1.9 + 0.93 \times 0.68}{0.68 + 1.9} = 1.01$$

(3) 起始次暂态电流计算

由变压器 T3 方面提供的电流为

$$I'' = \frac{E_8}{X_{14}} = \frac{1.01}{1.93} = 0.523$$

由负荷 LD3 提供的电流为

$$I''_{LD3} = \frac{E_5}{X_5} = \frac{0.8}{5.83} = 0.137$$

(4) 冲击电流计算

为了判断负荷 LD1 和 LD2 是否有可能提供冲击电流，先对 b 点和 c 点的残余电压进行验算。

a 点残余电压为

$$U_a = I''(X_8 + X_{11}) = 0.523 \times (1.4 + 0.03) = 0.75$$

线路 L1 的电流为

$$I''_{L1} = \frac{E_6 - U_a}{X_{12}} = \frac{1.04 - 0.75}{0.68} = 0.427$$

线路 L2 的电流为

$$I''_{L2} = I'' - I''_{L1} = 0.523 - 0.427 = 0.096$$

b 点残余电压为

$$U_b = U_a + (X_9 + X_6)I''_{L1} = 0.75 + (0.18 + 0.33) \times 0.427 = 0.97$$

c 点残余电压为

$$U_c = U_a + (X_{10} + X_7)I''_{L2} = 0.75 + (0.06 + 0.53) \times 0.096 = 0.807$$

因 U_b 和 U_c 都高于 0.8，即 $E''_0 = U$，所以负荷 LD1 和 LD2 不会提供短路电流。因而，由变压器 T1 方面来的短路电流都是发电机和同步调相机提供的，可取 $k_{sh} = 1.8$。而负荷 LD3 提供的短路电流则取 $k_{sh} = 1$。

短路处所在电压级的基准电流为

$$I_d = \frac{100}{\sqrt{3} \times 6.3}\text{kA} = 9.16\text{kA}$$

短路处的冲击电流为

$$\begin{aligned} i_{sh} &= (1.8 \times \sqrt{2}I'' + 1 \times \sqrt{2}I''_{LD})I_d \\ &= (1.8 \times \sqrt{2} \times 0.523 + \sqrt{2} \times 0.137) \times 9.16\text{kA} \\ &= 13.97\text{kA} \end{aligned}$$

在近似计算中，考虑到负荷 LD1 和 LD2 离短路点较远，可将它们略去不计。把发电机和同步调相机的次暂态电动势取作 $E'' = 1$，这时网络（负荷 LD3 除外）对短路点的总电抗为

$$\begin{aligned} X_{14} &= [(X_1 + X_6 + X_9) /\!/ (X_2 + X_7 + X_{10})] + X_{11} + X_8 \\ &= [(0.2 + 0.33 + 0.18) /\!/ (4 + 0.53 + 0.06)] + 0.03 + 1.4 \\ &= 2.05 \end{aligned}$$

因而由变压器 T3 方面提供的短路电流为

$$I'' = \frac{1}{2.05} = 0.49$$

短路处的冲击电流为

$$\begin{aligned} i_{sh} &= (1.8 \times \sqrt{2}I'' + \sqrt{2}I''_{LD})I_d \\ &= (1.8 \times \sqrt{2} \times 0.49 + \sqrt{2} \times 0.137) \times 9.16\text{kA} \\ &= 13.20\text{kA} \end{aligned}$$

4.5　不对称短路电流计算

前面讨论的都是三相对称短路的情况，而不对称短路发生的概率要比对称短路的概率大得多。不对称短路在计算方法上比对称短路要复杂得多，通常采用对称分量法进行计算。

4.5.1 对称分量法的应用

对称分量法的基本原理是，任何一个三相不对称的系统都可分解成三相对称的三个分量系统，即正序、负序和零序分量系统。对于每一个相序分量来说，都能独立地满足电路的欧姆定律和基尔霍夫定律，从而把不对称短路计算问题转化成各个相序下的对称电路的计算问题。设有三相不对称相量 $\dot{I}_A$、$\dot{I}_B$、$\dot{I}_C$，当选择 A 相作为基准相时，可将其进行如下分解：

$$\begin{pmatrix}\dot{I}_{A1}\\\dot{I}_{A2}\\\dot{I}_{A0}\end{pmatrix}=\frac{1}{3}\begin{pmatrix}1&\alpha&\alpha^2\\1&\alpha^2&\alpha\\1&1&1\end{pmatrix}\begin{pmatrix}\dot{I}_A\\\dot{I}_B\\\dot{I}_C\end{pmatrix}\tag{4-55}$$

式中　　α——运算子，$\alpha=e^{j120°}$，且有 $1+\alpha+\alpha^2=0$，$\alpha^3=1$；

$\dot{I}_{A1}$、$\dot{I}_{A2}$、$\dot{I}_{A0}$——A 相电流的正序、负序、零序分量。

并且有

$$\left.\begin{aligned}\dot{I}_{B1}&=\alpha^2\dot{I}_{A1},\dot{I}_{C1}=\alpha\dot{I}_{A1}\\\dot{I}_{B2}&=\alpha\dot{I}_{A2},\dot{I}_{C2}=\alpha^2\dot{I}_{A2}\\\dot{I}_{A0}&=\dot{I}_{B0}=\dot{I}_{C0}\end{aligned}\right\}\tag{4-56}$$

三相相量的对称分量如图 4-14 所示。

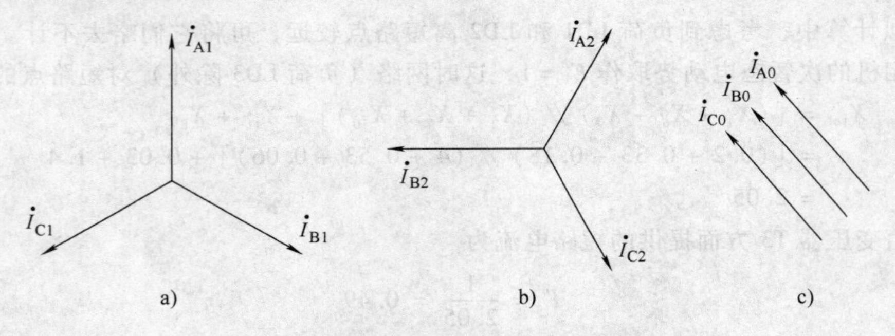

图 4-14　三相相量的对称分量

a）正序分量　b）负序分量　c）零序分量

式（4-55）可简写为

$$\boldsymbol{I}_{A120}=\boldsymbol{S}\boldsymbol{I}_{ABC}\tag{4-57}$$

式（4-57）中，$\boldsymbol{S}$ 称为对称分量变换矩阵

$$\boldsymbol{S}=\frac{1}{3}\begin{bmatrix}1&\alpha&\alpha^2\\1&\alpha^2&\alpha\\1&1&1\end{bmatrix}\tag{4-58}$$

其逆变换为

$$\boldsymbol{I}_{ABC}=\boldsymbol{S}^{-1}\boldsymbol{I}_{A120}\tag{4-59}$$

式（4-59）中，$\boldsymbol{S}^{-1}$ 称为对称分量逆变换矩阵

$$S^{-1} = \frac{1}{3}\begin{bmatrix} 1 & 1 & 1 \\ \alpha^2 & \alpha & 1 \\ \alpha & \alpha^2 & 1 \end{bmatrix} \tag{4-60}$$

当电路参数三相对称时，经过对称分量法变换得到的三相相序分量，每个相序分量对于三相电路都是对称的，并且是相互独立的。也就是说，当电路通过以某序对称分量的电流时，只产生同序对称分量的电压降；反之，当电路施加某序对称分量的电压时，也只产生同序对称分量的电流。这样，可以对正序、负序及零序分量分别进行计算，从而把不对称短路计算问题转化成正、负及零三个相序下的对称分量来计算。

4.5.2　短路回路各元件的序电抗

所谓元件的序电抗，是指元件流过某序电流时，由该序电流所产生的电压降和该序电流的比值。每个元件的各序电抗可能完全不同。

（1）正序电抗　在计算三相短路电流时，所用的各元件电抗就是正序电抗值。

（2）负序电抗　电力系统中，凡是静止的三相对称结构的设备，如架空线路、变压器、电抗器等，其负序电抗等于正序电抗，即 $X_2 = X_1$。对于旋转的元件如发电机等，其负序电抗不等于正序电抗，即 $X_2 \neq X_1$，通常可以通过查表 4-3 取近似值进行计算。

表 4-3　各类元件电抗的平均值

序号	元件名称		电抗平均值		
			X''_{*G} 或 X_1	X_2	X_0
1	中等容量汽轮发电机		$X''_{*G} = 12.5\%$	16%	6%
2	有阻尼绕组的水轮发电机		$X''_{*G} = 20\%$	25%	7%
3	无阻尼绕组的水轮发电机		$X''_{*G} = 27\%$	45%	7%
4	大型同步电动机		$X''_{*G} = 20\%$	24%	8%
5	1kV 三芯电缆		$X_1 = X_2 = 0.06\Omega/km$		$0.7\Omega/km$
6	1kV 四芯电缆		$X_1 = X_2 = 0.066\Omega/km$		$0.17\Omega/km$
7	6～10kV 三芯电缆		$X_1 = X_2 = 0.08\Omega/km$		$X_0 = 3.5X_1$
8	20kV 三芯电缆		$X_1 = X_2 = 0.11\Omega/km$		$X_0 = 3.5X_1$
9	35kV 三芯电缆		$X_1 = X_2 = 0.12\Omega/km$		$X_0 = 3.5X_1$
10	无避雷线的架空输电线路	单回路	3～10kV：$X_1 = X_2 = 0.35\Omega/km$　35～220kV：$X_1 = X_2 = 0.4\Omega/km$		$X_0 = 3.5X_1$
11		双回路			$X_0 = 5.5X_1$
12	有钢质避雷线的架空输电线路	单回路			$X_0 = 3X_1$
13		双回路			$X_0 = 5X_1$
14	有良导体避雷线的架空输电线路	单回路			$X_0 = 2X_1$
15		双回路			$X_0 = 3X_1$

由于三相零序电流大小相等、相位相同，因此在三相系统中零序电流的流通情况与发电机及变压器的中性点接地方式有关。在中性点不接地系统中，零序电流不能形成通路，元件的零序阻抗可看成无穷大，所以下面仅就中性点接地系统进行讨论。

1）架空线路及电缆的零序电抗计算比较复杂，与线路的敷设方式有关，通常可取表4-3

中的数据；

2）同步发电机的定子三相绕组在空间位置完全对称时，零序电流为零，但实际上定子绕组不可能完全对称，一般取 $X_0 =（0.15 \sim 0.6）X''_d$；

3）变压器的零序电抗与变压器结构及其绕组的接法有关。当零序电压加在三角形或中性点不接地的星形侧时，在绕组中无零序电流，因此 $X_0 = \infty$。当零序电压加在中性点接地的星形侧时，随着另一侧绕组的接法不同，零序电流在各个绕组中的分布情况也不同。在短路电流实用计算中，一般可认为变压器的零序励磁电抗 $X_{\mu(0)} = \infty$，则变压器的零序电抗可以根据表 4-4 求取。

表 4-4　零序电压加在变压器中性点接地的星形侧时的零序电抗

变压器的绕组接线形式	变压器零序电抗	备　注
YNd	$X_0 = X_{\mathrm{I}} + X_{\mathrm{II}}$	—
YNy	$X_0 = \infty$	—
YNyn	$X_0 = X_{\mathrm{I}} + X_{\mathrm{II}} + X_{\mathrm{L0}}$	变压器二次侧至少有一个负载的中性点接地
	$X_0 = \infty$	变压器二次侧没有负载的中性点接地

注：X_{I}、X_{II} 分别为变压器一、二次侧的漏抗。X_{L0} 为负载的零序电抗。

4.5.3　不对称短路的序网络图

利用对称分量法分析短路电路时，首先必须根据电力系统的接线、中性点接地情况等原始资料绘制出正序、负序、零序的序网络图。各序网络中存在各自的电压和电流以及相应的各序电抗。由于各序网络都是三相对称的，且独立满足基尔霍夫定律和欧姆定律，从而把不对称短路计算问题转化成各个相序下的对称电路的计算问题。图 4-15 所示为序网络图，其中 $\dot{U}_1$、$\dot{U}_2$、$\dot{U}_0$ 分别为短路点 k 的三相不对称电压的正、负、零三序分量，X_1、X_2、X_0 表示系统中各序电抗的等效值。

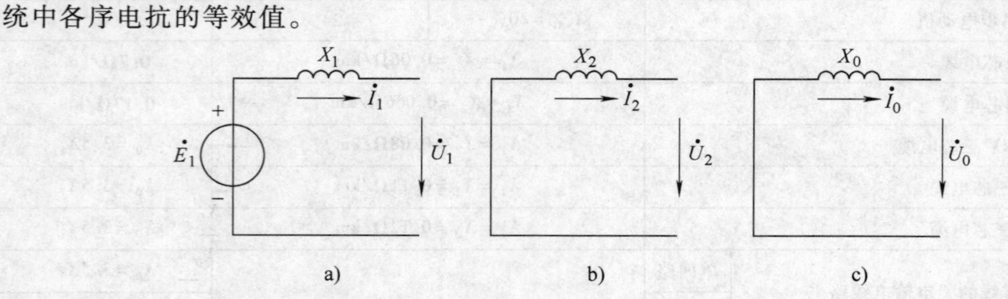

图 4-15　序网络图
a）正序网络　b）负序网络　c）零序网络

（1）正序网络　正序网络就是通常计算对称短路用的等效网络。电力系统中的元件，除了中性点接地阻抗、空载线路以及空载变压器外，均应包括在正序网络中，并且用相应的正序参数和等效电路表示。需要指出的是，不对称短路时短路点的正序电压不为零，发电机是三相对称元件，发出的电动势只能为正序电动势，因此，正序网络是有源网络。

（2）负序网络　负序电流能流通的元件与正序电流相同，因此负序网络与正序网络结构相同。所不同的是，其中各元件电抗应为负序电抗，发电机的负序电动势为零，因此负序网络是无源网络。

（3）零序网络　三相零序电流大小相等、相位相同，所以在三相系统中零序电流的流通情况与发电机及变压器的中性点接地方式有密切关系。在绘制零序等效网络时，可假设在故障端口施加零序电动势，产生零序电流，观察零序电流的流通情况，凡是零序电流流通的元件均应包含在零序网络中，体现为零序电抗。零序网络与负序网络一样，也是无源网络。

另外，当连在发电机或变压器中性点的消弧线圈等元件有零序电流通过时，由于其通过的零序电流是三相零序电流之和，为了使零序网络中这些元件上的电压降与实际电压降相符，必须将这些元件的零序电抗乘以 3。

三序网络的电压方程如下：

$$\left.\begin{aligned}\dot{U}_1 &= \dot{E}_1 - \mathrm{j}\dot{I}_1 X_1\\ \dot{U}_2 &= -\mathrm{j}\dot{I}_2 X_2\\ \dot{U}_0 &= -\mathrm{j}\dot{I}_0 X_0\end{aligned}\right\}\tag{4-61}$$

4.5.4　不对称短路的分析计算

1. 单相接地短路

设 A 相发生单相接地短路，如图 4-16a 所示。

故障处的边界条件为

$$\dot{U}_A = 0,\quad \dot{I}_B = 0,\quad \dot{I}_C = 0\tag{4-62}$$

用对称分量表示为

$$\left.\begin{aligned}\dot{U}_{A1} + \dot{U}_{A2} + \dot{U}_{A0} &= 0\\ \alpha^2\dot{I}_{A1} + \alpha\dot{I}_{A2} + \dot{I}_{A0} &= 0\\ \alpha\dot{I}_{A1} + \alpha^2\dot{I}_{A2} + \dot{I}_{A0} &= 0\end{aligned}\right\}\tag{4-63}$$

化简可得

$$\left.\begin{aligned}\dot{U}_{A1} + \dot{U}_{A2} + \dot{U}_{A0} &= 0\\ \dot{I}_{A1} = \dot{I}_{A2} &= \dot{I}_{A0}\end{aligned}\right\}\tag{4-64}$$

联立求解方程式（4-61）及式（4-64）得

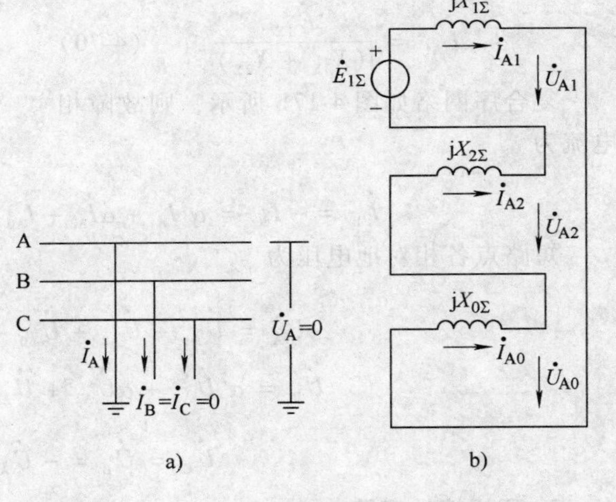

图 4-16　单相接地电路

a）单相接地短路　b）单相短路复合序网络

$$\dot{I}_{A1} = \frac{\dot{E}_{1\Sigma}}{\mathrm{j}(X_{1\Sigma} + X_{2\Sigma} + X_{0\Sigma})}\tag{4-65}$$

则故障相电流

$$\dot{I}_A = \dot{I}_{A1} + \dot{I}_{A2} + \dot{I}_{A0} = 3\dot{I}_{A1} = \frac{3\dot{E}_{1\Sigma}}{\mathrm{j}(X_{1\Sigma} + X_{2\Sigma} + X_{0\Sigma})}\tag{4-66}$$

根据故障处各分量之间的关系，将各序网络在故障端口连接起来所构成的网络称为复合序网络，电压和电流的各序分量，也可直接应用复合序网络来求得。与单相短路相适应的复合序网络如图 4-16b 所示。

2. 两相短路

设 B、C 两相发生短路，如图 4-17 所示。

边界条件为

$$\dot{I}_{A}=0,\quad \dot{I}_{B}+\dot{I}_{C}=0,\quad \dot{U}_{B}=\dot{U}_{C} \tag{4-67}$$

用对称分量表示为

$$\left.\begin{aligned}&\dot{I}_{A1}+\dot{I}_{A2}+\dot{I}_{A0}=0\\&\alpha^{2}\dot{I}_{A1}+\alpha\dot{I}_{A2}+\dot{I}_{A0}+\alpha\dot{I}_{A1}+\alpha^{2}\dot{I}_{A2}+\dot{I}_{A0}=0\\&\alpha^{2}\dot{U}_{A1}+\alpha\dot{U}_{A2}+U_{A0}=\alpha\dot{U}_{A1}+\alpha^{2}\dot{U}_{A2}+\dot{U}_{A0}\end{aligned}\right\} \tag{4-68}$$

化简可得

$$\left.\begin{aligned}&\dot{I}_{A0}=0\\&\dot{I}_{A1}+\dot{I}_{A2}=0\\&\dot{U}_{A1}=\dot{U}_{A2}\end{aligned}\right\} \tag{4-69}$$

联立求解方程式（4-61）及式（4-69）得

$$\dot{I}_{A1}=\frac{\dot{E}_{1\Sigma}}{j(X_{1\Sigma}+X_{2\Sigma})} \tag{4-70}$$

复合序网络如图 4-17b 所示，则故障相电流为

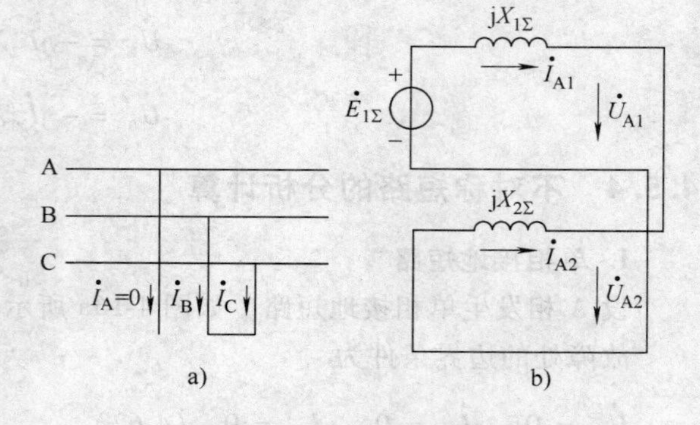

图 4-17　两相短路

a）两相短路　b）两相短路复合序网络

$$\dot{I}_{B}=-\dot{I}_{C}=\alpha^{2}\dot{I}_{A1}+\alpha\dot{I}_{A2}+\dot{I}_{A0}=(\alpha^{2}-\alpha)\dot{I}_{A1}=-j\sqrt{3}\dot{I}_{A1} \tag{4-71}$$

短路点各相对地电压为

$$\left.\begin{aligned}&\dot{U}_{A}=\dot{U}_{A1}+\dot{U}_{A2}+\dot{U}_{A0}=2\dot{U}_{A1}=j2X_{2\Sigma}\dot{I}_{A1}\\&\dot{U}_{B}=\alpha^{2}\dot{U}_{A1}+\alpha\dot{U}_{A2}+\dot{U}_{A0}=-\dot{U}_{A1}=-\frac{1}{2}\dot{U}_{A}\\&\dot{U}_{C}=\dot{U}_{B}=-\dot{U}_{A1}=-\frac{1}{2}\dot{U}_{A}\end{aligned}\right\} \tag{4-72}$$

3. 两相接地短路

设 B、C 两相发生接地短路，如图 4-18 所示。

边界条件为

$$\dot{I}_{A}=0,\quad \dot{U}_{B}=0,\quad \dot{U}_{C}=0 \tag{4-73}$$

用对称分量表示为

$$\left.\begin{aligned}&\dot{I}_{A1}+\dot{I}_{A2}+\dot{I}_{A0}=0\\&\alpha^{2}\dot{U}_{A1}+\alpha\dot{U}_{A2}+U_{A0}=0\\&\alpha\dot{U}_{A1}+\alpha^{2}\dot{U}_{A2}+\dot{U}_{A0}=0\end{aligned}\right\} \tag{4-74}$$

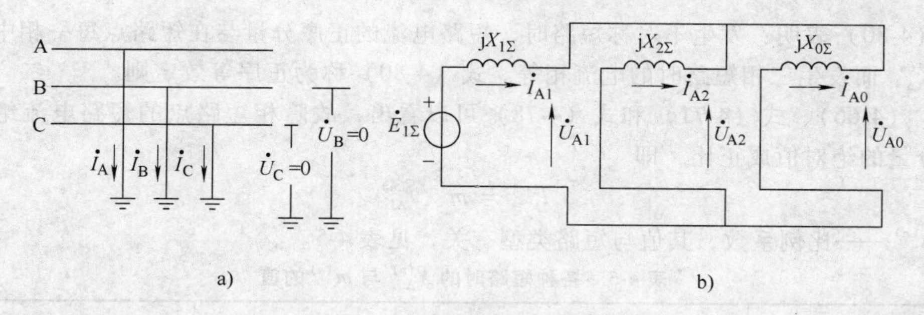

图 4-18　两相接地短路

a）两相接地短路　b）两相接地短路复合序网络

化简可得

$$\left.\begin{aligned}\dot{I}_{A1}+\dot{I}_{A2}+\dot{I}_{A0}=0\\ \dot{U}_{A1}=\dot{U}_{A2}=\dot{U}_{A0}\end{aligned}\right\}\tag{4-75}$$

联立求解方程式（4-61）及式（4-75）得

$$\dot{I}_{A1}=\frac{\dot{E}_{1\Sigma}}{j(X_{1\Sigma}+X_{2\Sigma}/\!/X_{0\Sigma})}\tag{4-76}$$

及

$$\left.\begin{aligned}\dot{I}_{A2}&=-\frac{X_{0\Sigma}}{X_{2\Sigma}+X_{0\Sigma}}\dot{I}_{A1}\\ \dot{I}_{A0}&=-\frac{X_{2\Sigma}}{X_{2\Sigma}+X_{0\Sigma}}\dot{I}_{A1}\\ \dot{U}_{A1}=\dot{U}_{A2}=\dot{U}_{A0}&=j\frac{X_{2\Sigma}X_{0\Sigma}}{X_{2\Sigma}+X_{0\Sigma}}\dot{I}_{A1}\end{aligned}\right\}\tag{4-77}$$

复合序网络如图 4-18b 所示，则故障相电流为

$$\dot{I}_{B}=\sqrt{3}\sqrt{1-\frac{X_{0\Sigma}X_{2\Sigma}}{(X_{0\Sigma}+X_{2\Sigma})^{2}}}\dot{I}_{A1}\tag{4-78}$$

短路点各相对地电压为

$$\dot{U}_{A}=3\dot{U}_{A1}=j\frac{3X_{2\Sigma}X_{0\Sigma}}{X_{2\Sigma}+X_{0\Sigma}}\dot{I}_{A1}\tag{4-79}$$

$$\dot{U}_{B}=\dot{U}_{C}=0$$

4.5.5　正序等效定则

由以上分析可见，不同类型的短路，其短路电流正序分量 $I_1^{(n)}$ 计算公式有相似之处，可以统一写成

$$\dot{I}_{A1}^{(n)}=\frac{\dot{E}_{1\Sigma}}{j(X_{1\Sigma}+X_{\Delta}^{(n)})}\tag{4-80}$$

式中　$X_{\Delta}^{(n)}$——附加电抗，其值随短路类型不同而不同，上角标（n）代表短路类型的符号。

式（4-80）表明：发生不对称短路时，短路电流的正序分量与在短路点每一相中加入附加电抗 $X_{\Delta}^{(n)}$ 而发生三相短路时的电流相等。式（4-80）称为正序等效定则。

从式（4-66）、式（4-71）和式（4-78）可以看出，故障相短路点的短路电流绝对值与其正序分量的绝对值成正比，即

$$I_{k}^{(n)} = m^{(n)} I_{A1}^{(n)} \tag{4-81}$$

式中 $m^{(n)}$——比例系数，其值与短路类型有关，见表 4-5。

表 4-5　各种短路时的 $X_{\Delta}^{(n)}$ 与 $m^{(n)}$ 的值

短路类型	(n)	$X_{\Delta}^{(n)}$	$m^{(n)}$
三相短路	(3)	0	1
单相接地短路	(1)	$X_{2\Sigma}+X_{0\Sigma}$	3
两相短路	(2)	$X_{2\Sigma}$	$\sqrt{3}$
两相接地短路	(1，1)	$\dfrac{X_{0\Sigma}X_{2\Sigma}}{X_{0\Sigma}+X_{2\Sigma}}$	$\sqrt{3}\sqrt{1-\dfrac{X_{0\Sigma}X_{2\Sigma}}{(X_{0\Sigma}+X_{2\Sigma})^2}}$

综上所述，不对称短路电流的计算，重点在于先求出系统对短路点的各序电抗，再根据正序等效定则，像计算三相短路电流一样，计算出短路点的正序电流。所以，三相短路电流的各种计算方法也适用于计算不对称短路的情况。

【例 4-4】 图 4-19a 所示电力系统，试计算 k 点发生不对称短路时的短路电流。系统各元件的参数如下：

发电机：$U_N=10.5\text{kV}$；$S_N=120\text{MVA}$，$E=1.67$，$X_1=0.9$，$X_2=0.45$；

变压器 T1：$S_N=60\text{MVA}$，$U_{k1}\%=10.5$；

变压器 T2：$S_N=60\text{MVA}$，$U_{k2}\%=10.5$；

线路 L1 = 105km（双回路），$X_1=0.4\Omega/\text{km}$（每回路），$X_0=3X_1$；

负荷 LD　40MVA，$X_1=1.2$，$X_2=0.35$（负荷可略去不计）。

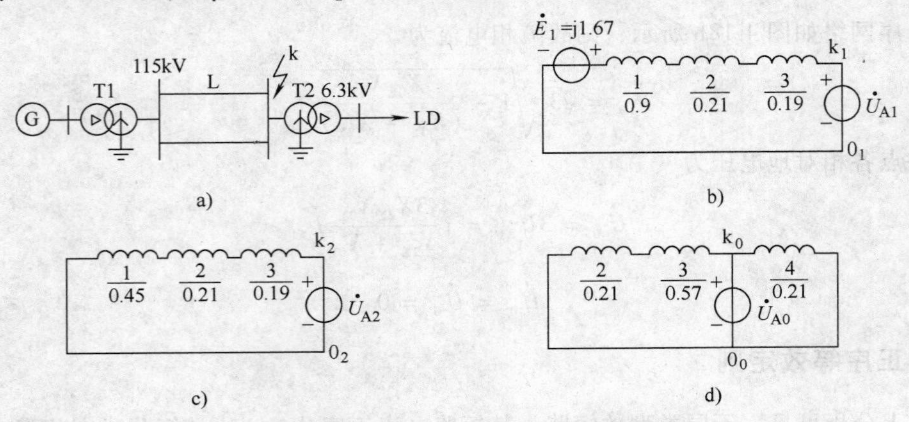

图 4-19　例 4-4 的系统图及各序等效网络

a）系统图　b）正序网络　c）负序网络　d）零序网络

解：（1）计算各元件电抗标幺值，绘出各序等效网络。取基准功率 $S_d=120\text{MVA}$，$U_d=U_{av}$。

1）正序网络

$$X_1 = 0.9 \times \frac{120}{120} = 0.9$$

$$X_2 = 0.105 \times \frac{120}{60} = 0.21$$

$$X_3 = \frac{1}{2} \times \left(0.4 \times 105 \times \frac{120}{115^2}\right) = 0.19$$

因略去负荷，变压器 T2 相当于空载，故不包括在正序网络中，正序等效网络如图 4-19b 所示。

2）负序网络

$$X_1 = 0.45 \times \frac{120}{120} = 0.45$$

$$X_2 = 0.21$$

$$X_3 = 0.19$$

变压器 T2 同样因空载而不包括在负序网络中，负序等效网络如图 4-19c 所示。

3）零序网络

$$X_2 = 0.21$$

$$X_3 = 3 \times 0.19 = 0.57$$

$$X_4 = 0.105 \times \frac{120}{60} = 0.21$$

发电机因有三角形绕组隔开，而不包括在零序网络中，变压器 T2 虽属空载，但为 YNd 联结，仍能构成零序电流的通路，应包括在零序网络中。零序等效网络如图 4-19d 所示。

（2）化简网络，求各序网络对短路点的组合电抗

$$X_{1\Sigma} = X_1 + X_2 + X_3 = 0.9 + 0.21 + 0.19 = 1.3$$

$$X_{2\Sigma} = X_1 + X_2 + X_3 = 0.45 + 0.21 + 0.19 = 0.85$$

$$X_{3\Sigma} = (X_2 + X_3) /\!/ X_4 = (0.21 + 0.57) /\!/ 0.21 = 0.165$$

（3）计算各种不对称短路的短路电流

1）单相接地短路

$$I_{A1}^{(1)} = \frac{E_{1\Sigma}}{X_{1\Sigma} + X_{2\Sigma} + X_{0\Sigma}} I_d = \frac{1.67}{1.3 + 0.85 + 0.165} \times \frac{120}{\sqrt{3} \times 115} \text{kA} = 0.43\text{kA}$$

$$I_k^{(1)} = m^{(1)} I_{A1}^{(1)} = 3 \times 0.43\text{kA} = 1.29\text{kA}$$

2）两相短路

$$I_{A1}^{(2)} = \frac{E_{1\Sigma}}{X_{1\Sigma} + X_{2\Sigma}} I_d = \frac{1.67}{1.3 + 0.85} \times \frac{120}{\sqrt{3} \times 115} \text{kA} = 0.47\text{kA}$$

$$I_k^{(2)} = m^{(2)} I_{A1}^{(2)} = \sqrt{3} \times 0.47\text{kA} = 0.81\text{kA}$$

3）两相接地短路

$$I_{A1}^{(1,1)} = \frac{E_{1\Sigma}}{X_{1\Sigma} + X_{2\Sigma} /\!/ X_{0\Sigma}} I_d = \frac{1.67}{1.3 + 0.85 /\!/ 0.165} \times \frac{120}{\sqrt{3} \times 115} \text{kA} = 0.68\text{kA}$$

$$I_k^{(1,1)} = m^{(1,1)} I_{A1}^{(1,1)} = 1.62 \times 0.68\text{kA} = 1.1\text{kA}$$

4.5.6 非故障处电流、电压的计算

前面介绍的短路电流计算得到的是短路处的短路电流。非故障处短路电流电压的序分量可在各序网络中用电路求解的方法求取，但电压和电流对称分量经变压器后，可能要发生相位移动，这取决于变压器绕组的联结组别。现以变压器的两种常用连接方式 Yy0 联结和 Yd11 联结来说明这个问题。

图 4-20a 表示 Yy0 联结的变压器，用 A、B 和 C 表示变压器绕组 I 的出线端，用 a、b 和 c 表示绕组 Ⅱ 的出线端。如果在 I 侧施以正序电压，则 Ⅱ 侧绕组的相电压与 I 侧绕组的相电压同相位，如图 4-20b 所示。如果在 I 侧施以负序电压，则 Ⅱ 侧的相电压与 I 侧的相电压也是同相位，如图 4-20c 所示。对于这样联结的变压器，当所选择的基准值使 $k_* = 1$ 时，两侧相电压的正序分量或负序分量的标幺值分别相等，且相位相同，即

$$\dot{U}_{a1} = \dot{U}_{A1}, \dot{U}_{a2} = \dot{U}_{A2} \tag{4-82}$$

对于两侧相电流的正序及负序分量，也存在上述关系。

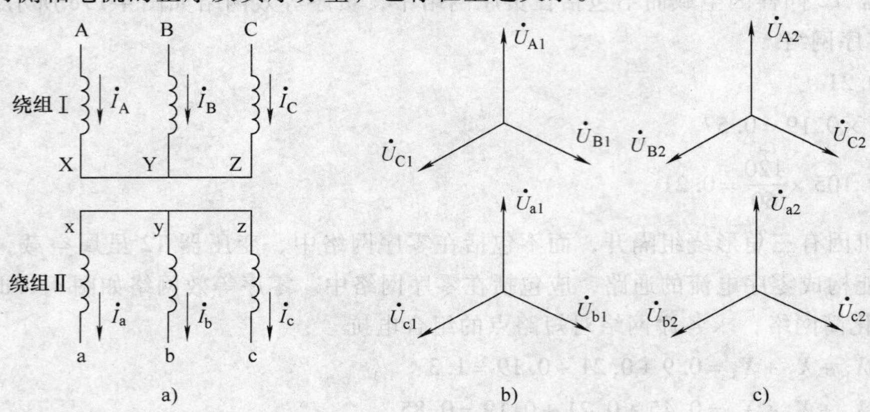

图 4-20 Yy0 联结变压器两侧电压的正序、负序分量的相位关系

如果变压器连接成 YNyn0 联结，而又存在零序电流的通路时，则变压器两侧的零序电流（或零序电压）也是同相位的。因此，电压和电流的各序对称分量经过 Yy0 联结的变压器时，并不发生相位移动。

Yd11 联结的变压器情况则不同。图 4-21a 表示这种变压器的接线。如在星形侧施加正序电压，三角形侧的线电压虽与星形侧的相电压同相位，但三角形侧的相电压却超前于星形侧相电压 30°，如图 4-21b 所示。当星形侧施以负序电压时，三角形侧的相电压落后于星形侧相电压 30°，如图 4-21c 所示。变压器两侧相电压的正序和负序分量（用标幺值表示 $k_* =$ 1 时）存在以下的关系：

$$\left.\begin{aligned} \dot{U}_{a1} &= \dot{U}_{A1} e^{j30°} \\ \dot{U}_{a2} &= \dot{U}_{A2} e^{-j30°} \end{aligned}\right\} \tag{4-83}$$

电流也有类似的情况，三角形侧的正序线电流超前星形侧正序线电流 30°，三角形侧的负序线电流则落后于星形侧负序线电流 30°，如图 4-22 所示。当用标幺值表示电流且 $k_* = 1$ 时便有

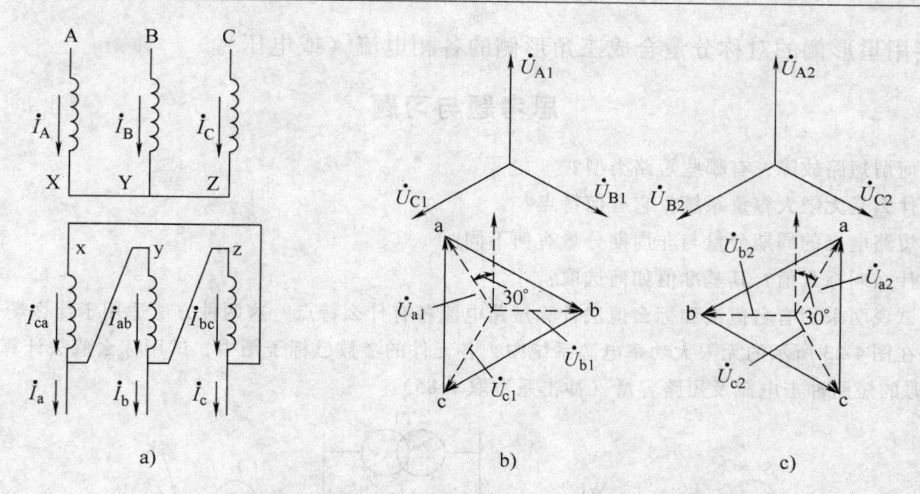

图 4-21　Yd11 联结变压器两侧电压的正序、负序分量的相位关系

$$\left.\begin{aligned}\dot{I}_{a1} &= \dot{I}_{A1}e^{j30°}\\ \dot{I}_{a2} &= \dot{I}_{A2}e^{-j30°}\end{aligned}\right\} \tag{4-84}$$

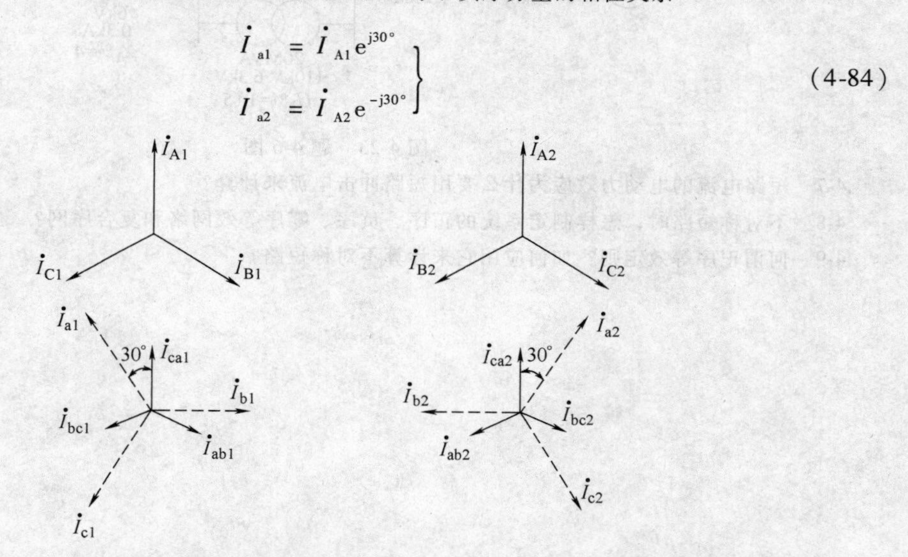

图 4-22　Yd11 联结变压器两侧电流的正序、负序分量的相位关系

Yd 联结的变压器，在三角形侧的外电路中总不含零序分量。

由此可见，经过 Yd11 联结的变压器并且由星形侧到三角形侧时，正序系统逆时针方向转过 30°，负序系统顺时针方向转过 30°。反之，由三角形侧到星形侧时，正序系统顺时针方向转过 30°，负序系统逆时针方向转过 30°。因此，当已求得星形侧的序电流 $\dot{I}_{A1}$、$\dot{I}_{A2}$时，三角形侧各相（不是各绕组）的电流分别为

$$\left.\begin{aligned}\dot{I}_a &= \dot{I}_{a1} + \dot{I}_{a2} = \dot{I}_{A1}e^{j30°} + \dot{I}_{A2}e^{-j30°} = -j[\alpha\dot{I}_{A1} + \alpha^2(-\dot{I}_{A2})]\\ \dot{I}_b &= \alpha^2\dot{I}_{a1} + \alpha\dot{I}_{a2} = \alpha^2\dot{I}_{A1}e^{j30°} + \alpha\dot{I}_{A2}e^{-j30°} = -j[\dot{I}_{A1} + (-\dot{I}_{A2})]\\ \dot{I}_c &= \alpha\dot{I}_{a1} + \alpha^2\dot{I}_{a2} = \alpha\dot{I}_{A1}e^{j30°} + \alpha^2\dot{I}_{A2}e^{-j30°} = -j[\alpha^2\dot{I}_{A1} + \alpha(-\dot{I}_{A2})]\end{aligned}\right\} \tag{4-85}$$

从式（4-85）可以看出，如果不计变压器一次、二次电流间的相位关系，略去式（4-85）右端的系数 -j，并改选 b 相作为三角形侧的基准相，则只要将负序分量改变符号，就

可以直接用星形侧的对称分量合成三角形侧的各相电流（或电压）。

思考题与习题

4-1　何谓短路故障？有哪些短路类型？

4-2　什么是无限大容量系统？它有何特点？

4-3　短路电流的周期分量与非周期分量有何不同？

4-4　什么叫标幺值？其基准值如何选取？

4-5　试说明采用有名值法和标幺值法计算短路电流各有什么特点？这两种方法适用于什么场合？

4-6　在图 4-23 所示的无限大功率电源系统中，各元件的参数已标于图中，试用标幺值法计算 k 点发生三相短路时的短路冲击电流及短路容量（冲击系数取 1.85）。

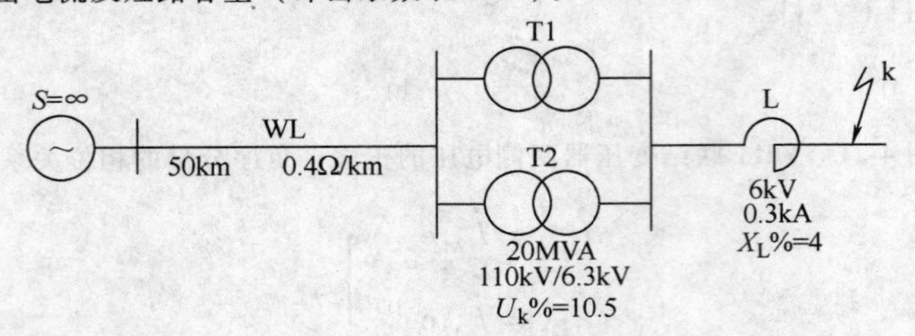

图 4-23　题 4-6 图

4-7　短路电流的电动力效应为什么要用短路冲击电流来计算？

4-8　不对称短路时，怎样制定系统的正序、负序、零序等效网络和复合序网？

4-9　何谓正序等效定则？如何应用它来计算不对称短路？

第5章 电气设备的选择

5.1 电气设备的发热和电动力

5.1.1 发热和电动力对电气设备的影响

电气设备在运行中有以下两种工作状态：

正常工作状态：指运行参数都不超过额定值，电气设备能够长期而经济地工作的状态。

短路时工作状态：当电力系统中发生短路故障时，电气设备要流过很大的短路电流，在短路故障被切除前的短时间内，电气设备要承受短路电流产生的发热和电动力的作用。

电气设备在工作中将产生以下损耗：

铜损耗，称铜耗，即电流在导体电阻中的损耗；

铁损耗，称铁耗，即在导体周围的金属构件中产生的磁滞和涡流损耗；

介质损耗，称介耗，即绝缘材料在电场作用下产生的损耗。

发热对电气设备的影响：

电气设备由正常工作电流引起的发热称为长期发热，由短路电流引起的发热称为短时发热。发热不仅消耗能量，而且导致电气设备的温度升高，从而产生不良的影响：金属材料的温度升高时，会使材料退火软化，机械强度下降；温度升高→接触电阻增加→温度升高→接触电阻增加；绝缘性能下降。

短路时电动力对电气设备的影响：

当电气设备通过短路电流时，短路电流所产生的巨大电动力对电气设备具有很大的危害性：载流部分可能因为电动力而振动，或者因电动力所产生的应力大于材料允许应力而变形，甚至使绝缘部件(如绝缘子)或载流部件损坏；电磁绕组受到巨大的电动力作用，可能变形或损坏；巨大的电动力可能使开关电器的触头瞬间解除接触压力，甚至发生斥开现象，导致设备故障。

5.1.2 导体的发热和散热

发电厂和变电站中，母线(导体)大多采用硬铝、铝锰、铝镁合金等制成。在正常工作情况下通过工作电流或短路时通过短路电流，导体都会发热。下面首先了解导体发热的计算过程。

1. 发热

导体的发热计算，是根据能量守恒的原理，即导体产生的热量与耗散的热量相等进行计算的。导体的发热主要来自导体电阻损耗的热量和吸收太阳照射的热量，这两种发热量之和应等于导体辐射散热量和空气对流散热量之和，即

$$Q_R + Q_S = Q_1 + Q_f \tag{5-1}$$

式中 Q_R——单位长度导体电阻损耗的热量(W/m)；

Q_S——单位长度导体吸收太阳照射的热量(W/m);

Q_1——单位长度导体的对流散热量(W/m);

Q_f——单位长度导体向周围介质辐射散热量(W/m)。

(1) 导体电阻损耗的热量 Q_R　导体通过电流 I(A)时，单位长度导体上电阻损耗的热量为

$$Q_R = I^2 R_{ac} \tag{5-2}$$

导体的交流电阻 R_{ac} 为

$$R_{ac} = \frac{\rho[1 + \alpha_t(\theta_w - 20)]}{S} K_f$$

式中　ρ——导体温度为20℃时的直流电阻率(Ω · mm²/m);

α_t——电阻温度系数(℃⁻¹);

θ_w——导体的运行温度(℃);

K_f——导体的趋肤效应系数;

S——导体的截面积(mm²)。

(2) 太阳照射产生的热量 Q_S　吸收太阳照射(日照)的能量会造成导体温度升高，凡安装在屋外的导体应考虑太阳照射的影响。太阳照射的热量计算公式为(对于户外安装的圆管形导体)

$$Q_S = E_S A_S D \tag{5-3}$$

式中　E_S——太阳照射的功率密度(W/m²)，我国取 $E_S = 1000\text{W/m}^2$;

A_S——导体的吸收率，对铝管取 $A_S = 0.6$;

D——圆管形导体的外径(m)。

2. 散热

散热的过程实质是热量的传递过程，其形式一般有三种：对流、辐射和导热。

(1) 导体对流散热量　在气体中，各部分气体发生相对位移而将热量带走的过程称为对流。对流散热所传递的热量，与温差及散热面积成正比。导体对流散热量计算公式为

$$Q_1 = \alpha_1(\theta_w - \theta_0) F_1 \tag{5-4}$$

式中　α_1——对流换热系数[W/(m² · ℃)];

θ_w——导体温度(℃);

θ_0——周围空气温度(℃);

F_1——单位长度换热面积(m²/m)。

由于条件不同，对流散热分为自然对流散热和强迫对流散热两种情况。

1) 自然对流散热：当屋内自然通风或屋外风速小于0.2m/s时，属于自然对流散热。空气自然对流散热系数，可按大空间湍流状态考虑。一般取

$$a_1 = 1.5(\theta_w - \theta_0)^{0.35} \tag{5-5}$$

单位长度导体的散热面积与导体的尺寸、布置方式等因素有关。导体片(条)间距离越近，对流条件越差，故有效面积应相应减小。常用导体型式如图5-1所示，其对流散热面积如下：

① 如图5-1a所示，单条导体对流散热面积为

$$F_1 = 2(A_1 + A_2)$$

式中　A_1、A_2——单位长度导体在高度方向和宽度方向的面积，当导体截面尺寸单位为 m 时，有

$$A_1 = \frac{h}{1000}$$

$$A_2 = \frac{b}{1000}$$

②　如图 5-1b 所示，两条导体对流散热面积为

当 $b = \begin{cases} 6\text{mm} \\ 8\text{mm} \\ 10\text{mm} \end{cases}$ 时

$$F_1 = \begin{cases} 2A_1 \\ 2.5A_1 + A_2 \\ 3A_1 + 4A_2 \end{cases}$$

③　如图 5-1c 所示，三条导体对流散热面积为

当 $b = \begin{cases} 8\text{mm} \\ 10\text{mm} \end{cases}$ 时

$$F_1 = \begin{cases} 3A_1 + 4A_2 \\ 4(A_1 + A_2) \end{cases}$$

④　如图 5-1d 所示，槽形导体对流散热面积为

当 $100\text{mm} < h < 200\text{mm}$ 时

$$F_1 = 2A_1 + A_2 = 2\left(\frac{h}{1000}\right) + \frac{b}{1000}$$

当 $h > 200\text{mm}$ 时

$$F_1 = 2A_1 + 2A_2 = 2\left(\frac{h}{1000}\right) + 2\left(\frac{b}{1000}\right)$$

当 $b_2/x \approx 9$ 时，因内部热量不易从缝隙散出，平面位置不产生对流，故

$$F_1 = 2A_2 = 2\left(\frac{h}{1000}\right)$$

⑤　如图 5-1e 所示，圆管形导体对流散热面积为

$$F_1 = \pi D$$

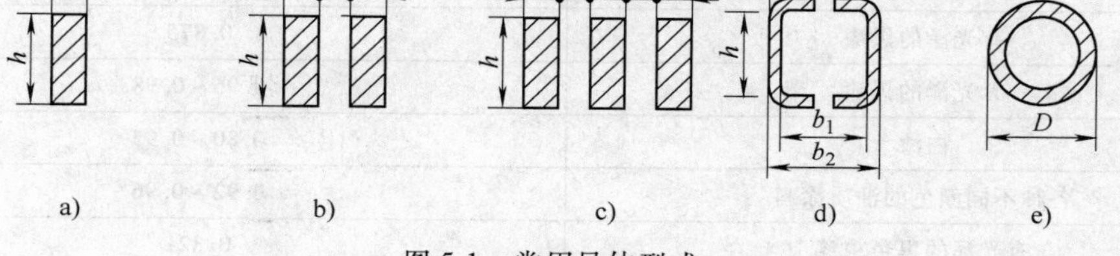

a)　b)　c)　d)　e)

图 5-1　常用导体型式

a) 单条导体　b) 两条导体　c) 三条导体　d) 槽形导体　e) 圆管形导体

2）强迫对流散热：屋外配电装置中的圆管形导体常受到大气中风的吹动，风速越大，空气分子与导体表面接触的数目越多，对流散热的条件就越好，因而形成了对流散热。散热系数为

$$a_1 = \frac{Nu\lambda}{D} \tag{5-6}$$

其中

$$Nu = 0.13\left(\frac{VD}{\nu}\right)^{0.65}$$

式中 λ——空气导热系数，当温度为20℃时，$\lambda = 2.52 \times 10^{-2}$W/(m · ℃)；

D——圆管形导体的外径(m)；

Nu——努谢尔特准则数，是传热学中表示对流散热强度的一个数据；

V——风速(m/s)；

ν——空气运动粘度系数，当空气温度为20°时，$\nu = 15.7 \times 10^{-6}\mathrm{m^2/s}$。

如果风向与导体不垂直，二者之间有一夹角 φ，则式(5-5)乘以修正系数 β，$\beta = A + B(\sin\varphi)^n$，式中，当 $0° \leqslant \varphi \leqslant 24°$时，$A = 0.42$，$B = 0.68$，$n = 1.08$；当 $24° \leqslant \varphi \leqslant 90°$时，$A = 0.42$，$B = 0.58$，$n = 0.9$。

把式(5-5)代入式(5-3)得强迫对流散热量为

$$\begin{aligned} Q_1 &= \frac{Nu\lambda}{D}(\theta_w - \theta_0)[A + B(\sin\varphi)^n]\pi D \\ &= 0.13\left(\frac{VD}{\nu}\right)^{0.65}\pi\lambda(\theta_w - \theta_0)[A + B(\sin\varphi)^n] \end{aligned} \tag{5-7}$$

（2）导体辐射散热量　热量从高温物体以热射线方式传至低温物体的传播过程称为辐射。根据斯蒂芬-玻耳兹曼定律，导体向周围空气辐射的热量与导体和其周围热力学温度四次方之差成正比，即导体辐射散热量为

$$Q_f = 5.7\varepsilon\left[\left(\frac{273 + \theta_w}{100}\right)^4 - \left(\frac{273 + \theta_0}{100}\right)^4\right]F_f \tag{5-8}$$

式中 ε——导体材料的辐射系数，见表5-1；

表 5-1　导体材料的辐射系数

材料	辐射系数
表面磨光的铝	0.039 ~ 0.057
表面不光滑的铝	0.055
精密磨光的电解铜	0.018 ~ 0.023
有光泽的黑漆	0.875
无光泽的黑漆	0.96 ~ 0.98
白漆	0.80 ~ 0.95
各种不同颜色的油质涂料	0.92 ~ 0.96
有光泽的黑色虫漆	0.821
无光泽的黑色虫漆	0.91

F_f——单位长度导体的辐射换热面积(m^2/m)，不同形状导体辐射散热表面积有所不同。

(3) 导体导热散热量 固体中，由于晶格振动和自由电子运动，使热量从高温区传到低温区。在气体中，气体分子不停地运动，高温区域的分子比低温区域的分子具有较高的速度，分子从高温区运动到低温区，将热量传到低温区。这种传递能量的过程，称为导热。导热散热量计算式为

$$Q_d = \lambda F_d \frac{\theta_1 - \theta_2}{\delta} \tag{5-9}$$

式中 F_d——导热面积；

λ——导热系数；

δ——物体厚度；

θ_1 和 θ_2——低温区和高温区的温度(℃)。

5.1.3 均匀导体的长期发热

在确定导体载流量时，需要计算导体长期通过工作电流时的发热过程。

1. 导体的升温过程

导体的升温过程是，导体的温度由最初温度开始上升，经过一段时间后达到稳定温度的过程。导体的升温过程，可用热量平衡方程式来描述。

导体散失到周围介质的热量为对流散热量 Q_1 与辐射散热量 Q_f 之和，这是一种复合换热。为了计算方便，用一个总散热系数 α 来包含对流散热与辐射散热的作用，即

$$Q_1 + Q_f = \alpha(\theta_w - \theta_0)F \tag{5-10}$$

式中 α——导体总的换热系数[$W/(m^2 \cdot ℃)$]；

F——导体的等效散热面积(m^2/m)。

在导体升温的过程中，导体产生的热量 Q_R，一部分用于温度的升高所需的热量 Q_w，一部分散失到周围的介质中($Q_1 + Q_f$)。因此，对于均匀导体(同一截面、同一种材料)，其持续发热的热平衡方程为

$$Q_R = Q_w + Q_1 + Q_f \tag{5-11}$$

在时间 dt 内，由式(5-11)可得

$$I^2R\mathrm{d}t = mc\mathrm{d}\theta + \alpha F(\theta_w - \theta_0)\mathrm{d}t \tag{5-12}$$

式中 I——流过导体的电流(A)；

R——导体的电阻(Ω)；

m——导体的质量(kg)；

c——导体的比热容[$J/(kg \cdot ℃)$]；

F——散热面积(m^2)；

θ_w——导体的温度(℃)；

θ_0——周围空气的温度(℃)。

导体通过正常工作电流时，其温度变化不大，因此电阻 R、比热容 c 及散热系数 α 均可视为常数。

式(5-11)积分得

$$\tau = \theta_t - \theta_0 = \frac{I^2R}{\alpha F}(1 - e^{-\frac{\alpha F}{mc}t}) + \tau_k e^{-\frac{\alpha F}{mc}t} \tag{5-13}$$

经过很长时间后($t\to\infty$)，导体的温升趋于稳定值，表示为

$$\tau_w = \frac{I^2R}{\alpha F} \tag{5-14}$$

令

$$T_r = \frac{mc}{\alpha F} \tag{5-15}$$

式中　T_r——导体热时间常数。

将式(5-14)，式(5-15)代入式(5-13)，最后得出升温过程的表达式为

$$\tau = \tau_w(1 - e^{-\frac{t}{T_r}}) + \tau_k e^{-\frac{t}{T_r}} \tag{5-16}$$

式(5-16)说明导体的升温过程是按指数曲线变化的，大约经过 $t=(3\sim4)T_r$ 时间，τ 便趋于稳定温升 τ_w，如图 5-2 所示。

2. 导体载流量的计算

前已推出，导体长期通过电流 I 时，稳定温升为 $\tau_w = \frac{I^2R}{\alpha F}$。由此可知，导体的稳定温升与电流二次方及导体材料电阻成正比，而与总散热系数和散热面积成反比。

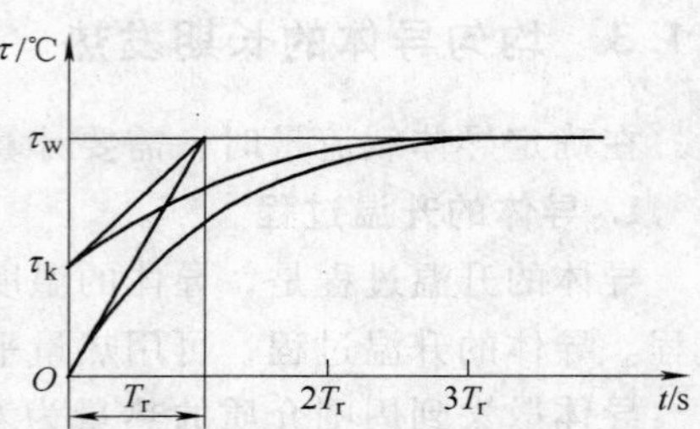

图 5-2　导体温升 τ 的变化曲线

据式(5-14)，可计算导体的载流量，即

$$I^2R = \tau_w \alpha F = Q_1 + Q_f \tag{5-17}$$

则导体载流量为

$$I = \sqrt{\frac{\alpha F(\theta_w - \theta_0)}{R}} = \sqrt{\frac{Q_1 + Q_f}{R}} \tag{5-18}$$

式(5-18)也可用来计算导体正常发热的温度 θ_w 和导体的截面积 $S\left(S=\rho\frac{l}{R}\right)$。

式(5-18)未考虑日照的影响，对室外导体考虑日照时的载流量为

$$I = \sqrt{\frac{Q_1 + Q_f - Q_s}{R}} \tag{5-19}$$

提高导体载流量的措施有以下几种：减小导体的电阻；采用电阻率 ρ 较小的材料作导体；减小导体的接触电阻；增大导体的截面；增大有效散热面积；提高导热系数；加强冷却；室内裸导体表面涂漆。

5.1.4　导体的短时发热

载流导体短路时(或称短时)发热，是指短路开始至短路被切除为止很短一段时间内导体发热的过程。此时，导体发出的热量比正常发热要多，导体温度升得很高。短路时为了确定导体的最高温度，需要计算导体的发热。

1. 导体的短时发热过程

短路时均匀导体的发热过程如图 5-3 所示。图中，θ_w 是导体正常工作时(短路前)的温

度，θ_h 是短路后导体的最高温度，θ_0 是导体周围环境的温度。由图 5-3 可知，从短路开始时刻 t_w 到短路被切除时刻 t_k，这段极短时间内，导体温度从初始值 θ_w 很快上升到最大值 θ_h，在短路被切除后，导体温度从最大值 θ_h 自然冷却到环境温度 θ_0。载流导体短路时发热计算的目的在于确定短路时导体的最高温度 θ_h，该值不应超过所规定的导体短时发热允许温度。若满足这个条件，则认为导体在短路时满足热稳定特性。

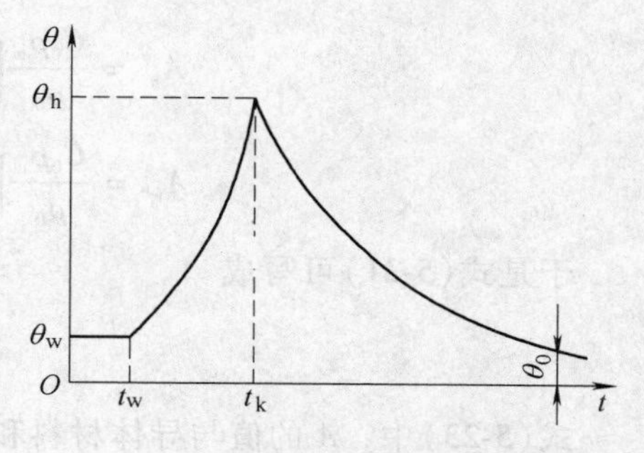

图 5-3　短路时均匀导体的发热过程

导体发热有以下特点：发热时间短，产生的全部热量都用来升高导体的温度，是一个绝热过程；短路时导体温度变化范围很大，导体电阻及比热容不再视为常数而是视为温度的函数。

根据短路时导体发热的特点，在时间 $\mathrm{d}t$ 内，可列出热平衡方程式

$$I_{kt}^2 R_\theta \mathrm{d}t = mC_\theta \mathrm{d}\theta \tag{5-20}$$

其中

$$R_\theta = \rho_0(1+\alpha\theta)\frac{l}{S}$$

$$C_\theta = C_0(1+\beta\theta)$$

$$m = \rho_m Sl$$

式中　I_{kt}——短路电流全电流的有效值(A)；

R_θ——温度为 θ 时导体的电阻(Ω)；

C_θ——温度为 θ 时导体的比热容[J/(kg·℃)]；

m——导体的质量(kg)；

ρ_0——0℃时导体的电阻率(Ω·m)；

α——电阻率 ρ_0 的温度系数(1/℃)；

C_0——温度为 0℃时导体的比热容[J/(kg·℃)]；

β——比热容 C_0 的温度系数(1/℃)；

l——导体的长度(m)；

S——导体的横截面积(m^2)；

ρ_m——导体材料的密度(kg/m^3)。

将 R_θ、C_θ 及 m 的值代入式(5-20)，即得导体短路时发热的微分方程式

$$I_{kt}^2\rho_0(1+\alpha\theta)\frac{l}{S}\mathrm{d}t = \rho_m SlC_0(1+\beta\theta)\mathrm{d}\theta$$

整理后得

$$\frac{1}{S^2}I_{kt}^2\mathrm{d}t = \frac{\rho_m C_0}{\rho_0}\left(\frac{1+\beta\theta}{1+\alpha\theta}\right)\mathrm{d}\theta \tag{5-21}$$

两边积分并化简

$$\frac{1}{S^2}\int_0^{t_k} I_{kt}^2\mathrm{d}t = \frac{c_0\rho_m}{\rho_0}\int_{\theta_w}^{\theta_h}\left(\frac{1+\beta\theta}{1+\alpha\theta}\right)\mathrm{d}\theta = A_h - A_w \tag{5-22}$$

式中

$$A_h = \frac{C_0\rho_m}{\rho_0}\left[\frac{\alpha-\beta}{\alpha^2}\ln(1+\alpha\theta_h)+\frac{\beta}{\alpha}\theta_h\right]$$

$$A_w = \frac{C_0\rho_m}{\rho_0}\left[\frac{\alpha-\beta}{\alpha^2}\ln(1+\alpha\theta_w)+\frac{\beta}{\alpha}\theta_w\right]$$

于是式(5-21)可写成

$$\frac{1}{S^2}Q_k = A_h - A_w \tag{5-23}$$

式(5-23)中，A 的值与导体材料和温度 θ 有关，实际应用过程中，为了简化计算，一般根据导体材料绘制 $\theta=f(A)$ 曲线，如图 5-4 所示。图中，横坐标是 A 值，纵坐标是 θ 值，用此曲线计算最高温度 θ_h 的方法如下：由已知的运行温度 θ_w，从相应导体材料的材料曲线 $\theta=f(A)$ 上查出 A_w，将 A_w 和 Q_k 值代入式(5-23)求出 A_h；由 A_h 再从曲线上查出 θ_h 的值。

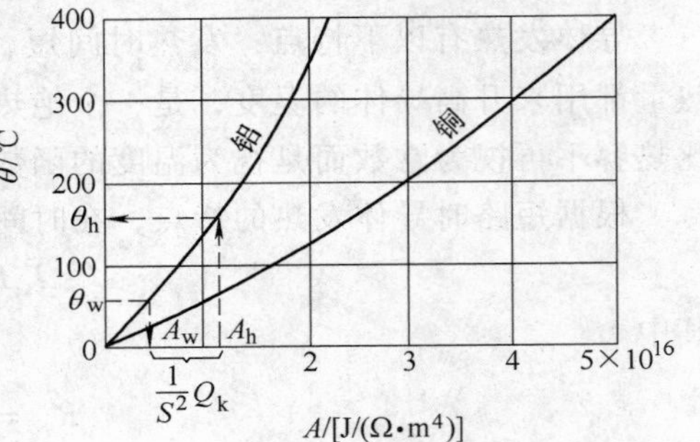

图 5-4　$\theta=f(A)$ 曲线

2. 短路电流热效应 Q_k 的计算

短路电流热效应 Q_k 定义为

$$Q_k = \int_0^{t_k} i_{kt}^2 \mathrm{d}t \tag{5-24}$$

需要先求出 $I_{kt}=f(t)$，再按 I_{kt}^2 积分。因短路电流变化规律复杂，一般难以用简单的解析式来表示，工程上常采用近似计算方法。

短路电流在导体和电气设备中引起的热效应 Q_k 按式(5-24)计算

$$Q_k = \int_0^{t_k} i_{kt}^2 \mathrm{d}t = \int_0^{t_k}(\sqrt{2}I_{zt}\cos\omega t + i_{fz0}\mathrm{e}^{-\frac{\omega t}{T_a}})^2\mathrm{d}t = Q_z + Q_f \tag{5-25}$$

式中　Q_z——短路电流周期分量引起的热效应($\mathrm{kA^2\cdot s}$)；

Q_f——短路电流非周期分量引起的热效应($\mathrm{kA^2\cdot s}$)；

i_{kt}——短路电流瞬时值(kA)；

I_{zt}——短路电流周期分量有效值(kA)；

i_{fz0}——短路电流非周期分量零秒值(kA)；

t——短路持续时间(s)；

T_a——多支路的等效衰减时间常数。

(1) 短路电流周期分量热效应 Q_z　短路电流周期分量产生的热效应计算公式为

$$Q_z = \frac{I''^2 + 10I_{zt/2}^2 + I_{zt}^2}{12}t \tag{5-26}$$

式中　Q_{zt}——t 时刻由短路电流周期分量产生的热效应；

I''——$t=0$ 时刻的短路瞬时电流有效值；

$I_{zt/2}$——在 $t/2$ 时刻短路电流周期分量的有效值(kA)；

I_{zt}——在 t 时刻的短路电流有效值。

当为多支路向短路点供给短路电流时，不能采用先算出每个支路的热效应 Q_{zt} 然后再相加的叠加法则，而应先求电流和，再求总的热效应。在利用式(5-26)时，I''、$I_{zt/2}$、I_{zt} 分别为

各个支路短路电流之和，即

$$Q_z = \frac{(\sum I'')^2 + 10(\sum I_{zt/2})^2 + (\sum I_{zt})^2}{12}t \tag{5-27}$$

（2）短路电流非周期分量热效应 Q_f　短路电流非周期分量产生的热效应计算公式为

$$Q_f = \frac{T_a}{\omega}(1 - e^{-\frac{2\omega t}{T_a}})I''^2 = TI''^2 \tag{5-28}$$

式中　I''——$t=0$ 时刻的短路瞬时电流有铭值大小；

T_a——多支路的等效衰减时间常数；

T——非周期分量等效时间(s)，为简化工程计算，可按表5-2查得。

表5-2　非周期分量等效时间　（单位：s）

短路点	T	
	$t \leqslant 0.1$	>0.1
发电机出口及母线	0.15	0.2
发电厂升高电压母线及出线 发电机电压电抗器后	0.08	0.1
变电所各级电压母线及出线	0.05	

5.1.5　载流导体短路时电动力的计算

载流导体位于磁场中，受到磁场力的作用，这种力称为电动力。电力系统中出现短路时，导体中通过很大的短路电流，导体会遭受巨大的电动力作用。如果机械强度不够，将使导体变形或损坏。为了安全运行，需对导体短路时电动力的大小进行分析和计算。

1. 计算电动力的方法

（1）毕奥-沙伐尔定律法　磁场对载流导体的电动力可应用毕奥-沙伐尔定律计算，处于磁场中的导体，通过电流 i 时，单位长度 dl 上所受的电动力为

$$dF = iB\sin a dl \tag{5-29}$$

式中　B——dl 处的磁感应强度(T)；

a——dl 与 B 的夹角(rad)。

由左手定则可确定电动力 dF 的方向。

如将式(5-29)沿导体 L 的全长积分，可得导体 L 全长上所受的电动力为

$$F = \int_0^L iB\sin a dl \tag{5-30}$$

电气设备在正常状态下，由于流过导体的工作电流相对较小，所受的电动力也较小，不易被察觉。而在短路时，短路冲击电流很大，电动力可达到很大的数值，若载流导体和电气设备的机械强度不够，将会产生变形或损坏。为防止这种现象发生，必须研究短路电流产生的电动力及其特征，以便选用适当强度的导体和电气设备，保证足够的动稳定性；必要时，还应采取限制短路电流的措施。

（2）两条平行导体间电动力的计算　在配电装置中，导体都是平行布置的，两根细长导体间电动力的方向由导体上流过的电流方向决定，当电流的方向相反时，导体间产生斥力；而当电流方向相同时，则产生吸力。两根细长导体间的电动力 F(N)计算式为（略去推导过程）

$$F = 2K_x i_1 i_2 \frac{l}{a} \times 10^{-7} \tag{5-31}$$

式中　i_1、i_2——通过两平行导体的电流(A)；

l——该段导体的长度(m)；

a——两根导体轴线间的距离(m)；

K_x——形状系数。

对于矩形导体，如图 5-5 所示，K_x 是$\frac{a-b}{h+b}$和$\frac{b}{h}$的函数。图中标明，当$\frac{b}{h}<1$时，形状系数 $K_x<1$；当$\frac{b}{h}>1$时，$K_x>1$。当$\frac{a-b}{h+b}$增大时，(即增加导体间的净距)，K_x 趋近于 1；当$\frac{a-b}{h+b}\geqslant 2$时，$K_x=1$，即可以不考虑截面形状对电动力的影响。对于圆形导体，形状系数 $K_x=1$。对于槽形导体，其导体截面形状如图 5-6 所示，形状系数见表 5-3。

表 5-3　槽形导体的形状系数

截面尺寸/mm (高 h × 宽 b × 厚 c)	形状系数			
	$K_{1-3'}$	$K_{1-2'}$	$K_{1-1'}$	$K_{2-3'}$
75 × 35 × 4.0	0.4465	0.8151	1.0418	0.9224
75 × 35 × 5.5	0.4460	0.8100	1.0395	0.9925
100 × 45 × 4.5	0.3678	0.7800	1.0562	0.8980
100 × 45 × 6.0	0.3661	0.7752	1.0540	0.9273
125 × 55 × 6.5	0.3161	0.7503	1.6075	0.8945
150 × 65 × 7.0	0.2825	0.7318	1.0798	0.8839
175 × 80 × 8.0	0.2757	0.7338	1.0960	0.8874
200 × 90 × 10.0	0.2534	0.7179	1.1045	0.8797
200 × 90 × 12.0	0.2514	0.7136	1.1025	0.8783
200 × 105 × 12.5	0.2500	0.7184	1.1166	0.8822
200 × 115 × 12.5	0.2370	0.7100	1.1253	0.8792

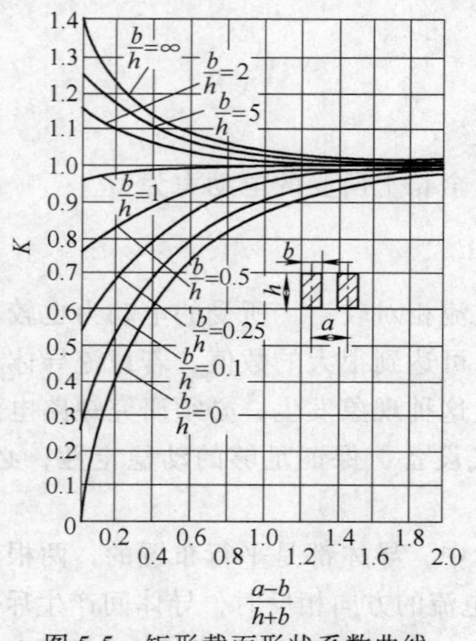

图 5-5　矩形截面形状系数曲线

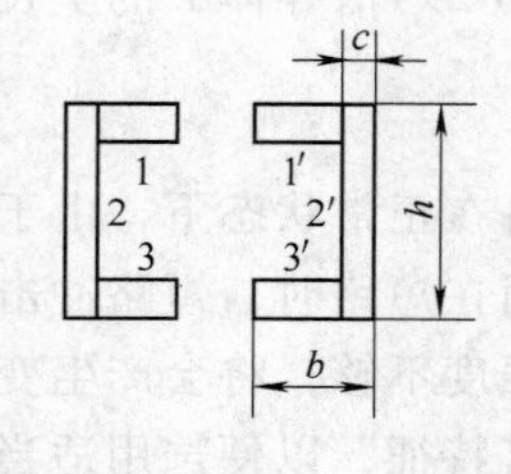

图 5-6　槽形导体截面

2. 三相导体短路时的电动力计算

（1）电动力最大值的计算　配电装置中导体均为三相，而且布置在同一平面内。发生三相短路时，最大冲击力发生在短路后 0.1s，而且以中间相受力最大（比边相大 7%）。中间相（设为 B 相）的最大电动力计算式为（略去推导过程）

$$F_{Bmax} = 1.73 \times 10^{-7} \frac{L}{a} [i_{sh}^{(3)}]^2 \tag{5-32}$$

式中　i_{sh}——三相短路时的冲击电流，一般可将上标略去，计算最大电动力时应取 B 相的值。

由于两相短路与三相短路的次暂态电流关系为 $\frac{I''^{(2)}}{I''^{(3)}} = \frac{\sqrt{3}}{2}$，故两相短路时的冲击电流 $i_{sh}^{(2)} = \frac{\sqrt{3}}{2} i_{sh}^{(3)}$，当两相导体中流过此冲击电流时，其最大电动力为

$$F_{max}^{2} = 1.5 \times 10^{-7} \frac{L}{a} [i_{sh}]^2 \tag{5-33}$$

可见，两相短路时的最大电动力小于同一地点三相短路时的最大电动力（少 13%）。所以，要用三相短路时的最大电动力校验电气设备的动稳定性。

（2）导体振动时动态应力　导体具有质量和弹性，组成一个弹性系统。当受到一次外力作用时，就按一定频率在其平衡位置上下运动，形成固有振动，其振动频率称为固有频率。由于同时还受到摩擦和阻尼作用，因此振动会逐渐衰减。若导体受到电动力的持续作用而发生振动，便形成强迫振动。其电动力中有工频和二倍频两个分量，若导体固有频率接近工频或二倍频之一时，就会发生共振现象，甚至使导体及其构架损坏。因此，在设计时应避免发生共振现象。

凡连接发电机、主变压器以及配电装置中的导体均属于重要回路，选择导体时应考虑共振的影响。一般把导体看做多跨的连续梁，其一阶固有频率为

$$f_1 = \frac{N_f}{L^2} \sqrt{\frac{EJ}{m}} \tag{5-34}$$

式中　N_f——母线频率系数，根据导体连续跨数和支撑方式而异，其值见表 5-4；

L——跨距（m）；

m——导体单位长度的质量（kg/m）；

E——导体弹性模量（Pa）；

J——导体截面惯性矩（m^4），$J = bh^3/12$，其中，b 为导体截面宽度（m），h 为导体截面高度（m）。

表 5-4　导体在不同方式下的频率系数

跨数及支撑方式	N_f
单跨、两端简单支撑	1.57
单跨、一端固定、一端简单支撑两等跨、简单支撑	2.45
单跨、两端固定多等跨、简单支撑	3.56
单跨、一端固定、一端活动	0.56

导体发生振动时在导体内部会产生动态应力，对于动态应力的考虑，一般采用修正静态

计算法，即在最大电动力 F_{max} 上乘以动态应力系数，以求得实际动态应力的最大值。动态应力系数与固有频率的关系如图 5-7 所示。由图可知，当固有频率较低时，$\beta<1$，当固有频率在中间范围内变化时，$\beta>1$，当固有频率较高时，$\beta\approx1$；对于屋外配电装置中的铝圆管形导体，取 $\beta=0.58$。

为了避免导体发生共振，对于重要的导体，应使其固有频率在下述范围以外：

单条导体及一组中的各条导体：35 ~ 135Hz；多条导体及引下线的单条导体：35 ~ 155Hz；槽形和圆管形导体：30 ~ 160Hz。如果固有频率在上述范围以外，可取 $\beta=1$。若在上述范围内，则电动力应乘上动态应力系数 β，有

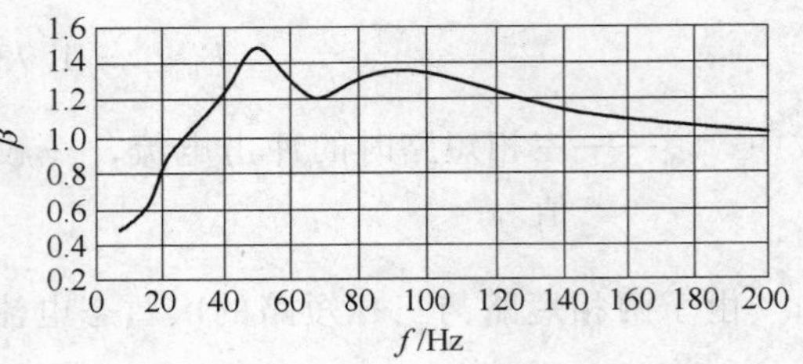

图 5-7　动态应力系数与固有频率的关系

$$F_{max} = 1.73 \times 10^{-7} \frac{L}{a}[i_{sh}^{(3)}]^2\beta \tag{5-35}$$

3. 分相封闭母线短路时电动力的计算

采用分相母线后，邻相母线产生的磁场穿入本相时，因受到外壳的电磁屏蔽作用而大大减弱。母线通过短路电流时，受到壳内磁场的作用，三相短路时的电动力为

$$F_w = \frac{\sqrt{3}\times10^{-7}}{a}I_k^2K_a\left(1+\frac{\sqrt{3}}{2}e^{-t_m/T_a}\right) \tag{5-36}$$

式中　I_k——三相短路电流幅值(A)；

K_a——直流屏蔽系数；

T_a——三相短路电流直流衰减时间常数(s)；

t_m——三相磁场峰值出现时间(s)。

母线导体的应力用以下公式计算：

$$\sigma = aF_wL^2\frac{1}{W} \tag{5-37}$$

对于圆管形母线

$$W = 0.1\frac{D_w^4-d_w^4}{D_w}$$

式中　a——系数，二跨取 $a=\frac{1}{8}$，三跨以上取 $a=\frac{1}{10}$；

F_w——母线导体所受电动力(N/m)；

L——绝缘子之间的跨距(m)；

W——母线的截面系数(mm^2)；

D_w——圆管形母线的外径(mm)；

d_w——圆管形母线的内径(mm)。

母线导体的计算应力 σ 应小于母线导体所用材料的容许应力，例如硬铝最大允许应力为 69×10^6Pa，硬铜为 137×10^6Pa。

5.2　电气设备选择的一般条件

5.2.1　按正常工作条件选择电气设备

导体和电气设备选择是电气设计的主要内容之一，尽管电力系统中各种电气设备的作用和工作条件不一样，选择方法也不完全相同，但对它们的要求是一致的。电气设备要能可靠地工作，必须按正常工作条件进行选择，并按短路状态来校验热稳定和动稳定。

1. 额定电压

电气设备所在电网的运行电压因调压或负荷的变化，有时会高于电网的额定电压，故所选电气设备允许的最高工作电压不得低于所接电网的最高运行电压。通常，规定一般电气设备允许的最高工作电压为设备额定工作电压的1.1～1.15倍，而电气设备所在电网的运行电压波动一般不超过额定电压的1.15倍。因此，在选择电气设备时，一般按电气设备的额定电压不低于装置地点电网额定电压的条件来选择，即

$$U_{N} \geqslant U_{NS}$$

2. 额定电流

电气设备的额定电流是指在额定环境温度下，电气设备长期工作时的允许电流。额定电流不小于该回路在各种运行方式下的最大持续工作电流 I_{max}，即

$$I_{N} \geqslant I_{max}$$

3. 环境条件对设备选择的影响

当电气设备安装地点的环境条件，如温度、风速、污秽等级、海拔、地震烈度和覆冰厚度等超过一般电气设备使用条件时，应采取措施。

5.2.2　按短路情况进行校验

1. 短路热稳定校验

短路热稳定校验是指校验设备的载流部分在短路电流通过时，各部件的最高发热温度不超过最高允许值。满足热稳定条件，短路电流产生的热效应为

$$Q_{k} \leqslant I_{t}^{2} t \tag{5-38}$$

式中　I_{t}、t——电气设备允许通过的热稳定电流和时间。

2. 动稳定校验

动稳定(电动力稳定)是指导体和电器承受短路电流机械效应的能力。满足动稳定的条件为

$$i_{es} \geqslant i_{sh},\ I_{es} \geqslant I_{sh} \tag{5-39}$$

式中　i_{sh}、I_{sh}——短路冲击电流幅值及其有效值；

i_{es}、I_{es}——电气设备允许通过的动稳定电流幅值及其有效值。

下列几种情况下可不校验热稳定或动稳定：用熔断器保护的电气设备，其热稳定由熔断时间保证，可不校验热稳定；采用有限流电阻的熔断器保护设备，可不校验动稳定；装设在电压互感器回路中的裸导体和电气设备可不校验动稳定和热稳定。

3. 短路计算条件的确定

短路电流计算条件包括：容量及接线方式，短路类型、计算短路点及短路计算时间。

（1）容量及接线　按工程设计的最终容量计算，并考虑系统远景发展规划（一般为5～10年）；其接线应采用可能发生短路电流的正常接线方式，不考虑切换过程中可能短时并列的接线方式。

（2）短路类型　一般按三相短路计算；若其他短路较三相短路严重时，则应按最严重的短路情况进行计算。

（3）短路计算点　在计算电路图中，通常各短路点的短路电流值均相等，但通过各支路的短路电流将随着短路点的位置不同而不同。在校验电气设备和载流导体时，必须确定其处于最严重情况的短路点，使通过的短路电流校验值为最大。

（4）短路计算时间　进行热稳定校验时采用的时间应为主保护动作时间和断路器开断时间之和，即

$$t_{k} = t_{pr} + t_{br} \tag{5-40}$$

式中　t_{pr}——一般取保护装置后备动作动作时间，这是考虑主保护有死区或拒动；

t_{br}——断路器的开断时间，是从分闸脉冲传送到断路器操动机构的跳闸线圈时起，到各相触头分离后的电弧完全熄灭为止的时间段，包括两部分

$$t_{br} = t_{in} + t_{a} \tag{5-41}$$

式中　t_{in}——断路器的固有分闸时间，是从断路器接到分闸命令起，到灭弧触头刚分离的一段时间；

t_{a}——断路器开断时电弧持续时间，是从第一个灭弧触头分离瞬间起，到最后一级电弧熄灭为止的一段时间，少油断路器一般为0.04～0.06s，SF_6断路器和压缩空气断路器约为0.02～0.04s，真空断路器约为0.015s。

5.3　常用电气设备的选择

电气设备的选择是发电厂和变电所电气设计的主要内容之一，正确地选择电气设备是使电气主接线和配电装置达到安全、经济运行的重要条件。在进行电气设备选择时，应根据工程的实际情况，按照有关设计的规范，在保证安全可靠的前提下，积极而稳妥地采用新技术，选择合适的电器。

5.3.1　高压一次设备的选择

高压断路器和高压隔离开关是发电厂和变电站电气主接线系统的重要开关电器。高压断路器主要功能是：正常运行倒换运行方式，把设备或线路接入电网或退出运行，起着控制作用；当设备或线路发生故障时，能快速切出故障回路，保证无故障部分正常运行，起着保护作用。高压断路器的特点是能断开电器中负荷电流和短路电流。高压隔离开关的主要功能是，保证高压电器及装置在检修时的安全，不能用于切断、投入负荷电流或开断短路电流，即用于不产生强大电弧的切换操作。

1. 高压断路器选择

高压断路器型式的选择应综合考虑安装地点环境条件、使用的技术条件和安装调试与维护方便等诸因素。高压断路器选择主要指种类和型式的选择，额定电压、电流的选择，开断

电流的选择，短路关合电流的选择，热稳定、动稳定校验等。

2. 高压隔离开关的选择

高压隔离开关需与高压断路器配套使用，选择时主要针对额定电压、电流的选择及短路的热稳定、动稳定校验等，由于高压隔离开关不能用来接通和切出短路电流，故无需进行开断电流和短路关合电流的校验。

3. 高压负荷开关的选择

高压负荷开关一般与高压断路器及高压隔离开关配合使用，与高压断路器选择条件基本相同。

4. 高压熔断器选择

高压熔断器额定电流的选择，除了根据环境条件确定采用户内型或户外型，以及确定是用于保护电力线路和电气设备还是保护互感器之外，还应包括确定熔管的额定电流和熔体的额定电流。

（1）熔管的额定电流　为了保证熔断器不至过热损坏，要求熔断器熔管的额定电流 $I_{N,f1}$ 不小于熔体的额定电流 $I_{N,f2}$，即

$$I_{N,f1} \geqslant I_{N,f2} \tag{5-42}$$

（2）熔体的额定电流

$$I_{N,f2} = kI_{max} \tag{5-43}$$

式中　I_{max}——熔断器所在电路最大工作电流；

k——可靠系数，为防止熔体误动作而考虑留有一定的裕度。

（3）熔断器开断电流校验　对于没有限流作用的熔断器，选择时用冲击电流的有效值进行校验；对于有限流作用的熔断器，在电流达到最大值之前已被熔断，故不计非周期分量的影响。

以上几种高压一次设备选择及校验条件见表5-5。

表5-5　高压一次设备选择与校验条件

选择条件 / 设备名称	额定电压	额定电流	开断电流	动稳定	热稳定
高压断路器	$U_N \geqslant U_{NS}$	$I_N \geqslant I_{max}$	$I_{br} \geqslant I_\infty$	$I_{es} \geqslant I_{sh}$	$I_t^2 t \geqslant I_\infty^2 t_{ima}$①
高压隔离开关			—		
高压负荷开关			$I_{br} \geqslant I_\infty$		
高压熔断器			$I_{br} \geqslant I_\infty$ 或 ($I_{br} \geqslant I_{sh}$)		

① I_∞ 和 t_{ima} 见式(5-47)。

5.3.2　互感器的选择

1. 电流互感器的选择要求

在选择电流互感器时，应根据安装地点（如户内、户外）和安装方式（如穿墙式、支持式、装入式等选择其型式，还要根据额定电压、一次电流、二次电流（一般为5A）、准确级等条件进行选择，并校验其短路动稳定性和热稳定性。

（1）一次绕组的额定电流　一次绕组的额定电流一般要求等于或大于安装处最大工作电

流，选取产品标称值，或选取线路、变压器额定电流的1.2~1.5倍。

（2）准确级　为了保证测量仪表的准确度，电流互感器的准确级不得低于多种测量仪表的准确级。例如，装于重要回路(如发电机、调相机、变压器、厂用馈线、出线等)中的电能表和计费的电能表一般采用0.5~1级表，相应的互感器的准确级不得低于0.5级；对测量精确度要求较高的大容量发电机、变压器、系统干线和500kV级宜用0.2级；供运行监测、估算电能的电能表和控制盘上的仪表一般皆用1~1.5级的，相应的电流互感器应为0.5~1级；供只需估计电参数的仪表的互感器可用3级的。

电流互感器的准确级与其二次负荷容量有关，互感器二次负荷 S_2 不得大于其准确级所限定的额定二次负荷容量 $S_{N.TA}$，即电流互感器满足准确级要求的条件为

$$S_{N.TA} \geqslant S_2 \tag{5-44}$$

电流互感器的二次负荷 S_2 按下式计算：

$$S_2 = I_{2N}^2 \mid Z_2 \mid \approx I_{2N}^2 (\sum \mid Z_i \mid + S_{WL} + R_{XC}) \tag{5-45}$$

式中　$\sum \mid Z_i \mid$——二次回路所有串联仪表、继电器电流线圈的阻抗，可由产品手册查得；

S_{WL}——连接导线的阻抗，$S_{ML} \approx R_{WL} = l/(\gamma A)$；

γ——导线的电导率，铜线 $\gamma = 53\text{m}/(\Omega \cdot \text{mm}^2)$，铝线 $\gamma = 32\text{m}/(\Omega \cdot \text{mm}^2)$；

A——导线的横截面积(mm^2)；

R_{XC}——所有接头的接触电阻，一般近似取0.1Ω。

（3）动稳定性和热稳定性校验　电流互感器产品中大多数给出动稳定倍数和热稳定倍数。

动稳定倍数 $K_{es} = i_{max}/\sqrt{2}I_{1N}$，其中 i_{max} 为所承受的最大冲击电流(峰值)。因此其动稳定度校验条件为

$$K_{es} \times \sqrt{2} I_{1N} \geqslant i_{sh} \tag{5-46}$$

热稳定倍数 $K_t = I_t / I_{1N}$，其中 I_t 为1s热稳定电流，因此热稳定度校验条件为

$$(K_t I_{1N})^2 t \geqslant I_{\infty}^{(3)2} t_{ima} \tag{5-47}$$

式中　$I_{\infty}^{(3)}$、t_{ima}——短路计算的稳定短路电流和假定时间。

一般电流互感器的热稳定试验时间 $t = 1\text{s}$，因此式(5-47)可改写为

$$K_t I_{1N} \geqslant I_{\infty}^{(3)} \sqrt{t_{ima}} \tag{5-48}$$

（4）电流互感器使用注意事项　工作时二次侧不得开路；接线要牢靠，接触要良好，不允许串接开关和熔断器；二次侧必须有一端良好接地，以防一次、二次绕组间绝缘损坏，高压串入二次回路，危及设备及人身安全；接线时要保证极性相同；二次侧负荷阻抗要控制在允许值之内，否则准确级将降低；一般二次回路连接线的截面积不得小于2.5mm²。

2. 电压互感器的选择要求

电压互感器的种类和型式应根据装设地点和使用条件进行选择。例如：6~35kV户内配电装置，一般采用油浸式或浇注式电压互感器；110~220kV配电装置通常采用串级式或电磁式电压互感器；当容量和准确级满足要求时，也可采用电容式电压互感器。

电压互感器选择的主要项目是，额定电压应与安装处电网的额定电压相一致；装置类型，户内型、户外型；容量和准确级。

首先根据仪表和继电器接线要求选择电压互感器的接线方式，并尽可能将负荷均匀分布

在各相上，然后计算各相负荷大小，按照所接仪表的准确级和容量选择电压互感器的准确级和额定容量。有关电压互感器准确级的选择原则，可参照电流互感器的准确级选择。

电压互感器连接的仪表、继电器等的功率不得超过电压互感器二次侧额定容量。二次回路负荷应满足下面的关系：

$$S_{N,TV} \geqslant S_2 = \sqrt{\sum_{i=1}^{n}(S_i\cos\varphi_i)^2 + (S_i\sin\varphi_i)^2} \tag{5-49}$$

式中　S_i、$\cos\varphi_i$——二次侧连接仪表的并联线圈所消耗的功率及其功率因数，此值可查阅产品手册。

电压互感器工作时二次侧不得短路。因二次线圈少，阻抗小，发生短路时电流很大，会烧坏绕组。为此，一次、二次侧均需装设熔断器；二次侧要有一端良好接地，以防止一次电压串入二次侧危及安全；要保证同极性端接线正确，一次侧标A、X，二次侧标a、x，A与a为同极性端，X与x也是同极性端。

5.3.3　导体的选择

导体的选择主要包括以下方面：导体材料、类型和铺设方式，导体截面选择，电晕电压校验，热稳定校验，动稳定校验，共振频率校验等。

1. 导体材料、类型和铺设方式

导体通常由铜、铝、钢及铝合金制成。载流导体一般使用铝或铝合金材料。纯铝的成型导体一般为矩形、槽形和管形；铝合金导体有铝锰合金和铝镁合金两种，形状为管形；铜导线只用在持续工作电流大、出线位置狭窄或污秽对铝有严重腐蚀的场所。

硬导体截面形状主要有矩形、槽形、菱形和管形。矩形导体单条的截面最大不超过1250mm²，为了减小趋肤效应，使用于大电流时，可将2~4条矩形导体并列使用，一般用于35kV及以下、电流在4000A及以下的配电装置中。矩形母线是最常用的母线，也称母线排，按其材质又有铜母线(铜排)和铝母线(铝排)之分。槽形导体机械强度好，载流量大，趋肤效应系数较小，一般用于4000~8000A的配电装置中；菱形导体是一种特殊结构的大载流量母线，若与四片同截面的矩形母线束(即四片母线并排放置，其间隙等于母线的宽度)相比较，可多载电流50%~60%。槽形和菱形母线均使用在大电流的母线桥及对热、动稳定性要求较高的配电场合。管形导体趋肤效应系数小、机械强度高，一般用于8000A以上的大电流母线或要求电晕放电电压高的110kV级以上配电装置中。铝管虽然载流容量大，但施工工艺较难，因此目前尚少使用。

软导线常用的有钢芯铝绞线、组合导线、分裂导线和扩径导线，后者多用于330kV及以上配电装置中。户外配电装置可以采用软母线和硬母线，户内需要紧凑排列时一般采用硬母线。

2. 导体截面选择

导体截面可按最大长期工作电流选择或按经济电流密度选择。对年负荷利用小时数大(通常指$T_{max}>500$h)，传输容量大，长度在20m以上的导体，如发电机、变压器连接导体，其截面一般按经济电流密度选择，而配电装置的汇流母线通常在正常运行方式下，传输容量不大，可按最大长期工作电流选择。

按导体最大长期工作电流选择，计算式为

$$I_{max} \leqslant KI_{al} \tag{5-50}$$

式中 I_{max}——导体回路中最大工作电流(A);

I_{al}——在额定环境温度 $\theta_0 = \pm 25℃$ 时导体允许电流(A);

K——与实际环境温度和海拔有关的综合校正系数，可查手册获得。

当导体允许最高温度为 +70℃ 和不计日照时，K 值按下式计算：

$$K = \sqrt{\frac{\theta_{al} - \theta}{\theta_{al} - \theta_0}} \tag{5-51}$$

式中 θ_{al}、θ——导体长期发热允许最高温度和导体安装地点实际环境温度。

按经济电流密度选择导体截面可以使年计算费用最低。对于不同类型导体和不同最大负荷利用小时数 T_{max}，有一个年计算费用最低的电流密度，称为经济电流密度。各种铝导体的经济电流密度如图 5-8 所示。导体经济截面 S_J 为

$$S_J = \frac{I_{max}}{J} \tag{5-52}$$

应尽量选择标准截面，此外按经济电流密度选择导体截面的允许电流还应满足式(5-50)的要求。

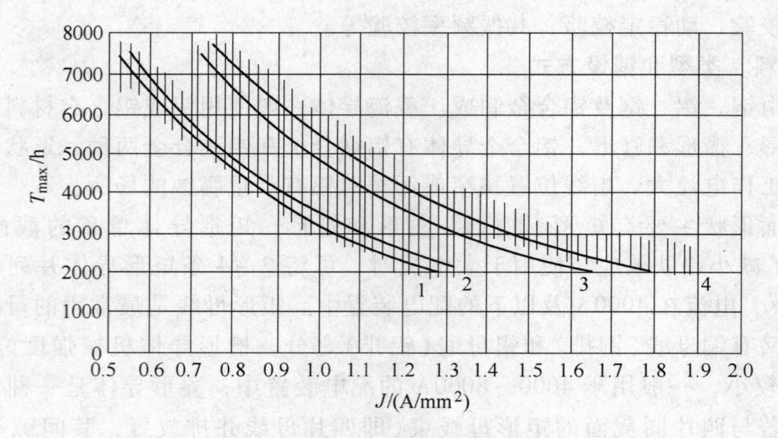

图 5-8 经济电流密度

3. 热稳定校验

在校验导体热稳定时，若计及趋肤效应系数 K_f 的影响，则由短路时发热的计算公式可得到短路热稳定决定的导体最小截面 S_{min} 为

$$S_{min} = \sqrt{\frac{Q_k K_f}{A_h - A_w}} = \frac{1}{C}\sqrt{Q_k K_f} \tag{5-53}$$

式中 C——热稳定系数，$C = \sqrt{A_h - A_w}$，其值见表 5-6；

Q_k——短路热效应($A^2 \cdot S$)。

表 5-6 不同温度下导体的 C 值

项目	参	数									
工作温度/℃	40	45	50	55	60	65	70	75	80	85	90
硬铝及铝锰合金	99	97	95	93	91	89	87	85	83	82	81
硬铜	186	183	181	179	176	174	171	169	166	164	161

4. 动稳定校验

各种形状的硬导体通常都安装在支柱绝缘子上，短路冲击电流产生的电动力将使导体发生弯曲，因此，导体应按弯曲情况进行应力计算。软导体不必进行动稳定校验。

（1）矩形导体应力计算　单条矩形导体构成母线的应力计算。导体间最大相间计算应力为

$$\sigma_{ph} = \frac{M}{W} = \frac{f_{ph}L^2}{10W} \tag{5-54}$$

式中　f_{ph}——单位长度导体上所受的相间电动力（N/m）；

L——导体支柱绝缘子间的跨距（m）；

M——导体所受的最大跨距（N · m），通常为多跨距、匀载荷梁，取 $M = f_{ph}L^2/10$，当跨距数等于 2 时，取 $M = f_{ph}L^2/8$；

W——导体对垂直作用力方向轴的截面系数（m^3）。

导体最大相间应力 σ_{ph} 应小于导体材料允许应力 σ_{al}（硬铝为 7×10^6Pa、硬铜为 140×10^6Pa），即

$$\sigma_{ph} \leqslant \sigma_{al} \tag{5-55}$$

则满足动稳定要求的绝缘子间最大允许跨距 L_{max} 为

$$L_{max} = \sqrt{\frac{10\sigma_{al}W}{f_{ph}}} \tag{5-56}$$

最大允许跨距 L_{max} 是根据材料最大允许应力确定的，当矩形导体平放时，为避免导体因自重而过分弯曲，所选跨距一般不超过 1.5 ~ 2m；三相水平布置的汇流母线常取绝缘子跨距等于配电装置间隔宽度，以便于绝缘子安装。

（2）多条矩形导体构成的母线应力计算　同相母线由多条矩形导体组成时，母线的最大机械应力由相间应力和同相条间应力 σ_b 叠加而成，母线满足的动稳定条件为

$$\sigma_{ph} + \sigma_b \leqslant \sigma_{al} \tag{5-57}$$

式(5-57)中，相间应力计算与单条导体的计算式相同，条间应力为

$$\sigma_b = \frac{M_b}{W} = \frac{f_bL_b^2}{12W} = \frac{f_bL_b^2}{2b^2h} \tag{5-58}$$

式中　M_b——边条导体所受弯矩（N · m），按两端固定的匀载荷梁计算，$M_b = f_{ph}L^2/12$；

W——导体对垂直条间作用力的截面系数（m^3），$W = b^2h/6$；

L_b——条间衬底跨距（m），如图 5-9 所示；

f_b——单位长度导体上所受条间作用力（N/m）。

（3）槽形导体应力计算　槽形导体应力计算方法与矩形导体相同，导体布置方式如图 5-10 所示。按图 5-10a 布置，导体的截面系数 $W = 2W_X$，按图 5-10b 布置，$W = 2W_Y$（W_X、W_Y 分别为单槽导体对 X 和 Y 轴的截面系数）。若采用焊片将双槽形导体焊成整体时，图 5-10b 中的 $W = W_{Y0}$。槽形导体的截面系数可查电力设计手册。

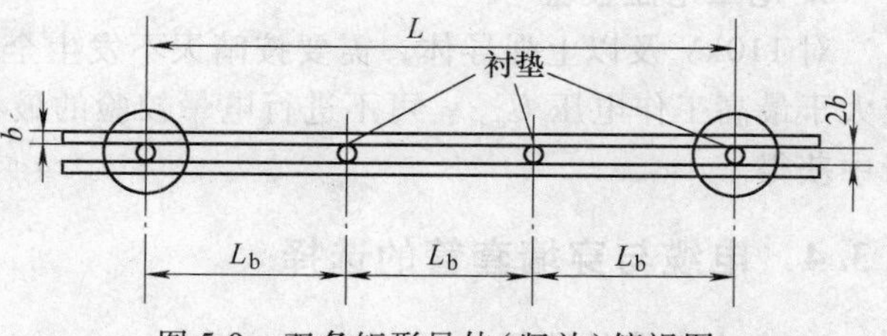

图 5-9　双条矩形导体（竖放）俯视图

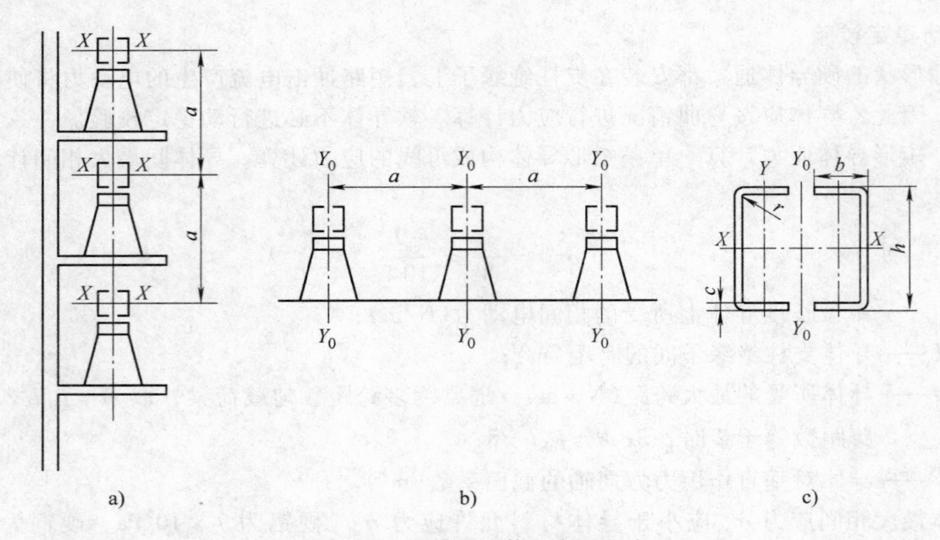

图 5-10 双槽型导体的布置方式

a)垂直布置 b)水平布置 c)导体截面

若双槽形导体条间距离为 $2b=h$ 时，$K_{12}\approx1$，双槽形导体条间作用力可表示为

$$f_{\mathrm{b}} = 2(0.5i_{\mathrm{sh}})^2\times10^{-7}\frac{1}{h} = 5\times10^{-8}i_{\mathrm{sh}}^2\frac{1}{h} \tag{5-59}$$

双槽形导体抗弯曲的截面系数 $W=W_Y$，条间应力为

$$\sigma_{\mathrm{b}} = \frac{f_{\mathrm{b}}L_{\mathrm{b}}^2}{12W_Y} = 4.16\frac{i_{\mathrm{sh}}^2L_{\mathrm{b}}^2}{hW_Y}\times10^{-9} \tag{5-60}$$

5. 母线共振校验

对于重要回路(发电机、变压器回路及汇流母线等)的导体应进行共振校验。若已知导体材料、形状、布置方式和应避开的自振频率(一般为 30～160Hz)时。导体不发生共振的最大绝缘子跨距 $L_{\max}$ 为

$$L_{\max} = \sqrt{\frac{N_f}{f_1}\sqrt{\frac{EJ}{m}}} \tag{5-61}$$

式中 N_f——母线频率系数；

f_1——导体的一阶固有频率；

m——导体单位长度的质量(kg/m)；

E——导体弹性模量(Pa)；

J——导体截面惯性矩(m^4)，$J=bh^3/12$，其中，b 为导体截面宽度(m)，h 为导体截面高度(m)。

6. 电晕电压校验

对 110kV 及以上裸导体，需要按晴天不发生全面电晕条件校验，裸导线的临界电压 U_{cr} 应大于最高工作电压 $U_{\max}$。可不进行电晕校验的最小导体型号及外径，可从电力设计相关手册中获得。

5.3.4 电缆与穿墙套管的选择

1. 电力电缆的选择

(1)电缆芯线材料及型号选择

电缆芯线有铜芯和铝芯，电缆型号很多，选择时应根据用途、铺设方式和使用条件进行选择。

(2)电压选择

电缆的额定电压应大于或等于电网的额定电压，$U_N \geqslant U_{NS}$。

(3)截面选择

电力电缆截面选择方法与裸导体基本相同，利用式(5-50)选择电缆时，其修正系数 K 与铺设方式和环境温度有关，可查表获得相应数值。

(4)允许电压降校验

对供电距离较远、容量较大的电缆线路，应校验其电压损失，一般电压损失不大于5%。对于长度为 L，单位长度的电阻为 r，电抗为 x 的三相交流电缆，计算式为

$$\Delta U(\%) = \frac{173}{U} I_{max} L(r\cos\varphi + x\sin\varphi)\% \tag{5-62}$$

式中，U、$\cos\varphi$ 分别为线路工作电压和功率因数。

(5)热稳定校验

电缆芯线一般由多股绞线构成，$K_f \approx 1$，满足短路热稳定的最小截面为

$$S_{min} \approx \frac{\sqrt{Q_K}}{C} \times 10^3 \tag{5-63}$$

电缆的热稳定系数 C 用下式计算

$$C = \frac{1}{\eta}\sqrt{\frac{4.2Q}{K_f \rho_{20} a}\ln\frac{1 + a(\theta_h - 20)}{1 + a(\theta_w - 20)}} \times 10^{-2} \tag{5-64}$$

式中，η 为计及电缆芯线填充物容量随温度变化以及绝缘散热影响的校正系数，通常10kV及以上回路可取1.0，对于最大负荷利用小时数较高的3～6kV厂用电回路，可取0.93；Q 为电缆单位体积的热容量，铝芯取0.59J/(cm^3·℃)，铜芯取0.81J/(cm^3·℃)；a 为电缆在20℃时的电阻温度系数，铝芯取 4.03×10^{-3}/℃，铜芯取 3.93×10^{-3}/℃；K_f 为20℃时电缆芯线的集肤效应系数，$S<150\text{mm}^2$ 的三芯电缆，$K_f=1$，$S=150\sim240\text{mm}^2$ 的三芯电缆，$K_f=1.01\sim1.035$；ρ_{20} 为电缆芯在20℃时的电阻系数，铝芯为 $3.1\times10^{-6}\Omega\cdot\text{cm}^2/\text{m}$，铜芯为 $1.84\times10^{-6}\Omega\cdot\text{cm}^2/\text{m}$；$\theta_w$ 为短路前电缆的工作温度；θ_h 为电缆在短路时的最高允许温度，对10kV及以下普通黏性浸渍纸绝缘电缆及交联聚乙烯绝缘电缆为200℃，有中间接头的电缆最高温度为120℃。

2. 支柱绝缘子和穿墙套管的选择

(1)形式选择

根据安装地点、环境，选择屋内、屋外或防污式及满足使用要求的其他产品，一般屋内选用联合胶装多棱式，屋外采用棒式，需要倒装时，采用悬挂式。

(2)额定电压选择

无论支持绝缘子或穿墙套管均应满足产品额定电压大于或等于电网额定电压的要求。3～20kV屋外支柱绝缘子和套管，当有冰雪和污秽时，宜选用高一级电压的产品。

(3)穿墙套管的额定电流选择与窗口尺寸的配合

具有导体的穿墙套管额定电流 I_N 应大于或等于回路中最大持续工作电流 I_{max}，当环境温

度为 40 ~ 60℃时，导体的长期发热允许最高温度 θ_{al} 取 85℃，I_N 修正为

$$\sqrt{\frac{85-\theta}{45}}I_N \geqslant I_{max} \tag{5-65}$$

母线型穿墙套管只需保证套管的型式与穿过母线的窗口尺寸配合即可。

(4)动、热稳定校验

无论是支柱绝缘子或穿墙套管均要进行动稳定校验。布置在同一平面内的三相导体在发生短路时，认为支柱绝缘子或套管所受的力为该绝缘子相邻导体上电动力的平均值(见图 5-11)。如绝缘子 1 所受的电动力为

$$F_{max} = \frac{F_1 + F_2}{2} = 1.73 i_{sh}^2 \frac{L_c}{a} \times 10^{-7} \tag{5-66}$$

式中，L_c 为计算跨距(m)，$L_c = (L_1 + L_2)/2$，对于套管，$L_2 = L_{ca}$(套管长度)。

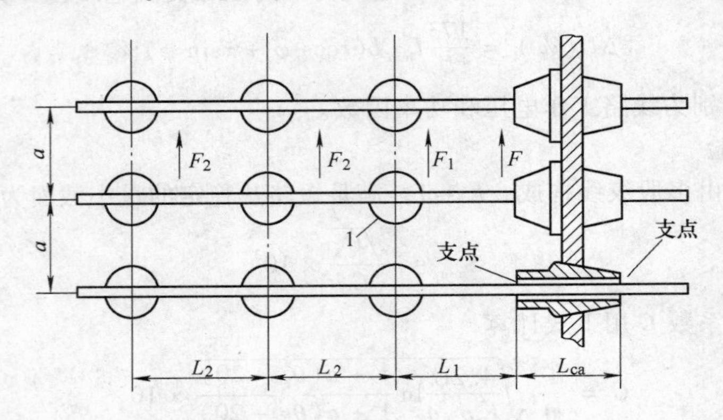

图 5-11　绝缘子和穿墙套管所受的电动力(1 为绝缘子)

支柱绝缘子的抗弯破坏强度 F_{de} 是按作用在绝缘子高度为 H 处给定的(见图 5-12)，电动力则是作用到导体截面中心线上 H_1 上，折算到绝缘子帽上的计算系数为 H_1/H，则应满足

$$\frac{H_1}{H}F_{max} \leqslant 0.6F_{de} \tag{5-67}$$

式中，0.6 为裕度系数，是计及绝缘子材料性能的分散性；H_1 为绝缘子底部导体水平中心线的高度(mm)，$H_1 = H + b + h/2$，b 为导体支持器下片厚度，一般对于竖放矩形导体，$b = 18\text{mm}$，对于平放矩形导体及槽形导体，$b = 12\text{mm}$。

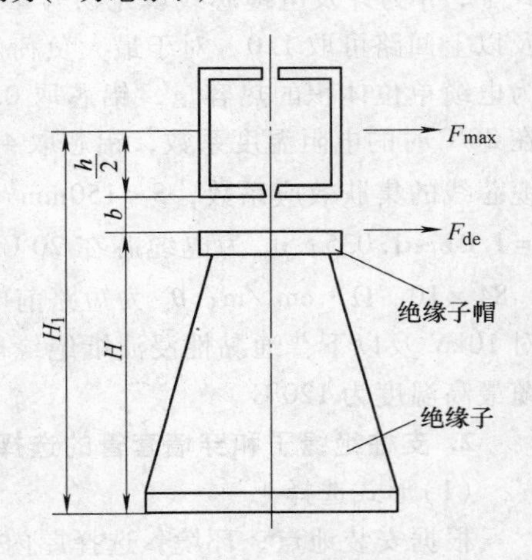

图 5-12　绝缘子受力示意图

具有导体的穿墙套管应对导体校验热稳定，其套管的热稳定能力校验方法与其他导体校验方法相同，即

$$I_t^2 t \geqslant Q_k$$

此外，屋内 35kV 及以上水平安装的支柱绝缘子，应考虑导体和绝缘子的自重，屋外支柱绝缘子应计及风和冰雪的附加作用。

5.3.5　低压一次设备的选择

低压一次设备的选择，与高压一次设备的选择一样，必须考虑安装地点并满足在正常条件下和短路故障条件下工作的要求。同时，设备工作应安全可靠，运行维护方便，投资经济合理。低压一次设备主要指低压熔断器、低压刀开关、低压负荷开关、低压断路器和低压配电屏等。

低压一次设备的选择及校验条件见表 5-7。

表 5-7　低压一次设备的选择及校验条件

设备名称	电压	电流	断流能力	短路电流校验	
				动稳定性	热稳定性
低压熔断器	√	√	√	—	—
低压刀开关	√	√	√	○	○
低压负荷开关	√	√	√	○	○
低压断路器	√	√	√	○	○

注：表中"√"表示必须校验；"○"表示一般可不校验。

思考题与习题

5-1　电气设备选择的条件是什么？

5-2　提高导体载流量有哪些措施？

5-3　电压和电流互感器使用注意事项有哪些？通常采取什么措施？

5-4　电压互感器和电流互感器二次绕组接地各有何作用？接地方式有何差异？

5-5　电流互感器和电压互感器接线方式有哪些？适用于何种场合？

5-6　高压断路器、高压隔离开关、高压负荷开关、高压熔断器等在选择时，哪些需要校验断流能力？哪些需要校验短路动稳定性、热稳定性？

5-7　简述几种常用低压一次设备的选择及校验条件。

第6章　发电厂和变电所的二次系统

6.1　二次系统的基本概念

在发电厂和变电所中，除一次设备外，还有对一次设备进行监视、控制、测量和保护的二次设备。虽然二次设备的工作电压较低，但对发电厂和变电所的安全运行同样起着重要的作用。发电厂和变电所的二次设备一般包括控制和信号设备、测量表计、继电保护装置及各种自动装置等，它们构成了发电厂和变电所的二次系统。

二次接线又称二次回路，是将二次设备按照工作要求，互相连接组合在一起所形成的电路。为了设计和运行方便，二次回路分为操作控制电路、测量电路、信号电路、保护电路、操作电源电路和自动装置电路等。将二次设备按照工作要求连接在一起的图样称为二次接线图。二次接线图按其用途可分为原理接线图、展开接线图和安装接线图。二次接线图应采用国家规定的图形符号和文字符号绘制，表6-1列出了电气设备常用基本文字符号。

表6-1　电气设备常用基本文字符号

文字符号	名称	旧符号	文字符号	名称	旧符号
A	放大器	—	KR	干簧继电器	GHJ
APD	备用电源自动投入装置	BZT	KS	信号继电器	XJ
ARD	自动重合闸装置	ZCH	KT	时间继电器	SJ
C	电容，电容器	C	KV	电压继电器	YJ
F	避雷器	BL	KZ	阻抗继电器	ZJ
FD	跌落式熔断器	DR	L	电感，电感线圈	L
FU	熔断器	RD	L	电抗器	DK
G	发电机，电源	F	M	电动机	D
HA	蜂鸣器，警铃，电铃等	FM，JL	N	中性线	N
HL	指示灯，信号灯	XD	PA	电流表	A
HLR	红色指示灯	HD	PE	保护线	—
HLG	绿色指示灯	LD	PEN	保护中性线	N
HLY	黄色指示灯	UD	PJ	电能表	wh，varh
HLW	白色指示灯	BD	PV	电压表	V
K	继电器，接触器	J，C	Q	电力开关	K
KA	电流继电器	LJ	QF	断路器（含自动开关）	DL（ZK）
KAC	加速继电器	JSJ	QK	刀开关	DK
KAR	重合闸继电器	CHJ	QL	负荷开关	FK
KB	闭锁继电器	BJ	QS	隔离开关	GK
KD	差动继电器	CJ	R	电阻，电阻器	R
KG	气体继电器	WSJ	RP	电位器	W
KM	中间继电器	ZJ	S	电力系统	XT
KM	接触器	C	SA	控制开关，选择开关	KK，XK
KP	功率继电器，极化继电器	GJ	SB	按钮	AN
KO	合闸接触器	HC	T	变压器	B

（续）

文字符号	名称	旧符号	文字符号	名称	旧符号
TA	电流互感器	CT，LH	WC	控制小母线	KM
TAN	零序电流互感器	LLH	WFS	预告信号小母线	YXM
TAM	中间变流器	ZLH	WL	线路	XL
TAV	电抗变压器	DKB	WO	合闸电源小母线	HM
TV	电压互感器	PT，YH	WS	信号电源小母线	XM
TVM	中间变压器	ZYH	WV	电压小母线	YM
U	变流器，整流器	BL，ZL	XB	连接片，切换片	LP，QP
V	电子管，晶体管	—	XT	端子板	—
VD	二极管	D	YA	电磁铁	DC
VT	晶体（三极）管	T	YO	合闸线圈	HQ
W	母线	M	YR	跳闸线圈，脱扣器	TQ
WF	闪光信号小母线	SYM	ZAN	负序电流滤过器	—
WAS	事故声响信号小母线	SM	ZVN	负序电压滤过器	—

1. 原理接线图

原理接线图表明了二次接线的工作原理，是绘制展开接线图和安装接线图的基础。它的主要特点是，图中元件设备以整体形式表示，并不绘出元件本身内部接线，而且一次设备和二次设备、交流电路和直流电路均绘在一起。图 6-1 给出了 10kV 线路过电流保护原理接线图。

从图 6-1 可以看出，整套保护装置由四个继电器组成，电流继电器 KA1 和 KA2 的线圈分别串接于 A、C 相电流互感器 TAa、TAc 的二次线圈回路中，两个电流继电器的常开触点并联后接到时间继电器 KT 线圈上，时间继电器 KT 的触点与信号继电器 KS 线圈串联后，通过断路器辅助触点 QF2 接到断路器跳闸线圈 YR 上。当流过的电流超过电流继电器的动作电流时，其触点闭合，将由直流操作电源母线正极来的电源加在时间继电器 KT 线圈上，时间继电器线圈的另一端是直接接在从直流操作电源负母线引来的电源负极上，时间继电器 KT 启动，经过一定时限后其延时触点闭合，直流操作电源正极经过其触点和信号继电器 KS 的线圈、断路器的辅助触点 QF2 和跳闸线圈 YR 接至直流操作电源负极。信号继电器 KS 的线圈和跳闸线圈 YR 中有电流流过，两者同时动作，使断路器 QF 跳闸，并由信号继电器 KS 的触点发出信号。断路器跳闸后由其辅助触点 QF2 切断跳闸线圈中的电流。

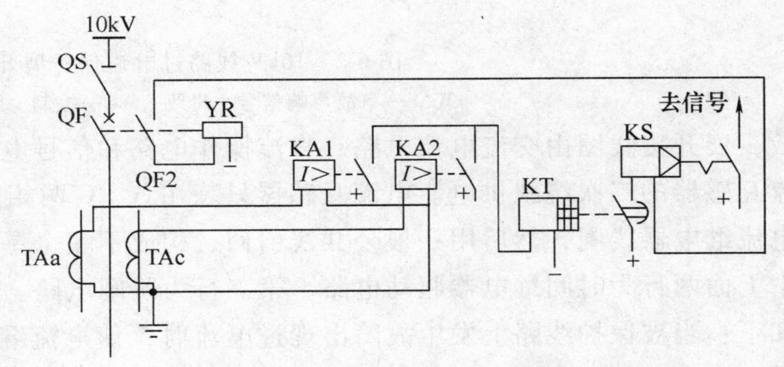

图 6-1　10kV 线路过电流保护原理接线图

TA—电流互感器　KA1、KA2—电流继电器　KT—时间继电器　KS—信号继电器　QF—断路器及其辅助触点　YR—跳闸线圈　QS—隔离开关

原理接线图能使人了解设备的整体工作概况，给人以形象、明显和直观的感觉。但这种接线图只是给出元件设备整体图，没有内部接线，没有回路标号和接线端子标号，会给阅图和施工带来困难，也不易查找错误，特别是在比较复杂的二次接线中，这些缺点更加突出。因此，工程中采用展开接线图作为工程用图样。

2. 展开接线图

展开接线图将每套装置的有关设备部件解体，按供电电源的不同分别画出电路的接线图。由于将同一个仪表或继电器的电流线圈、电压线圈和触点分别画在不同的电路里，因此为了避免混淆，需将同一个元件及设备的线圈和触点采用相同的文字标号表示。

图 6-2 是图 6-1 的展开接线图。图中右侧为一次接线示意图，表示主接线情况及保护装置所连接的电流互感器在一次系统中的位置，左侧为保护电路的展开接线图。

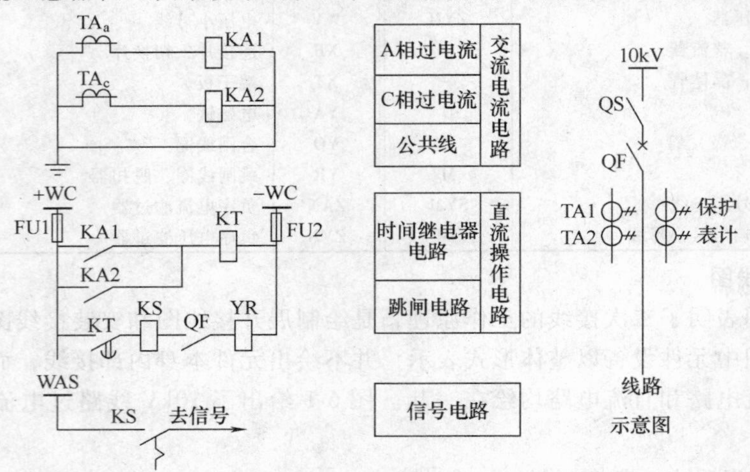

图 6-2 10kV 线路过电流保护展开接线图

WAS—事故声响信号小母线 WC—控制电路电源小母线

展开接线图由交流电流电路、直流操作电路和信号电路三部分组成。交流电流电路由电流互感器的二次绕组供电。电流互感器只装在 A、C 两相上，其二次绕组每相分别接入一只电流继电器线圈，然后用一根公共线引回，构成不完全星形联结。直流操作电路中，横线条中上面两行为时间继电器起动电路，第三行为跳闸电路。最后一行为信号电路。其动作顺序如下：当被保护线路上发生故障出现过电流时，使电流继电器 KA1 或 KA2 动作，其常开触点闭合，接通时间继电器的线圈电路。时间继电器 KT 动作，经过整定时限后，其延时触点闭合，接通跳闸电路。断路器在合闸状态时，其与主轴联动的常开辅助触点 QF 是闭合的，此时在跳闸线圈 YR 中有电流流过，使断路器跳闸。同时串联于跳闸电路中的信号继电器 KS 动作，其在信号电路中的触点 KS 闭合，接通小母线 WAS，发出事故声响等信号。

3. 安装接线图

安装接线图是制造厂加工制造屏（屏盘）和现场施工安装所必不可少的图样，也是运行试验、检修和事故处理等的主要参考图样。图 6-3 是根据图 6-1 绘制的安装接线图。

安装接线图包括屏面布置图、屏背面接线图和端子排图三个组成部分，它们相互对应，互相补充。屏面布置图是说明屏上各个元件及设备的排列位置和其相互间距离尺寸的图样，要求按照一定的比例尺绘制。屏背面接线图是在屏上配线所必需的图样，其中应标明屏上各个设备在屏背面的引出端子之间的连接情况，以及屏上设备与端子排的连接情况。端子排图是表示屏上需要装设的端子数目、类型及排列次序以及它与屏外设备连接情况的图样。通常在屏背面接线图中也包括端子排在内。屏背面接线图和端子排图必须说明导线从何处来，到何处去，以防止接错线。

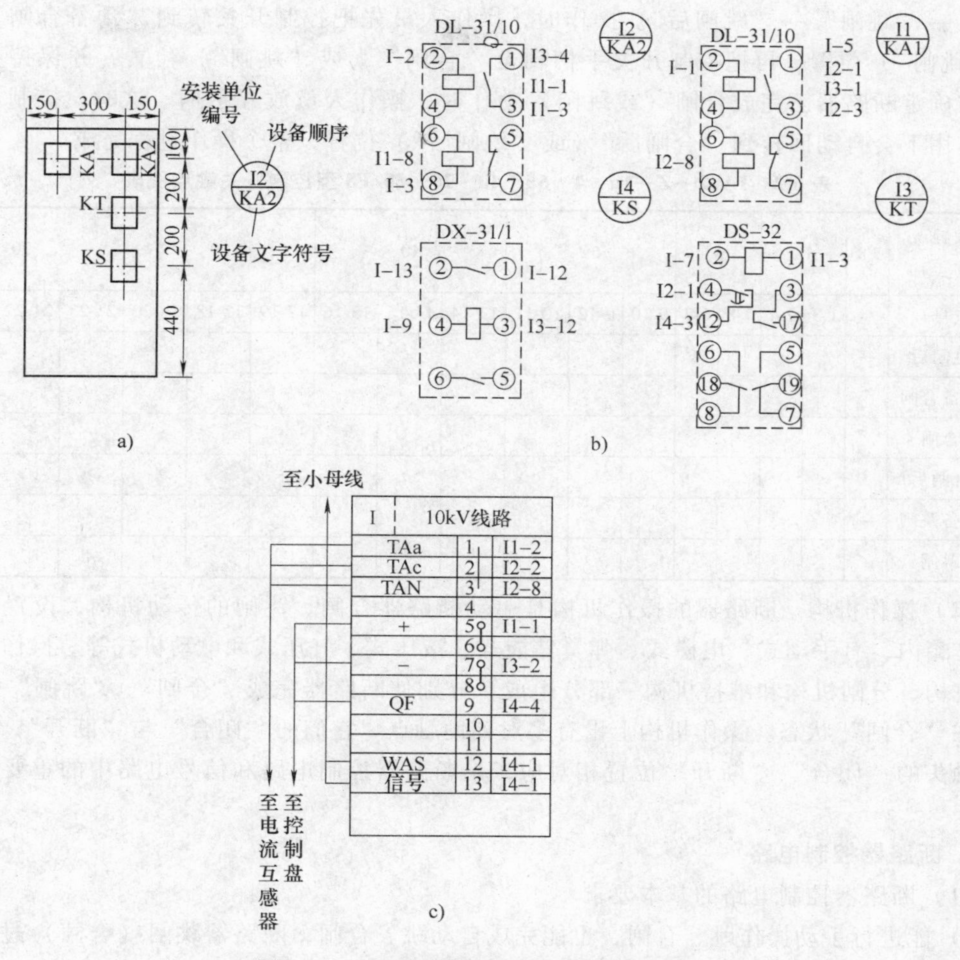

图 6-3　10kV 线路过电流保护安装接线图

a）屏面布置图　b）屏背面接线图　c）端子排图

6.2　断路器控制电路和信号电路

6.2.1　断路器控制电路

1. 控制开关与操作机构

（1）控制开关　控制开关是对断路器等进行控制的操作元件。常用的 LW2 系列的控制开关是用手柄操作的，在手柄转轴上装有彼此绝缘的系列铜片触点（动触点），绝缘外壳的内壁上装有固定不动的静触点。手柄转动时每个触点盒内动、静触点的通断状态可查看触点图表，见表 6-2。表中，黑点“·”表示闭合，空白表示断开，箭头所指方向为手柄位置。

这种控制开关有六个位置：两个预备操作位置（“预备合闸”和“预备跳闸”）、两个操作位置（“合闸”和“跳闸”）、两个固定位置（“合闸后”和“跳闸后”）。

合闸操作的程序为“预备合闸”→“合闸”→“合闸后”；跳闸操作的程序为“预备

跳闸”→“跳闸”→“跳闸后”。操作时，操作人员先把控制开关转到“预备合闸”（或“预备跳闸”）位置，再把控制开关手柄转至“合闸”（或“跳闸”）位置，并保持在此位置，在确定断路器已完成合闸（或跳闸）动作时，操作人员放开手柄。这时，控制开关在弹簧作用下会自动回转到“合闸后”（或“跳闸后”）位置，整个操作过程完成。

表 6-2　LW2—Z—1a · 4 · 6a · 40 · 20 · 20/F8 型控制开关触点图表

手柄和触点盒型式		F8	1a		4		6a			40			20			20		
触点号			1-3	2-4	5-8	6-7	9-10	9-12	10-11	13-14	14-15	13-16	17-19	17-18	18-20	21-23	21-22	22-24
位置	跳闸后	←		·					·		·				·			·
	预备合闸	↑	·				·			·				·			·	
	合闸	↗			·			·				·	·			·		
	合闸后	↑	·				·					·	·			·		
	预备跳闸	←		·					·	·				·			·	
	跳闸	↙				·			·		·				·			·

（2）操作机构　断路器的操作机构是驱动断路器合闸、跳闸的传动机构，设置在断路器操作箱内，有手动式、电磁式、弹簧储能式、液压式、气压式和电动机式等。操作机构由合闸机构、分闸机构和维持机构三部分组成，分别使断路器完成“合闸”、“跳闸”操作和保持在“合闸”状态。操作机构上设有多对辅助触点，它们的“闭合”与“断开”，与断路器主触头的“闭合”、“断开”位置相对应，是断路器控制电路和信号电路中的重要组成部分。

2. 断路器控制电路

（1）断路器控制电路的基本要求

1）能进行手动操作跳、合闸，也能完成自动跳、合闸，断路器跳闸（合闸）过程完成后，能自动切断跳闸（合闸）线圈电路电流，防止线圈因长时间通电而烧毁；

2）有防止断路器连续多次跳、合闸的防跳电路；

3）有反映断路器完成跳闸或合闸操作的位置信号；

4）有断路器自动跳闸或合闸的位置信号；

5）有控制电路完好性监视信号；

6）在满足基本要求的前提下，力求简单可靠。

（2）简化的断路器控制电路　图 6-4 所示为简化的断路器控制电路。图中，SA 是控制开关；YR 是跳闸线圈；KO 是断路器合闸接触器线圈，KO1 和 KO2 是接触器 KO 的带灭弧罩的常开触点；YO 是断路器 QF 的合闸线圈，QF1 和 QF2 是断路器 QF 的常闭和常开辅助触点；跳跃闭锁继电器 KLB 是具有电流起动线圈和电压自保持线圈的中间继电器，KLB1 和 KLB2 是它的常开和常闭触点；KM1 是自动合闸电路出口中间继电器的常开触点，KM0 是继电保护出口中间继电器的常开触点；WC 是直流控制电路电源小母线，WO 是断路器直流合闸电路电源小母线。图中，控制开关 SA 右侧的三条虚线中，“1”为操作手柄在“预备合闸”位置，“2”为“合闸”位置，“3”为“合闸后”位置；左侧的三条虚线中，“1”为操作手柄在“预备跳闸”位置，“2”为“跳闸”位置，“3”为“跳闸后”位置。在每一对触点下方的一条虚线上有一个圆点“·”，表示手柄在此虚线对应的位置时该触点闭合。

图 6-4 所示控制电路的工作原理如下：

1）手动合闸：此时，KLB2 和 QF1 处于“闭合”状态，将 SA 的手柄旋转至“合闸”位置时，SA 5-8 闭合，KO 起动，KO1 和 KO2 闭合，QF 的合闸线圈 YO 起动，QF 合闸。当 QF 确实合闸后，放开 SA 手柄，SA 自动回到“合闸后”位置。此时，QF1 断开，KO 返回，KO1 和 KO2 断开，YO 无电流。

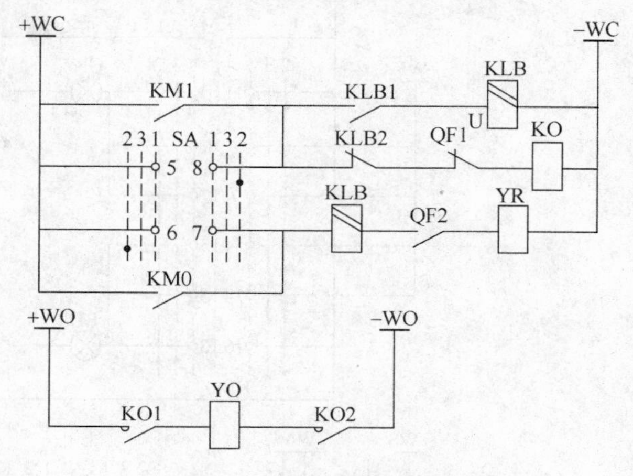

图 6-4　简化的断路器控制电路

2）手动跳闸：此时，QF2 处于“闭合”状态，将 SA 的手柄旋转至“跳闸”位置时，SA 6-7 闭合，KLB 电流线圈起动，YR 起动，QF 跳闸。当 QF 确实跳闸后，放开 SA 手柄，SA 自动回到“跳闸后”位置。此时，QF2 断开，YR 无电流。

3）防跳电路：当 SA 的手柄转至“合闸”位置或触点 SA5-8 粘住时，若继电保护动作，KM0 的常开触点闭合，使 QF 自动跳闸，于是 KLB 的电流线圈起动，KLB1 触点闭合，KLB 电压线圈实现自保持，使 KLB2 触点保持为“断开”状态，KO 不可能再次起动。这样，QF 就不会因连续多次跳闸和合闸的跳跃而损坏。

4）自动跳、合闸：继电保护动作时，KM0 触点闭合，QF 自动跳闸，自动重合闸动作时，KM1 闭合，QF 自动合闸。

6.2.2　信号电路

1. 简化的断路器信号电路

图 6-5 所示为简化的断路器信号电路。绿灯 GN 发平光表示断路器 QF 完成跳闸，且断路器合闸控制电路完好；红灯 RD 发平光表示断路器完成合闸，且断路器跳闸控制电路完好。+WF 为闪光信号小母线，WAS 为事故声响信号小母线，WS 为信号电路电源小母线。

1）手动合闸：此时，QF 在“跳闸”（断开）位置，SA 的手柄在“跳闸后”位置，SA11-10 闭合，绿灯 GN 发平光。合闸操作时，先将 SA 转到“预备合闸”位置，SA9-12 闭合，GN 闪光，再将 SA 转到“合闸”位置，SA16-13 闭合，当 QF 合闸完成后，QF1 断开，QF2 闭合，绿灯 GN 灭，红灯 RD 发平光，放开 SA 手柄，让 SA 自动返回“合闸后”位置。此时，RD 保持发平光，YR 中有电流，但 RD 及附加电阻 1R 电阻值很大，YR 中的电流很小，不能使 QF 跳闸。

当发生故障，继电保护动作，KM0 动作，QF 自动跳闸，QF2 断开，QF1 闭合，RD 灭，GN 闪光，控制室内蜂鸣器 HA 发出事故声响。要解除 GN 闪光及事故声响信号，可以把 SA 转至与 QF 相对应的位置，即“跳闸后”位置，这样，SA9-10 断开，SA11-10 闭合，GN 发平光，SA1-3 和 SA19-17 同时断开，事故声响信号解除。

2）手动跳闸：此时，QF 处于“合闸”(闭合)位置,SA 处于“合闸后”位置，SA16-13

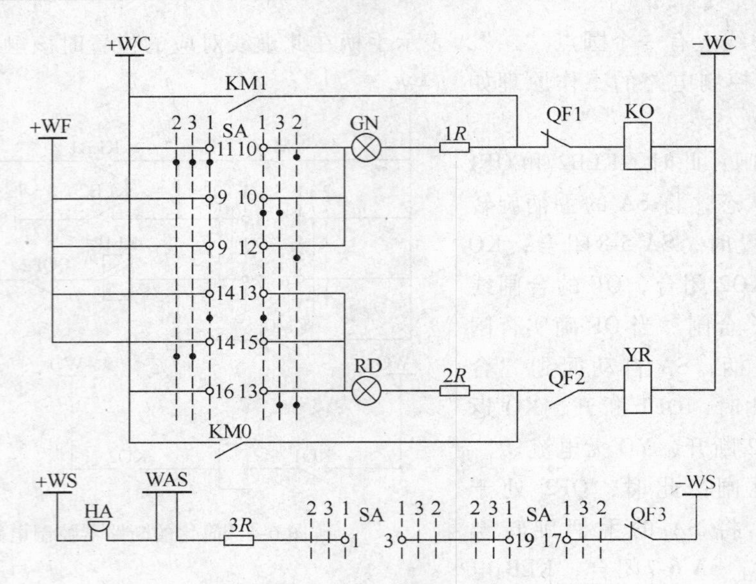

图 6-5　断路器信号电路

闭合，RD 发平光。操作时，先将 SA 转到“预备跳闸”位置，SA14-13 闭合，RD 闪光，然后将 SA 转至“跳闸”位置，当 QF 跳闸完成后，QF1 闭合，QF2 断开，红灯 RD 灭，当 GN 发平光时，放开手柄，让 SA 自动返回到“跳闸后”位置。此时，GN 继续发平光，KO 中有电流，但同样地不会产生合闸操作。

如果自动重合闸装置动作，KM1 闭合，QF 自动合闸，此时，SA 在“跳闸后”位置，SA14-15 闭合，RD 闪光。把 SA 手柄转到“合闸后”位置，使 SA 手柄与 QF 的实际位置相对应，则闪光解除。

3）事故声响信号：在厂站电气控制室装设蜂鸣器 HA，在正常运行时，SA 手柄处在“合闸后”位置，SA1-2、SA19-17 闭合，若 QF 自动跳闸，QF3 闭合，由图 6-5 可知，只有在这种情况下，HA 才会发出事故声响报警信号，而其他状态下都不会有此信号。

2. 中央信号电路

在有人值班厂站的控制室都装设中央事故信号和预告信号装置，事故声响信号多采用蜂鸣器，预告声响信号多采用电铃（其他各种新型报警和事故记录装置也在应用）。蜂鸣器指示发生短路故障，且断路器自动跳闸，电铃指示出现不正常运行状态，而光字牌可将具体的情况显示出来。根据信号，值班人员可以迅速做出判断、采取措施，以尽量减少事故和不正常运行状态所造成的影响。图 6-6 所示为简易中央声响信号电路。

（1）事故声响信号电路　图 6-6a 为个别解除式事故声响信号电路。正常运行时，1SA、2SA 在“合闸后”位置，其 1-3、19-17 触点闭合，1QF3、2QF3 断开，HA 中无电流。在任意一台断路器（1QF）自动跳闸后，其相应的常闭辅助触点（1QF3）闭合，HA 发出声响信号。当值班人员把控制开关（1SA）手柄转至“跳闸后”位置时，事故声响信号解除。但同时，控制电路的闪光信号也被解除了，不利于值班人员处理事故，这是这种信号电路的主要缺点。

图 6-6b 所示为中央复归不能重复动作的事故声响信号电路。2SB 为中央解除按钮，在任意一台断路器自动跳闸后 HA 起动，按下 2SB 按钮，HA 解除。由于 SA 没有回到“跳闸

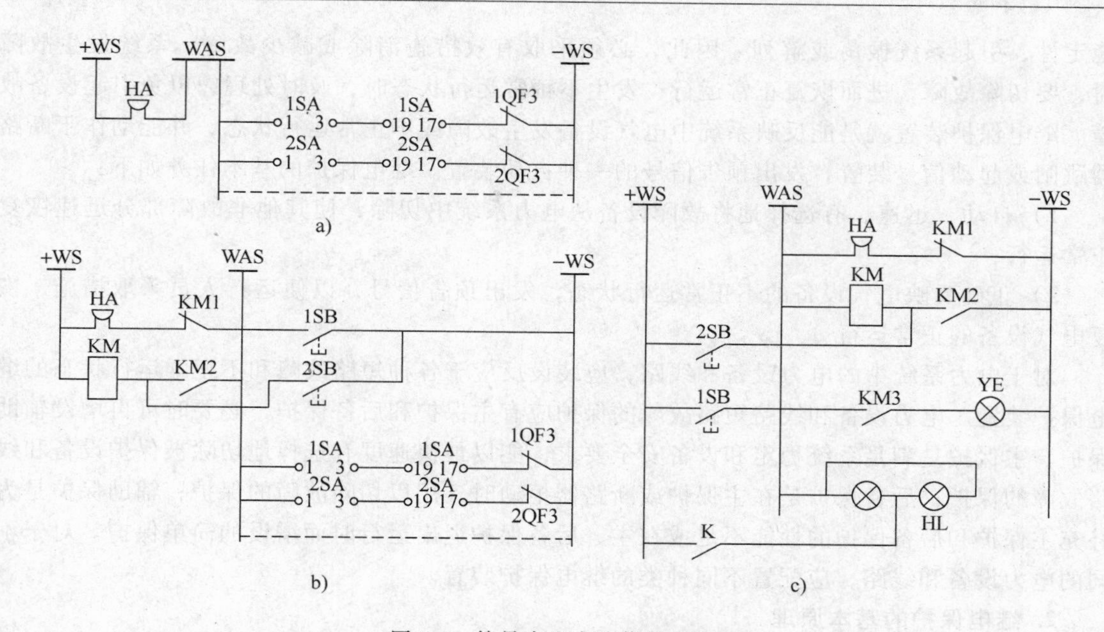

图 6-6　简易中央声响信号电路

a）个别解除式事故声响信号电路　b）中央复归不能重复动作的事故声响信号电路

c）不能重复动作的中央复归式预告声响信号电路

后”位置，闪光信号能继续保留。但此电路不能重复动作，如第一台断路器自动跳闸，值班人员把事故声响信号 HA 解除，但灯光信号仍保留，若又有一台断路器自动跳闸，由于中间继电器 KM 由触点 KM2 自保持，HA 就不能重复动作了。如果要 HA 重复动作，则应在断路器跳闸后将其控制开关 SA 转至“跳闸后”位置。

（2）预告声响信号电路　控制室的中央信号屏上的声响（如警铃）和光字牌等预告信号反应于电气设备或线路的不正常运行状态，如过负荷、变压器轻瓦斯保护动作、小电流接地系统单相接地、电压互感器二次断线、直流系统绝缘降低、自动装置动作等。

图 6-6c 所示为不能重复动作的中央复归式预告声响信号电路。当出现不正常运行状况时，继电器 K 动作，预告声响信号 HA 和光字牌 HL 动作。值班人员按下中央解除按钮 2SB，中间继电器 KM 动作，KM2 自保持；KM1 切断警铃 HA 回路，KM3 闭合，黄色信号灯 YE 亮，告知值班人员出现不正常运行状态，在不正常运行状态消除后，KM 返回，HL 灯灭，YE 同时熄灭。这种方案不能重复动作，如果第一个不正常运行状态尚未消除，就出现第二个不正常运行状态，HA 不能再次动作。

6.3　继电保护

6.3.1　继电保护的基本原理及要求

1. 继电保护的基本任务

电力系统在运行中，可能发生各种故障或不正常运行状态。最为严重的故障是发生短路故障，它将导致严重后果，如烧毁或损坏电气设备，造成大面积停电，甚至破坏电力系统的稳定性，引起系统振荡或解列。因此，必须采取有效措施消除或减少故障。系统发生故障时，要切除故障，进而恢复正常运行；发生不正常运行状态时，及时处理，以免引起设备故障。继电保护装置就是能反映系统中电气设备发生故障或不正常运行状态，并能动作于断路器跳闸或起动信号装置，发出预告信号的一种自动装置。继电保护的基本任务如下：

1）自动、迅速、有选择地将故障设备从电力系统中切除，使其他非故障部分迅速恢复正常运行；

2）正确反映电气设备的不正常运行状态，发出预告信号，以便运行人员采取措施，恢复电气设备的正常运行。

对于电力系统中的电力设备和线路，应装设反应于各种短路故障和不正常运行状态的继电保护装置。电力设备和线路短路故障的保护应有主保护和后备保护，必要时可再增设辅助保护。主保护是满足系统稳定和设备安全要求，能以最快速度有选择地切除被保护设备和线路故障的保护；后备保护是在主保护或断路器拒动时，用以切除故障的保护；辅助保护是为补充主保护和后备保护的性能不足或在主、后备保护退出运行时而增设的简单保护。对于不同的电力设备和线路，应配置不同种类的继电保护装置。

2. 继电保护的基本原理

电力系统发生故障时，电流和电压的大小及相位将发生变化，还会产生负序、零序电流及电压分量。利用故障中系统物理量的特征，可以构成各种不同原理的继电保护装置。例如，反映电流量变化的有过电流保护；反映电压量变化的有欠电压或过电压保护；反映电压与电流的比值，即反映短路点到保护安装处之间的阻抗有距离保护等。尽管继电保护种类很多，但一般继电保护装置通常由三个基本部分所构成，即测量部分、逻辑部分和执行部分，其原理框图如图 6-7 所示。

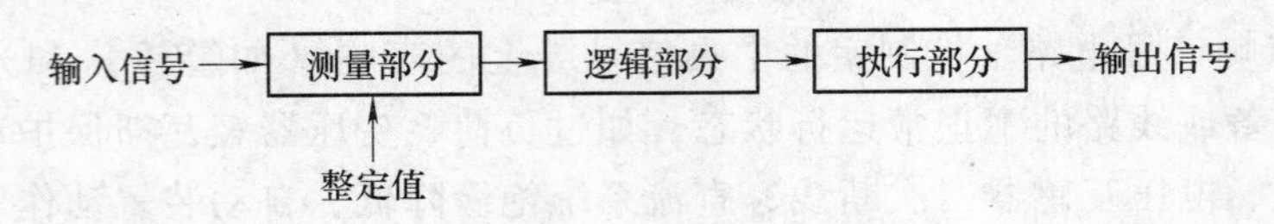

图 6-7　继电保护原理框图

1）测量部分：测量部分的作用是测量被保护元件的工作状态（正常工作、非正常工作或故障状态）的一个或几个物理量，并和已给的整定值进行比较，从而判断继电保护装置是否应该起动；

2）逻辑部分：逻辑部分的作用是根据测量部分各输出量的大小、性质、出现的顺序或它们的组合，使继电保护装置按一定的逻辑程序工作，最后传到执行部分；

3）执行部分：执行部分是根据逻辑部分的输出信号驱动继电保护装置动作，使断路器跳闸或发出信号。

3. 对继电保护的基本要求

根据继电保护装置所承担的任务，对继电保护的基本要求可归纳为以下四个方面：

1）选择性：当电力系统中的某一元件发生故障时，继电保护装置通过断路器仅将故障元件切除，保证系统的其他正常元件不受影响地继续运行，保护装置的这种动作特性称为选择性。继电保护装置动作的选择性，是保证电力系统可靠运行的基本条件。

2）速动性：速动性是指在电力系统发生故障时，继电保护装置尽可能快速地动作并将故障切除，减少用户在电压降低的条件下运行的时间，避免故障电流及其引起的电弧损坏设备，保证系统的并列稳定运行。

3）灵敏性：保护装置对于保护范围内发生的任何故障，均应敏锐地作出反应，这种反应能力称为灵敏性。灵敏性是以灵敏系数来衡量的。

对于在故障情况下反应于参数数值上升的保护装置，其灵敏系数为

$$\text{灵敏系数}=\frac{\text{保护区末端金属性短路时故障参数的最小计算值}}{\text{保护装置动作参数的整定值}}$$

对于在故障情况下反应于参数数值下降的保护装置，其灵敏系数为

$$\text{灵敏系数}=\frac{\text{保护装置动作参数的整定值}}{\text{保护区末端金属性短路时故障参数的最大计算值}}$$

灵敏系数越大，说明保护的灵敏度越高。

4）可靠性：可靠性是指继电保护装置在其所规定的保护范围内发生故障或不正常工作状态时，一定要准确动作，即不能拒动；不属于保护范围的故障或不正常工作状态时，一定不要动作，即不能误动。

继电保护装置的选择性、速动性、灵敏性和可靠性是互相联系又互相制约的。在应用中，必须从全局出发来权衡。

6.3.2　线路的电流保护

由于电力系统中的输、配电线路会因各种原因发生相间和相对地的短路故障，因此，必须有相应的继电保护装置来反映这些故障并控制线路的断路器跳闸以切除故障。下面以相间短路的三段式电流保护为例进行说明。

相间短路的三段式电流保护是由无时限电流速断保护、带时限电流速断保护及定时限过电流保护相配合构成的一整套保护。无时限电流速断保护、带时限电流速断保护和定时限过电流保护分别称为相间短路电流保护第Ⅰ段、第Ⅱ段和第Ⅲ段。其中，第Ⅰ、Ⅱ段作为线路主保护，第Ⅲ段作为本线路主保护的近后备保护和相邻线路或元件的远后备保护。

1. 无时限电流速断保护（电流保护第Ⅰ段）

无时限电流速断保护在任何情况下只切除本线路上的故障，其原理可用图6-8所示的单电源辐射网络来说明。图中，断路器

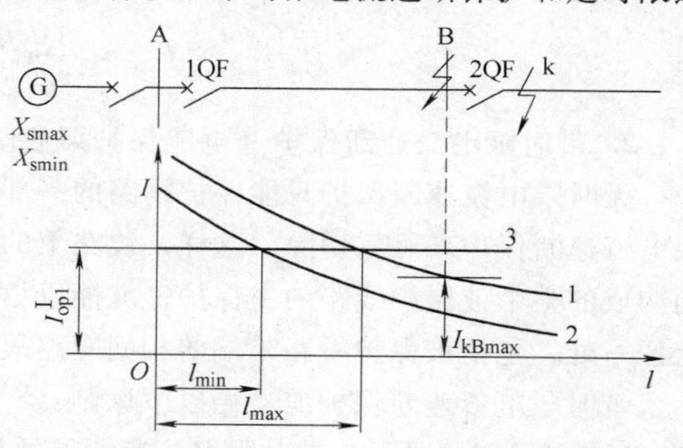

图6-8　无时限电流速断保护原理

1QF、2QF处均装有无时限电流速断保护。这里，以AB线路断路器1QF处的无时限电流速断保护为例，首先计算AB线路各处三相和两相短路时的短路电流，进而确定如何计算该保护的动作电流和如何校验该保护的灵敏度。

若忽略线路的电阻分量，折算至断路器1QF处的系统等效电源的相电动势为E_s，等效电源的阻抗最大值为X_{smax}（对应该等效电源系统最小运行方式），最小值为X_{smin}（对应该等效电源系统最大运行方式），故障点至保护安装处的距离为l，设每千米的线路电抗为x_1，

则在线路各点三相和两相短路时的短路电流分别为

$$\left.\begin{aligned} I_{kmax}^{(3)} &= \frac{E_s}{X_{smin} + x_1 l} \\ I_{kmin}^{(2)} &= \frac{\sqrt{3}}{2} \times \frac{E_s}{X_{smax} + x_1 l} \end{aligned}\right\} \tag{6-1}$$

如图 6-8 中的曲线 1 和 2 所示。

将断路器 1QF 处无时限电流速断保护装置中使测量元件动作的一次电流称为保护的动作电流，用 I_{op1}^{I} 表示。断路器 1QF 处的无时限电流速断保护的动作电流 I_{op1}^{I} 应为

$$I_{op1}^{I} = K_{rel}^{I} I_{kBmax} \tag{6-2}$$

式中　K_{rel}^{I}——无时限电流速断保护的可靠系数，大于 1，可取 1.2～1.3；

I_{kBmax}——被保护线路 AB 末端短路时的最大短路电流。

K_{rel}^{I} 能够保证在有各种误差的情况下（如元件整定误差和非周期分量影响等）该保护在区外短路时不动作。AB 线路断路器 1QF 处无时限电流速断保护的动作电流用图 6-8 中的直线 3 表示。无时限电流速断保护依靠动作电流保证选择性，只有在内部短路时才能使流过保护的电流大于其动作电流，使保护动作。1QF 处无时限电流速断保护的动作时间为 $t_{op1}^{I}=0$。

无时限电流速断保护的灵敏度可用保护范围即它所保护的线路长度的百分数来表示。如图 6-8 所示，当系统在最大运行方式下三相短路时保护范围最大，为 l_{max}，而系统在最小运行方式下两相短路时保护范围最小，为 l_{min}。无时限电流速断保护不能保护线路全长，应采用最不利情况下的保护范围来校验保护的灵敏度，一般要求保护范围不少于线路长度的 15%～20%。由图 6-8 可知，按最小运行方式下两相短路求得 l_{min}，即

$$I_{op1}^{I} = \frac{\sqrt{3}}{2} \times \frac{E_s}{X_{smax} + x_1 l_{min}}$$

则

$$l_{min} = \frac{1}{x_1}\left(\frac{\sqrt{3}E_s}{2I_{op1}^{I}} - X_{smax}\right) \tag{6-3}$$

2. 带时限电流速断保护（电流保护第Ⅱ段）

无时限电流速断保护只能保护线路的一部分，该线路剩下部分的短路故障必须依靠带时限电流速断保护来可靠切除。这样，线路上的无时限电流速断保护和带时限电流速断保护共同构成的整个被保护线路的主保护，就能以尽可能快的速度，可靠并有选择性地切除本线路上任一处，包括被保护线路末端的相间短路故障。

带时限电流速断保护应遵循以下原则：

1）在任何情况下，带时限电流速断保护均能保护本线路的全长，为此，保护范围必须延伸至相邻的下一线路，以保证在有各种误差的情况下仍能保护线路的全长；

2）为了保证在相邻下一线路出口处短路时保护的选择性，本线路的带时限电流速断保护在动作电流和动作时间两方面均必须和相邻线路的无时限电流速断保护配合。

下面以图 6-9 中断路器 1QF 的带时限电流速断保护为例，说明带时限电流速断保护的动作电流和动作时间的整定计算方法。

设断路器 1QF 处的带时限电流速断保护的动作电流和动作时间为 I_{op1}^{II} 和 t_{op1}^{II}。为保证保护范围超过 l_{AB}，必须有 $I_{op1}^{II} < I_{kBmax}$；为保证与相邻线路无时限电流速断保护（即断路器 2QF

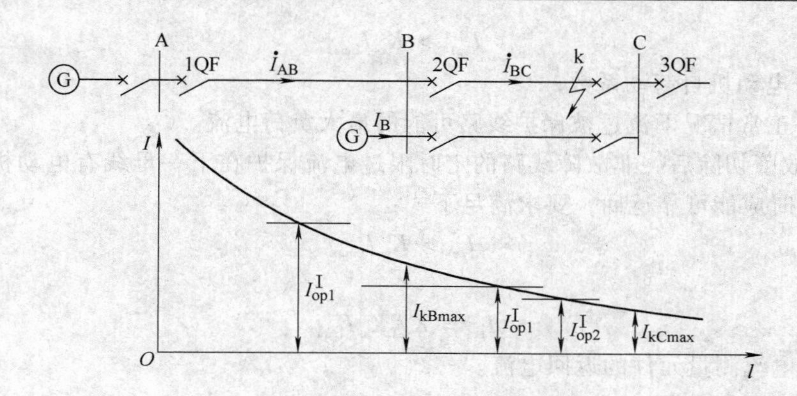

图6-9　带时限电流速断保护原理

处的无时限电流速断保护）配合，必须有 $I_{op1}^{II} > I_{op2}^{I}$；为保证在相邻下一线路断路器出口短路时的选择性，即保证相邻下一线路保护出口短路时只由相邻下一线路的无时限电流速断保护的断路器2QF动作，则应使断路器1QF处的带时限电流速断保护动作时间比断路器2QF处无时限电流速断保护的动作时间大，即 $t_{op1}^{II} > t_{op2}^{I}$。因此，为保证在相邻下一线路的出口处短路时，由断路器2QF处的无时限电流速断保护首先动作，使断路器2QF跳闸切除故障，断路器1QF处带时限电流速断保护的动作电流和动作时间应分别整定为

$$\left.\begin{aligned} I_{op1}^{II} &= K_{rel}^{II} I_{op2}^{I} / K_{bmin} \\ t_{op1}^{II} &= t_{op2}^{I} + \Delta t = \Delta t \end{aligned}\right\} \tag{6-4}$$

式中　K_{rel}^{II}——带时限电流速断保护的可靠系数，一般取1.1~1.2；

K_{bmin}——分支系数最小值；

Δt——时限级差，一般取0.5s。

分支系数 K_b 为在相邻线路无时限电流速断保护范围末端短路时，流过故障线路的短路电流与流过被保护线路短路电流的比值。如图6-9所示，$K_b = I_{BC}/I_{AB}$，K_b 大小因A、B两母线处等效电源的阻抗值不同而不同，也因BC之间是否存在并联回路或环路而不同。在图6-9中，若仅B母线有助增电源而BC线路无并联线路，则 K_b 大于1；若B母线处无助增电源而BC线路有并联回路，则 K_b 小于1；若B母线处有电源且BC间有并联回路，则 K_b 可能大于1，也可能小于1。

带时限电流速断保护的灵敏度应满足下式：

$$K_{sen}^{II} = \frac{I_{kBmin}}{I_{op1}^{II}} \tag{6-5}$$

式中　K_{sen}^{II}——带时限电流速断保护的灵敏度；

I_{kBmin}——在AB线路末端短路时流过1QF处保护的最小短路电流。

3. 定时限过电流保护（电流保护第Ⅲ段）

定时限过电流保护的作用是做本线路主保护的后备保护（即近后备保护），并做相邻下一线路的后备保护（即远后备保护），因此，它的保护范围要求超过相邻线路的末端。以图6-9中断路器1QF处定时限过电流保护为例，其动作电流 I_{op1}^{III} 按以下条件进行整定：

1）正常运行并伴有电动机自起动而且流过保护的最大负荷电流时，该定时限过电流保护不动作，即要求动作电流满足下式：

$$I_{op1}^{Ⅲ} > K_{ss} I_{Lmax} \tag{6-6}$$

式中 K_{ss}——电动机自起动系数；

I_{Lmax}——正常情况下流过被保护线路可能的最大负荷电流。

2）外部故障切除后，非故障线路的定时限过电流保护在下一母线有电动机起动且流过最大负荷电流时应能可靠返回，要求满足下式：

$$I_{re} > K_{ss} I_{Lmax}$$

即

$$I_{re} = K_{rel}^{Ⅲ} K_{ss} I_{Lmax} \tag{6-7}$$

式中 I_{re}——电流测量元件的返回电流。

将返回系数 $I_{re}/I_{op1}^{Ⅲ} = K_{re}$ 代入式（6-7）后得到

$$I_{op1}^{Ⅲ} = \frac{K_{rel}^{Ⅲ} K_{ss}}{K_{re}} I_{Lmax} \tag{6-8}$$

式中 $K_{rel}^{Ⅲ}$——定时限过电流保护的可靠系数，一般取 1.15～1.25；

K_{re}——电流测量元件的返回系数，一般取 0.85。

由于定时限过电流保护的动作值只考虑在最大负荷电流情况下保护不动作和保护能可靠返回，无时限电流速断保护和带时限电流速断保护的动作电流必须躲过某一个短路电流，因此，定时限过电流保护的动作电流通常比无时限电流速断保护和带时限电流速断保护的动作电流小得多，故定时限过电流保护的灵敏度更高。

当在网络的某处发生短路故障时，从故障点至电源之间所有线路上的定时限过电流保护的测量元件均可能动作。为了保证选择性，各线路的定时限过电流保护均需增加延时元件且各线路的定时限过电流保护的延时必须相互配合。在图 6-10 中，断路器 1QF 处的定时限过电流保护的动作时间 $t_{op1}^{Ⅲ}$ 应与相邻线路断路器 2QF 所在线路的定时限过电流保护动作时间 $t_{op2}^{Ⅲ}$ 配合，断路器 2QF 所在线路的定时限过保护的动作时间 $t_{op2}^{Ⅲ}$ 应与断路器 3QF 所在线路的定时限过电流保护的动作时间 $t_{op3}^{Ⅲ}$ 配合，依次类推。各线路的定时限过电流保护的动作时间之间应有如下关系：

$$t_{op1}^{Ⅲ} > t_{op2}^{Ⅲ} > t_{op3}^{Ⅲ} > t_{op4}^{Ⅲ} \tag{6-9}$$

即

$$\left.\begin{aligned} t_{op3}^{Ⅲ} &= t_{op4}^{Ⅲ} + \Delta t \\ t_{op2}^{Ⅲ} &= t_{op3}^{Ⅲ} + \Delta t \\ t_{op1}^{Ⅲ} &= t_{op2}^{Ⅲ} + \Delta t \end{aligned}\right\} \tag{6-10}$$

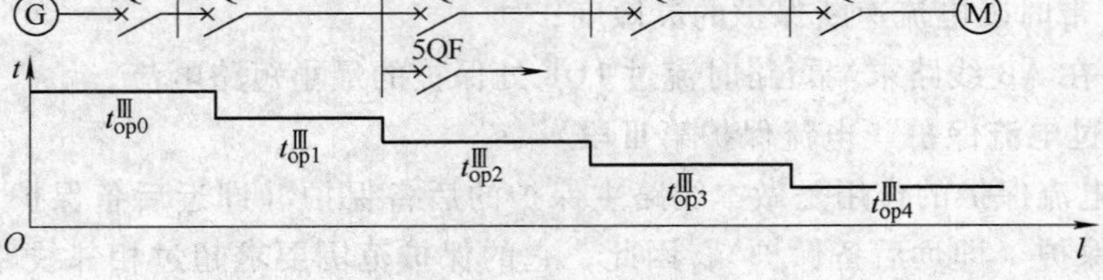

G 0QF 1QF 2QF 3QF 4QF M 5QF
t $t_{op0}^{Ⅲ}$ $t_{op1}^{Ⅲ}$ $t_{op2}^{Ⅲ}$ $t_{op3}^{Ⅲ}$ $t_{op4}^{Ⅲ}$ O l

图 6-10 定时限过电流保护动作时间的整定

各线路定时限过电流保护动作时间的相互配合关系为两相邻线路定时限过电流保护的动作时间之间相差一个时限阶段，这种整定方法称为阶梯原则整定方法。

对于所计算的动作电流必须按其保护范围末端最小可能的短路电流进行灵敏度校验。校验断路器1QF处定时限过电流保护的灵敏度，当它作为近后备保护时，灵敏度要求满足式(6-11)；当它作为远后备保护时，灵敏度要求满足式（6-12）

$$K_{sen}^{\mathrm{III}} = \frac{I_{kBmin}}{I_{op1}^{\mathrm{III}}} \geqslant 1.3 \sim 1.5 \tag{6-11}$$

$$K_{sen}^{\mathrm{III}} = \frac{I_{kCmin}}{I_{op1}^{\mathrm{III}}} \geqslant 1.2 \tag{6-12}$$

式中　I_{kBmin}——被保护线路末端短路时流过该保护处的最小短路电流；

I_{kCmin}——相邻线路末端短路时流过该保护处的最小短路电流。

【例6-1】　在图6-11所示网络中，电源相电动势为$37/\sqrt{3}$kV，$X_{smax}=8\Omega$，$X_{smin}=6\Omega$，$X_{AB}=10\Omega$，$X_{BC}=24\Omega$，AB线路的最大负荷电流$I_{Lmax}=165$A，断路器3QF所在线路过电流保护的动作时间为1.5s。试对AB线路相间短路的三段式电流保护进行整定计算。

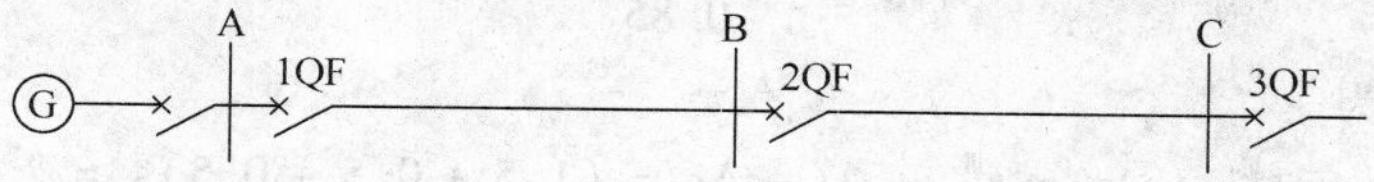

图6-11　例6-1网络

解：(1) 无时限电流速断保护（电流保护第Ⅰ段）的整定计算

1）动作电流计算：线路AB末端的最大三相短路电流为

$$I_{kBmax}^{(3)} = \frac{E_s}{X_{smin}+X_{AB}} = \frac{37/\sqrt{3}}{6+10}\text{kA} = 1.335\text{kA}$$

取$K_{rel}^{\mathrm{I}}=1.3$，则断路器1QF处无时限电流速断保护的动作电流为

$$I_{op1}^{\mathrm{I}} = K_{rel}^{\mathrm{I}} I_{kBmax} = 1.3 \times 1.335\text{kA} = 1.736\text{kA}$$

2）灵敏度校验：根据

$$I_{op1}^{\mathrm{I}} = \frac{\sqrt{3}}{2} \times \frac{E_s}{X_{smax}+x_1 l_{min}}$$

得到

$$x_1 l_{min} = \frac{\sqrt{3}E_s}{2I_{op1}^{\mathrm{I}}} - X_{smax} = \left(\frac{\sqrt{3}}{2} \times \frac{37/\sqrt{3}}{1.736} - 8\right)\Omega = 2.657\Omega$$

则

$$\frac{l_{min}}{l_{AB}} = \frac{x_1 l_{min}}{x_1 l_{AB}} = \frac{2.657}{10} \times 100\% = 26.57\% > 20\%$$

(2) 带时限电流速断保护（电流保护第Ⅱ段）的整定计算

1）动作电流计算：线路BC末端的最大三相短路电流为

$$I_{kCmax}^{(3)} = \frac{E_s}{X_{smin}+X_{AB}+X_{BC}} = \frac{37/\sqrt{3}}{6+10+24}\text{kA} = 0.534\text{kA}$$

则断路器2QF处无时限电流速断保护的动作电流为

$$I_{op2}^{\mathrm{I}} = K_{rel}^{\mathrm{I}} I_{kCmax} = 1.3 \times 0.534\text{kA} = 0.694\text{kA}$$

取$K_{rel}^{\mathrm{II}}=1.1$，则断路器1QF处带时限电流速断保护的动作电流为

$$I_{op1}^{\mathrm{II}} = K_{rel}^{\mathrm{II}} I_{op2}^{\mathrm{I}} = 1.1 \times 0.694\text{kA} = 0.763\text{kA}$$

2）动作时限为

$$t_{op1}^{\mathrm{II}} = t_{op2}^{\mathrm{I}} + \Delta t = \Delta t = 0.5\mathrm{s}$$

3）灵敏度校验：线路 AB 末端的最小两相短路电流为

$$I_{kBmin}^{(2)} = \frac{\sqrt{3}}{2} \times \frac{E_s}{X_{smax} + X_{AB}} = \frac{\sqrt{3}}{2} \times \frac{37/\sqrt{3}}{8+10}\mathrm{kA} = 1.028\mathrm{kA}$$

则

$$K_{sen}^{\mathrm{II}} = \frac{I_{kBmin}}{I_{op1}^{\mathrm{II}}} = \frac{1.028}{0.763} = 1.35 > 1.3$$

（3）定时限过电流保护（电流保护第Ⅲ段）的整定计算

1）动作电流计算：取 $K_{re}=0.85$，$K_{rel}^{\mathrm{III}}=1.2$，$K_{ss}=1.5$，则断路器 1QF 处定时限过电流保护的动作电流为

$$I_{op1}^{\mathrm{III}} = \frac{K_{rel}^{\mathrm{III}} K_{ss}}{K_{re}} I_{Lmax} = \frac{1.2 \times 1.5}{0.85} \times 165\mathrm{A} = 349.4\mathrm{A}$$

2）动作时限为

$$t_{op1}^{\mathrm{III}} = t_{op2}^{\mathrm{III}} + \Delta t = t_{op3}^{\mathrm{III}} + \Delta t + \Delta t = (1.5 + 0.5 + 0.5)\mathrm{s} = 2.5\mathrm{s}$$

3）灵敏度校验：作近后备保护时，灵敏度应按线路 AB 末端的最小两相短路电流校验，即

$$K_{sen}^{\mathrm{III}} = \frac{I_{kBmin}}{I_{op1}^{\mathrm{III}}} = \frac{1.028 \times 10^3}{349.4} 2.94 > 1.5$$

作远后备保护时，灵敏度应按线路 BC 末端的最小两相短路电流校验，由于

$$I_{kCmin}^{(2)} = \frac{\sqrt{3}}{2} \times \frac{E_s}{X_{smax} + X_{AB} + X_{BC}} = \frac{\sqrt{3}}{2} \times \frac{37/\sqrt{3}}{8+10+24}\mathrm{kA} = 0.44\mathrm{kA}$$

因此

$$K_{sen}^{\mathrm{III}} = \frac{I_{kCmin}}{I_{op1}^{\mathrm{III}}} \frac{0.44 \times 10^3}{349.4} = 1.26 > 1.2$$

6.3.3　电力变压器的保护

电力变压器是电力系统十分重要的电力设备，它如发生故障将给供电的可靠性带来严重的后果，因此，必须在变压器上装设灵敏、快速及可靠的保护装置。

变压器的故障可分为内部故障和外部故障两种：内部故障有相间短路、绕组匝间短路和单相接地短路；外部故障有变压器引出线的相间短路和接地（对变压器外壳）短路。变压器不正常运行状态有外部短路和过负荷引起的过电流、油面过低和油温过高等。

为了保证电力系统安全可靠运行，针对上述故障和不正常运行状态，变压器可装设如下保护：

1）变压器油箱内部故障和油面降低的瓦斯保护；

2）变压器绕组和引出线相间短路、引出线接地和绕组匝间短路的差动保护或电流速断保护；

3）外部相间短路并作瓦斯保护和差动保护或电流速断保护的过电流保护；

4）在中性点直接接地系统中变压器外部接地短路的零序电流保护；

5）对称过负荷的过负荷保护。

1. 变压器的瓦斯保护

以油作绝缘和冷却介质的变压器，当其内部故障时，短路电流所产生的电弧将使绕组绝缘物和变压器油产生气体，气体排出量的大小和上升速度与故障的严重程度有关，轻微故障时气体排出量小，上升缓慢，而当故障严重时，强烈的气流甚至能使油排出。利用检测这种气体的状况来对变压器进行保护称为瓦斯保护。图6-12所示为气体继电器的安装位置示意图，由图可知，气体继电器装设在油箱与储油柜之间的连接管道中。图6-13所示为FJ3—80型气体继电器内部结构示意图。

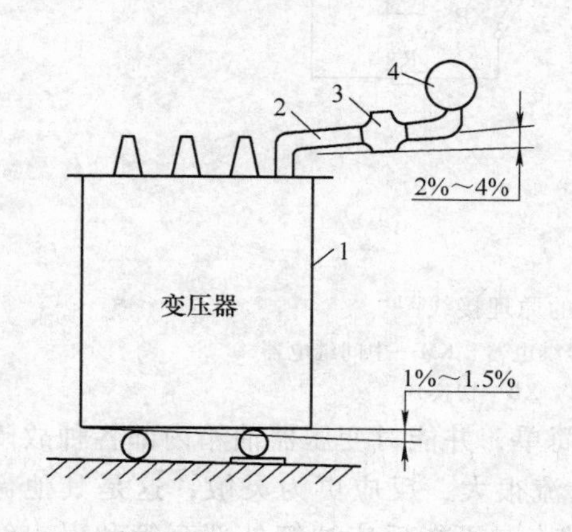

图6-12　气体继电器的安装位置示意图

1—变压器油箱　2—连通管
3—气体继电器　4—储油柜

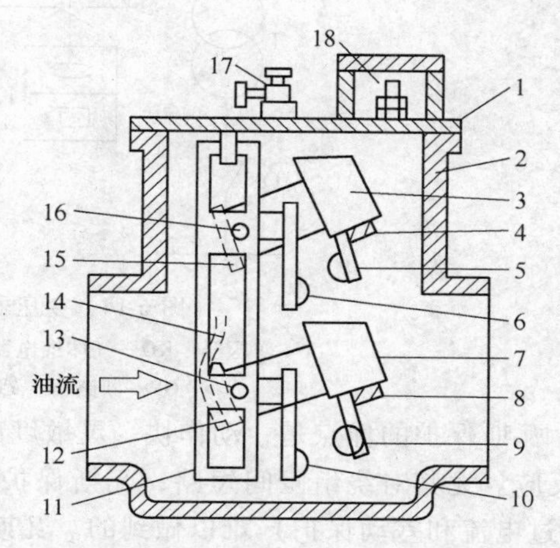

图6-13　FJ3—80型气体继电器内部结构示意图

1—盖　2—容器　3—上开口杯　4—永久磁铁
5—上动触点　6—上静触点　7—下开口杯
8—永久磁铁　9—下动触点　10—下静触点　11—支架　12—下开口杯平衡锤
13—下开口杯转轴　14—挡板　15—上开口杯平衡锤　16—上开口杯转轴
17—放气阀　18—接线盒

在变压器正常工作时，气体继电器的上、下油杯中充满油，油杯因其平衡锤的作用使上、下触点都是断开的。当变压器油箱内部发生轻微故障致使油面下降时，上油杯因其中盛有剩余的油使其力矩大于平衡锤的力矩而下降，从而使上触点接通，发出报警信号，这就是轻瓦斯动作。当变压器油箱内部发生严重故障时，由故障产生大量气体，冲击挡板，使下油杯降低，从而使下触点接通，直接动作于跳闸，这就是重瓦斯动作。如果变压器出现漏油，将会引起气体继电器内的油慢慢流尽。先是上油杯降落，接通上触点，发出报警信号；当油面继续下降时，会使下油杯降落，下触点接通，从而使断路器跳闸，切除变压器。

瓦斯保护的原理接线图如图6-14所示。当变压器内部发生轻微故障时，气体继电器上触点闭合，轻瓦斯动作于预告信号；当变压器内部发生严重故障时，气体继电器下触点闭合，起动中间继电器KM，使断路器跳闸线圈YR动作，断路器跳闸，同时信号继电器KS发出重瓦斯信号。为了避免重瓦斯动作时，因油流的速度不稳定引起瓦斯继电器下触点“抖动”而影响断路器跳闸，利用中间继电器KM触点1-2实现“自保持”，以保证断路器可靠跳闸。为了防止在新变压器投运、变压器充油后或修理、重新灌油后投运时，瓦斯保护可能发生误动作，可以利用切换片 XB 将重瓦斯保护切换至动作信号。此外，在气体继电器试验时也应切换至动作信号。

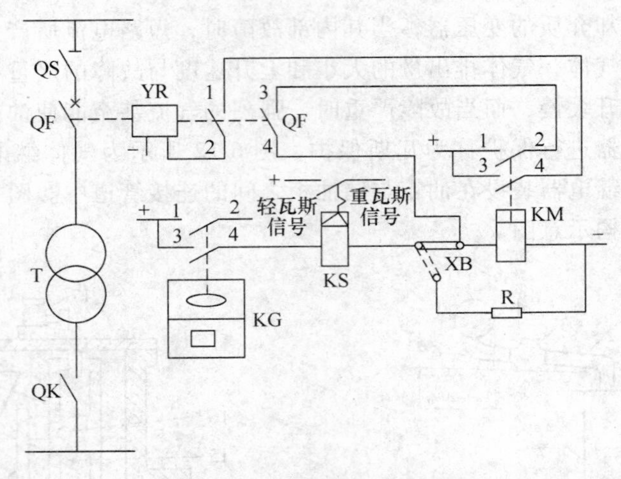

图 6-14　变压器瓦斯保护的原理接线图

T—变压器　KG—气体继电器　KS—信号继电器　KM—中间继电器

QF—断路器　YR—跳闸线圈　XB—切换片

瓦斯保护的优点是，动作快、灵敏度高、结构简单，并能对变压器油箱内部各种故障做出反应。尤其对绕组匝间短路，瓦斯保护的循环电流很大，反应更为灵敏，这是其他保护（如过电流和差动保护）难以做到的。瓦斯保护的缺点是不能反应油箱外部套管和引出线的故障，因此需要有其他保护（如过电流、速断保护和差动保护）与之配合使用。瓦斯是变压器内部故障的主要保护。

2. 变压器的差动保护

（1）差动保护的工作原理　变压器的差动保护是反映变压器一次、二次电流差值的一种快速动作的保护装置。用来保护变压器内部以及引出线和绝缘套管的相间短路，并且也可用来保护变压器的匝间短路，其保护区在变压器一次、二次侧所装电流互感器之间。

变压器差动保护的单相原理接线图如图 6-15 所示。在变压器的两侧装有电流互感器，其二次绕组串联接成环路，差动继电器 KA 并接在环路上，流入差动继电器的电流等于变压器两侧电流互感器的二次绕组电流之差。

在正常运行和外部短路时，流入差动继电器 KA 的不平衡电流小于其动作电流，继电器不动作。在差动保护的保护区内短路时，对于单端供电的变压器来说，流入 KA 的不平衡电流远大于动作电流，使 KA 瞬时动作，然后通过出口继电器 KM 使变压器两侧断路器 QF1 和 QF2 跳闸，切除故障变压器，同时由信号继电器 KS1 和 KS2 发出信号。

（2）变压器差动保护中不平衡电流产生的原因与限制措施　为了提高变压器差动保护的灵敏度，在正常运行和保护区外短路时，希望流入差动继电器的不平衡电流尽可能小，甚至为零，但因变压器和电流互感器的接线方式和结构性能等因素，流入差动继电器的不平衡电流是不可能为零的，因此有必要分析不平衡电流产生的原因和采取的相应限制措施。

1）由于变压器一次、二次绕组接线不同引起的不平衡电流。电力变压器通常采用 Yd11 联结方式，其两侧线电流之间就有 30°的相位差。因此，即使两侧电流互感器二次侧电流大小相等，差动回路中仍会出现由相位差引起的不平衡电流。

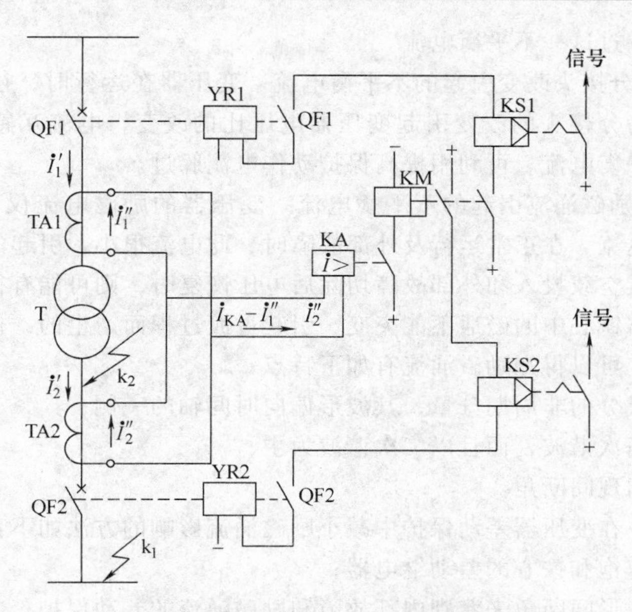

图 6-15　变压器差动保护的单相原理接线图

为了消除这一不平衡电流，必须消除上述 30°的相位差，为此，将变压器星形侧的电流互感器接成三角形联结，而变压器三角形侧的电流互感器接成星形联结，如图 6-16 所示。

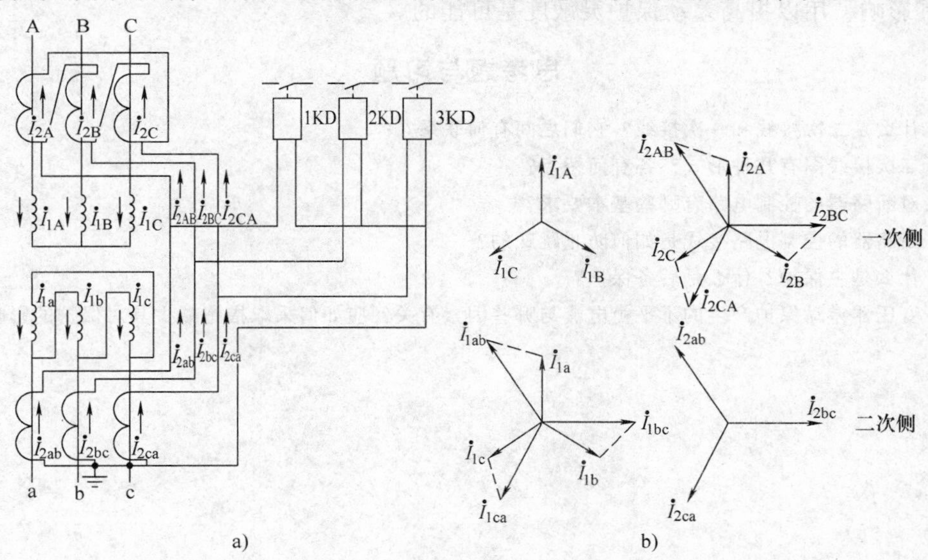

图 6-16　Yd11 联结变压器的差动保护接线

a）电流互感器接线　b）相量图

2）由于两侧电流互感器电流比的计算值与标准值不同引起的不平衡电流。实际所选电流互感器的标准电流比不可能与计算值完全相同，故存在不平衡电流。可利用差动继电器的平衡线圈或自耦电流互感器来消除由电流互感器电流比引起的不平衡电流。

3）由于两侧电流互感器型号和特性不同引起的不平衡电流。当变压器两侧电流互感器的型号和特性不同时，其饱和特性也不同。在变压器差动保护范围外发生短路时，两侧电流互感器在短路电流作用下其饱和程度相差更大，因此，出现的不平衡电流也比较大。可通过提高保护动作电流躲过这一不平衡电流。

4）由于变压器分接头改变引起的不平衡电流。变压器在运行时，往往采用改变分接头位置进行调压。因为分接头的改变引起变压器电压比的改变，电流互感器二次电流也将改变，会引起新的不平衡电流。可利用提高保护动作电流躲过。

5）由于变压器励磁涌流引起的不平衡电流。变压器的励磁电流仅流过变压器电源侧，它本身就是不平衡电流。在正常运行及外部故障时，此电流很小，引起的不平衡电流可以忽略不计。但在变压器空载投入和外部故障切除后电压恢复时，则可能有很大的励磁电流。励磁涌流是由于变压器铁心中的磁通不能突变，引起过渡过程而产生的，根据对励磁涌流的波形和试验数据分析，可以得知励磁涌流有如下特点：

① 含有很大成分的非周期分量，其波形偏向时间轴的一侧；

② 含有大量高次谐波，而且以二次谐波为主；

③ 波形之间出现间断角。

利用这些特点，在变压器差动保护中减小励磁涌流影响的方法如下：

① 采用具有速饱和铁心的差动继电器；

② 采用比较波形间断角来鉴别内部故障和励磁涌流的差动保护；

③ 利用二次谐波制动而躲过励磁涌流。

综合上述分析可知，变压器差动保护中的不平衡电流要完全消除是不可能的，但采取措施减小其影响，用以提高差动保护灵敏度是可能的。

思考题与习题

6-1　什么是二次接线和一次接线？它们之间有何联系？

6-2　二次接线图有几种形式？各有何特点？

6-3　对断路器的控制电路有哪些基本要求？

6-4　断路器的控制电路接线是如何防止跳跃的？

6-5　什么是主保护？什么是后备保护？

6-6　变压器差动保护产生的不平衡电流与哪些因素有关？应如何采取措施减少其对保护的影响？

第7章　接地与防雷

7.1　接地与接零

7.1.1　接地与接零的有关概念

1. “地”和对地电压

当电气设备发生接地故障时，电流通过接地体向大地作半球形扩散，如图7-1所示。这一电流叫接地电流，用I_E表示。

由于这个半球形的球面在距接地体越远的地方越大，所以距接地体越远的地方流散电阻越小。实验证明，在距长为2.5m的单根接地体20m以外的地方，实际上流散电阻已趋近于零，也就是这里的电位已趋近于零。电位为零的地方，称为电气上的“地”。电气设备的接地部分，如接地的外壳和接地体等，与零电位的“地”之间的电位差，就叫接地部分的对地电压，如图7-1中的U_E。

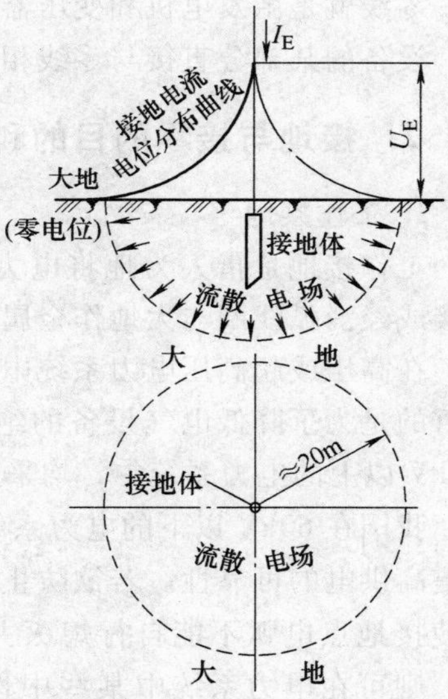

图7-1　接地电流和对地电压

2. 接地和接地装置

设备的某部分与土壤之间作良好的电气连接，叫做“接地”。与土壤直接接触的金属物体叫接地体。连接接地体及设备接地部分的导线，叫做接地线。接地线和接地体合称为接地装置。

3. 接触电压和跨步电压

人站在发生接地故障的设备旁边，同时触及两点，两点间所呈现的电位差称为接触电压U_{tou}，如图7-2所示。人的双脚站在不同电位的地面上时，两脚间所呈现的电位差称为跨步电压U_{sp}，在计算跨步电压时，人的跨距可取0.8m，牛、马等畜类可取1m，距接地体越近，跨步电压越大，当距接地体20m以外时，跨步电压为零。

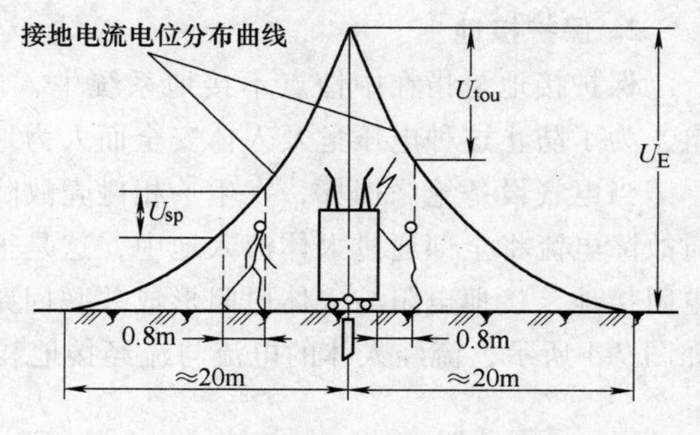

图7-2　接触电压和跨步电压示意图

采用图7-1所示的单根接地体既不可靠，又不安全，由于电位分布极不均匀，人体仍不免会受到触电的危险，而且人体距接地体越远，受到的接触电压越大。当单根接地干线断裂时，整个接地系统就失去作用，因此，一般的做法是敷设环形接地体，如图7-3所示，环形接地体电位分布比较均匀，从而可减小接触电压及跨步电压。

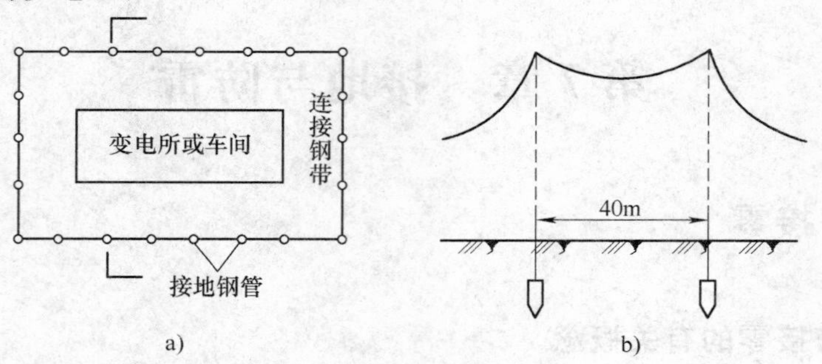

图 7-3 环形接地体及其电位分布

a）环形接地体 b）电位分布

4. 零线与接零

零线就是由发电机和变压器中性点引出的、接了地的中性线。

设备的某部分直接与零线相连接，叫做接零。

7.1.2 接地与接零的目的和作用

1. 工作接地

工作接地是指人为地将电力系统或电气设备的中性点（如发电机、变压器的中性点）直接或经消弧线圈与大地作金属性的连接。

在高压或超高压电力系统中，一般只采用中性点直接接地方式，即为大电流接地系统，其目的是为了降低电气设备的绝缘水平，防止系统发生接地故障后引起的过电压。我国在110kV 以上的电力系统中，均采用中性点直接接地方式。

我国在 60kV 以下的电力系统中，一般采用中性点不接地系统，即为小电流接地系统，以提高供电的可靠性。若欲防止这种不接地系统中发生一相接地故障时，其电容电流较大，致使接地点电弧不能自行熄灭并引起弧光接地产生过电压，甚至发展成严重的系统性事故，则可在电力系统中某些中性点处装设消弧线圈，以降低接地电流值，保证电弧易于熄灭。

在 380V/220V 的配电系统中，一般采用中性点直接接地方式。当发生单相接地故障时，中性点零电位不位移，保证非故障相对地电压仍为 220V，防止相电压升高而使各相用电设备（如家用电器和照明设备）遭到损坏。

2. 保护接地

保护接地是指在中性点不接地系统中，当电气设备的绝缘损坏时有可能使金属外壳带电，为了防止这种电压危及人体安全而人为地将电气设备的金属外壳与大地作金属性连接。

当电气设备绝缘损坏，发生一相碰壳故障时，设备外壳电位上升为相电压，人接触设备时故障电流将全部通过人体流入地中，这是很危险的。若此时电气设备外壳经接地体的接地电阻接地，接地电阻与人体电阻形成并联回路，则流过人体的电流将是故障电流的一部分，如图 7-4 所示，流经人体的电流与流经接地装置的电流比为

$$\frac{I_{\mathrm{tou}}}{I_{\mathrm{E}}}=\frac{R_{\mathrm{E}}}{R_{\mathrm{tou}}} \tag{7-1}$$

式中 I_E、R_E——沿接地体流过的电流及电阻；

I_{tou}、R_{tou}——沿人体流过的电流及人体电阻。

从式（7-1）看出，接地体的接地电阻越小，则流过人体的电流也就越小。

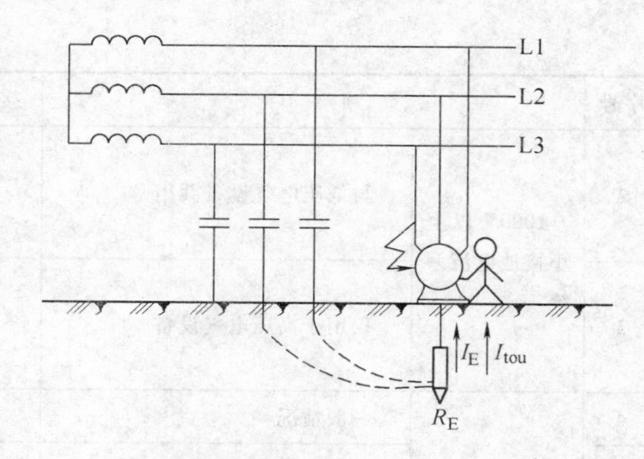

图7-4 保护接地

3. 保护接零

保护接零是指在1000V以下的中性点直接接地系统中，将变压器中性线直接与其接地的中性点连接起来，并将电气设备的外壳均直接接到中性线上。

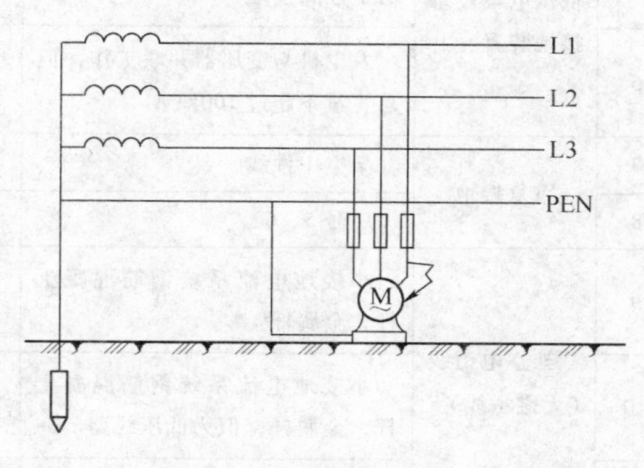

图7-5 保护接零

保护接零如图7-5所示，当某一相绝缘损坏使相线碰壳时，故障相导线、设备外壳、零线及变压器绕组形成闭合回路，短路电流足以使线路上的保护装置（如熔断器）动作。在发生碰壳短路故障的瞬间，即使人体触及外壳，流过人体的电流因其自身阻值较大而分流小，也有利于保证人身的安全。为了提高安全程度，还必须采用重复接地。所谓重复接地是指系统中除在中性点处作工作接地外，在中性线上的一处或多处采用重复与大地接触的方式。当发生碰壳或接地短路时，可降低中性线的对地电压，起到电位平衡的作用。

7.2 接地电阻的计算

7.2.1 各种接地电阻值的规定

从原则上讲，接地电阻值越小，则接触电压和跨步电压就越低，对人身越安全；但若要求接地电阻越小，则人工接地装置的投资也就越大，而且在土壤电阻率较高的地区不易做到。为此，在有条件的地方，可利用埋设在地下的各种金属管道（易燃体管道除外）和电缆金属外皮以及建筑物的地下金属结构等作为自然接地体。由于人工接地装置与自然接地体是并联关系，从而可使人工接地装置的接地电阻减小，使工程投资降低。

通常，电力系统在不同情况下对接地电阻的要求是不同的。表7-1给出了电力系统不同接地装置所要求的接地电阻值。

表7-1 电力系统不同接地装置的接地电阻值

序号	项　目	接地电阻/Ω	备注
1	1000V以上大接地电流系统	$R_E \leqslant 0.5$	使用于该系统接地

（续）

序号	项　目		接地电阻/Ω	备注
2	1000V 以上小接地电流系统	与低压电气设备共用	$R_E \leqslant \frac{120}{I}$	1. 对接有消弧线圈的变电所或电气设备接地装置，I 为同一接地网消弧线圈总额定电流的 125% 2. 对不接消弧线圈者按切断最大一台消弧线圈、电网中残余接地电流计算，但不应小于 30A
3		仅用于高压电气设备	$R_E \leqslant \frac{250}{I}$	
4	1000V 以下低压电气设备接地装置	一般情况	$R_E \leqslant 4$	
5		100kVA 及以下发电机和变压器中性点接地	$R_E \leqslant 10$	
6		发电机与变压器并联工作，但总容量不超过 100kVA	$R_E \leqslant 10$	
7	重复接地	架空中性线	$R_E \leqslant 10$	
8		序号 5、6	$R_E \leqslant 30$	
9	架空电力线（无避雷线）①	小接地电流系统钢筋混凝土杆，金属杆	$R_E \leqslant 30$	
10		小接地电流系统钢筋混凝土杆，金属杆，但为低压线路	$R_E \leqslant 30$	
11		低压进户线绝缘子铁脚	$R_E \leqslant 30$	

① 有避雷线者未列入。

7.2.2　人工接地装置工频接地电阻的计算

设自然接地体电阻为 R，电气设备接地电阻的允许值为 R_E，则要求加设人工装置的接地电阻 R_g 可按并联关系求出，即

$$\frac{1}{R}+\frac{1}{R_g}=\frac{1}{R_E}$$

所以

$$R_g=\frac{RR_E}{R-R_E} \tag{7-2}$$

人工接地装置的类型很多，常用的有垂直埋设的接地体、水平埋设的接地体以及复合接地体等。

1. 垂直埋设的接地体电阻

垂直埋设的接地体多用直径为 50mm，长度为 2～2.5m 的铁管或圆钢，其每根的人工接地电阻可按下式求得：

$$R_{go}=\frac{\rho}{2\pi L}\ln\frac{4L}{d} \tag{7-3}$$

式中　ρ——土壤电阻率（$\Omega\cdot m$）；

L——接地体长度（m）；

d——接地铁管或圆钢的直径（m）。

为了防止气候对接地电阻值的影响，一般将铁管顶端埋设在地下 0.5 ~ 0.7m 深处。若垂直接地体采用角钢或扁钢，如图 7-6a 所示，其等效直径如下：

等边角钢：$d = 0.84b$；

扁　　钢：$d = 0.5b$。

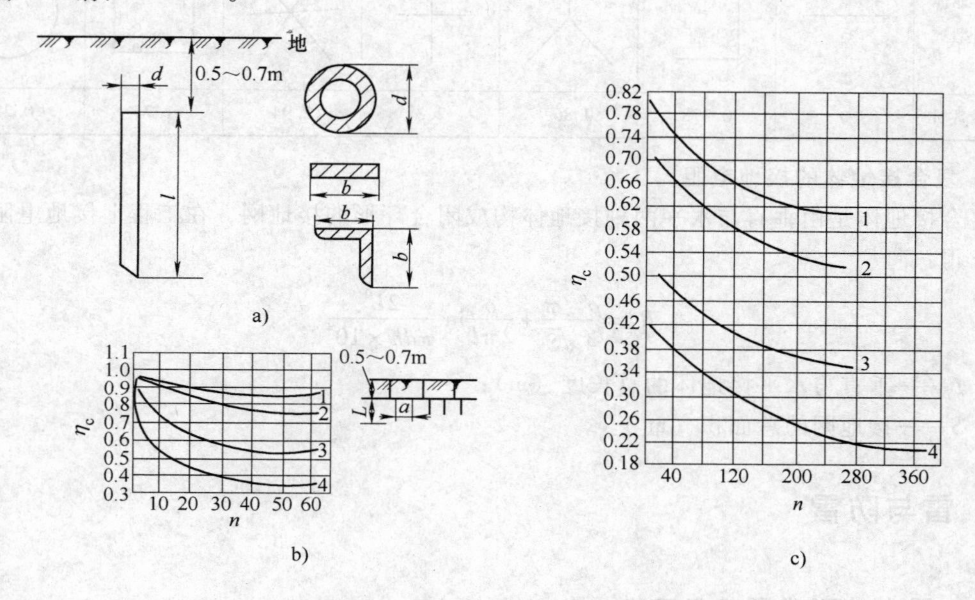

图 7-6　单根接地体与 n 根垂直接地体的利用系数

a）单根垂直接地体　b）排列成行时的利用系数　c）环形排列时的利用系数

为了达到所要求的接地电阻值，往往需埋设多根垂直接地体，排列成行或排列成环形。为了使接地体的电位分布平坦及施工方便，每根接地体之间距离一般取接地体长度的 1 ~ 3 倍。这样，电流流入每根接地体时将由于相邻接地体互相之间的磁场作用而阻止电流的扩散，即等效于增加了每根接地体的电阻值。从而，接地体的合成电阻值并不等于各个单根接地体的并联值，而相差一个利用系数。于是，接地体合成电阻为

$$R_g = \frac{R_{go}}{\eta_c n} \tag{7-4}$$

式中　R_{go}——单根垂直接地体的接地电阻（Ω）；

η_c——接地体的利用系数；

n——垂直接地体的并联根数。

接地体的利用系数与相邻接地体之间的距离 a 和接地体的长度 L 的比值有关，a/L 值越小，磁场相互作用越大，利用系数就越小，则接地体电阻就越大。利用系数 η_c 可由图 7-6b 及图 7-6c 直接查得。

2. 水平埋设的接地体电阻

一般水平埋设接地体采用扁钢、角钢或圆钢等制成，其人工接地电阻可按下式求得：

$$R_{go} = \frac{\rho}{2\pi L}\left(\ln\frac{L^2}{dh} + A\right) \tag{7-5}$$

式中　L——水平接地体总长度（m）；

h——接地体埋设深度（m）；

A——水平接地体结构型式的屏蔽系数，见表 7-2。

表 7-2　水平接地体结构型式的屏蔽系数

水平接地体的结构型式	—	L形	人字形	十字形	米字形	方形	圆形
屏蔽系数 A	0	0.378	0.867	2.3	2.94	1.71	0.239

3. 复合接地体的接地电阻

复合接地体是由垂直与水平两种接地体构成闭合环形的接地网，在工程上接地电阻可按下式求得：

$$R_g = \frac{\rho\sqrt{\pi}}{4\sqrt{S}} + \frac{\rho}{2\pi L}\ln\frac{2L^2}{\pi dh \times 10^4} \tag{7-6}$$

式中　L——垂直与水平接地体的总长度（m）；

S——接地网的总面积（m^2）。

7.3　雷与防雷

7.3.1　雷电的形式及其危害性

在电力系统中，由于过电压使绝缘破坏是造成系统故障的主要原因之一。过电压包括内过电压和外过电压。系统中磁能和电能之间的转化，或能量通过电容的传递，以及线路参数选择不当，致使工频电压或高次谐波电压下发生谐波等产生的过电压等，都称之为内过电压。操作切换网络故障是能量激发的重要原因，其中，由于操作而引起的内过电压，也称为操作过电压。外过电压是由雷击引起的，所以又叫雷电过电压或大气过电压。

雷电过电压有两种基本形式：一种是雷电直接对建筑物或其他物体放电，其过电压引起强大的雷电流通过这些物体入地，从而产生破坏性很大的热效应和机械效应，这叫做直击雷；另一种是雷电的静电感应或电磁感应所引起的危险过电压，叫做感应雷，高压线路上感应过电压可达几十万伏，低压线路也可达几万伏，这对供电系统的危害是很大的。

雷电过电压的形式除了上述直击雷和感应雷这两种基本形式外，还有一种是沿着架空线路侵入变电所或用户的高电位雷电波，这种高电位可由于线路上遭受直击雷或发生感应雷而产生。据统计，由于高电位侵入而造成的雷害事故占电力系统雷害事故的50%以上，因此，对其防护问题应给以相当的重视。

雷电的危害性主要表现在以下几个方面：

1）雷电的机械效应——击毁杆塔和建筑，伤害人畜；

2）雷电的热效应——烧断导线，烧毁设备，引起火灾；

3）雷电的电磁效应——产生过电压，击穿电气绝缘，甚至引起火灾和爆炸，造成人身伤亡；

4）雷电的闪络放电——引起绝缘子烧坏、开关跳闸、线路停电或引起火灾等。

7.3.2 防雷装置

1. 避雷针

避雷针的作用是它能对雷电场产生一个附加电场（这是由于雷云对避雷针产生静电感应引起的），使雷电场畸变，而将雷云的放电通路吸引到避雷针本身，并由它及与它相连的引下线和接地体将雷电流安全导入大地，使附近建筑物和设备免受直接雷击。

避雷针的保护范围用滚球法确定。

单支避雷针的保护范围如图7-7所示，图中，h_r 为滚球半径。

当避雷针高度为 h 时，$h<h_r$，地面上的保护半径 r_0 为

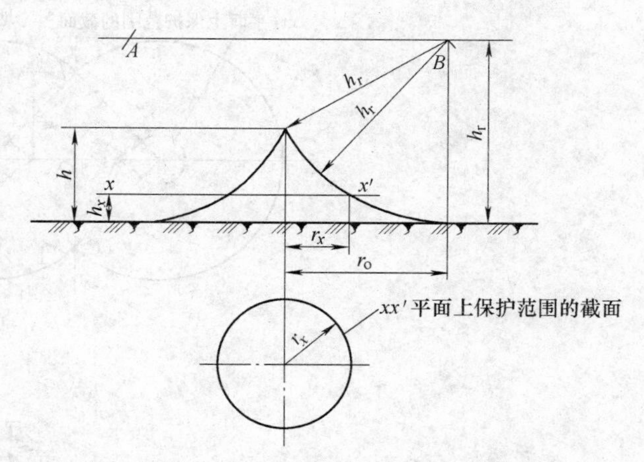

图7-7 单支避雷针的保护范围

$$r_0=\sqrt{h(2h_r-h)} \tag{7-7}$$

高度 h_x 平面 xx'上的保护半径 r_x 为

$$r_x=r_0-\sqrt{h_x(2h_r-h_x)} \tag{7-8}$$

双支等高避雷针的保护范围如图7-8所示。

两针距离大于等于 $2r_0$ 时，分别按单支避雷针计算。

两针距离小于 $2r_0$ 时，计算步骤如下：

1）$AEBC$ 外侧按单支避雷针计算；

2）C、E 点位于两针间的垂直平分线上。地面上每侧最小保护宽度 b_0 为

$$b_0=\sqrt{h(2h_r-h)-\left(\frac{D}{2}\right)^2} \tag{7-9}$$

3）AOB 轴线上距 O 点 x 处的保护范围边线上的保护高度 h_x 为

$$h_x=h_r-\sqrt{(h_r-h)^2+\left(\frac{D}{2}\right)^2-x^2} \tag{7-10}$$

其轨迹是以 O'为圆心，以 $\sqrt{(h_r-h)^2+\left(\frac{D}{2}\right)^2}$ 为半径的圆弧 AB；

4）ACO 保护范围是圆弧 AB 上任一 h_x 与 C 点所处的垂直平面，以 h_x 为假想避雷针，按单针方法逐点确定，如图7-8所示的Ⅰ-Ⅰ视图，BCO、AEO、BEO 部分的保护范围确定方法与 ACO 部分类同；

5）xx'平面上保护范围，以单支避雷针保护半径 r_x 为半径，以 A、B 为圆心作弧交于 AE-BC，以单支避雷针的(r_0-r_x)为半径，以 E、C 为圆心作弧线与上述弧线相接，如图7-8所示粗虚线。

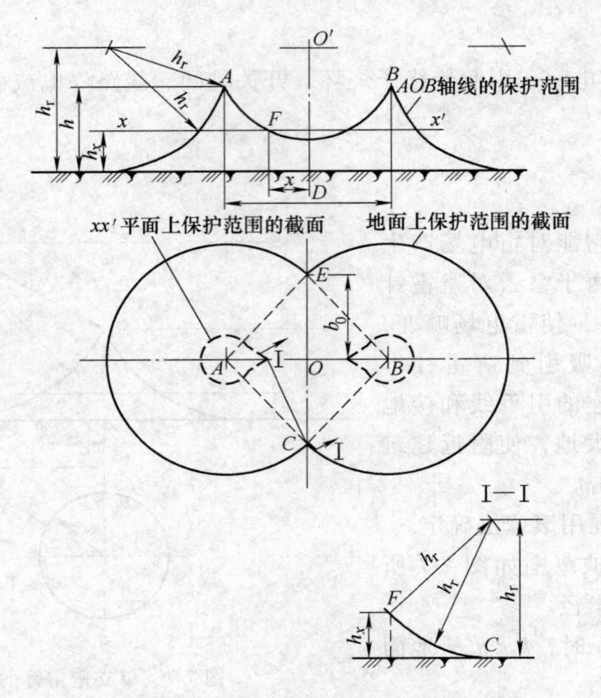

图 7-8　双支等高避雷针的保护范围

2. 避雷线

避雷线是用来保护架空电力线路和露天配电装置免受直击雷的装置。避雷线悬挂在高空，用接地线将避雷线和接地体连在一起，所以又称为架空地线。它的作用和避雷针一样，将雷电引向自身，并安全地导入大地，使其保护的导线或设备免受直接雷击。

用滚球法确定单根避雷线的保护范围，如图 7-9 所示。

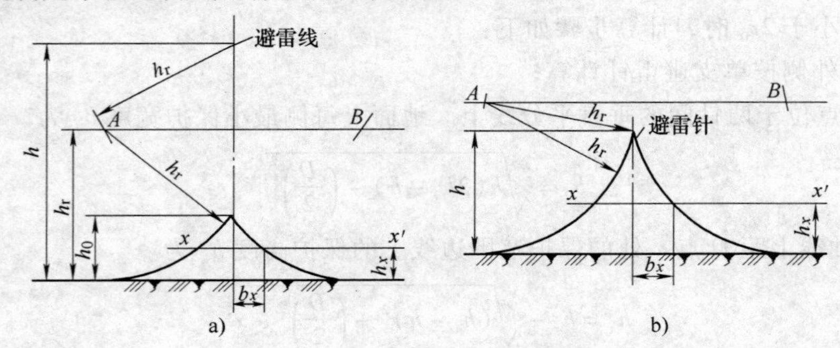

图 7-9　单根避雷线的保护范围

a）当 h 小于 $2h_r$ 但大于 h_r 时　b）当 h 小于或等于 h_r 时

当避雷线的高度 $h \geqslant 2h_r$ 时，无保护范围。

当避雷线的高度 $h < 2h_r$ 时，应分别按图 6-3a 及图 6-3b 方法确定。

确定架空避雷线的高度应计及弧垂的影响。在无法确定弧垂的情况下，当等高支柱间的距离小于 120m 时，架空避雷线中点的弧垂宜采用 2m，距离为 120 ~ 150m 时，宜采用 3m。

保护范围最高点高度 h_0 为

$$h_0 = 2h_r - h \tag{7-11}$$

在 h_0 高度的 xx' 平面上，保护宽度 b_x 为

$$b_x = \sqrt{hh_0} - \sqrt{h_x(2h_r - h_x)} \tag{7-12}$$

避雷线两端的保护范围按单支避雷针计算。

长期经验证明，雷电最容易击于建筑物的边缘凸出部分，所以在建筑物边缘及凸出部分上加装避雷带，是一种有效而经济的防雷办法。避雷带应具有良好的接地装置，并且可以把它与建筑物的钢筋相连。对于重要的建筑物，除这种方法外还应在屋面上铺设避雷网，以防止绕击及降低户内过电压。

3. 避雷器

雷电击中送电线路后，行波沿导线前进，若无适当的保护措施，必然进入变电所或其他用电设备，造成变压器、电压互感器等设备的绝缘损坏，避雷器就是防止行波侵入而设置的保护装置。

避雷器使用时是将避雷器与被保护的设备相并联，避雷器的放电电压低于被保护设备绝缘耐压值。当有沿线入侵的过电压时，将首先使避雷器击穿对地放电，从而保护了设备的绝缘。

（1）保护间隙　它是最为简单经济的防雷设备。常见的两种角型结构如图 7-10 所示。其中一个电极接于线路，另一个电极接地，当线路过电压时，间隙击穿放电，将雷电流泄入大地。为了防止间隙被外物（如鼠、鸟等）短接，通常在其接地引下线中还串接一辅助间隙，以确保运行安全。

保护间隙多用于线路上。由于保护性能差，灭弧能力弱，所以对装有保护间隙的线路，一般还要求装设自动重合闸装置与它配合使用，以提高供电可靠性。

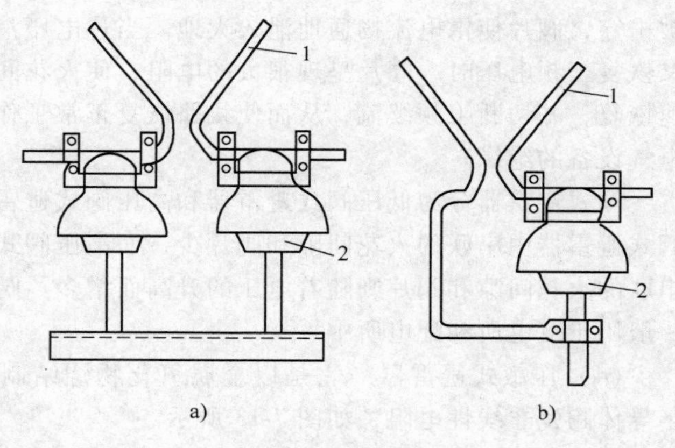

图 7-10　角型间隙

a）装在铁横担上　b）装在木横担上

1—羊角电极　2—支持绝缘子

（2）管式避雷器　它是由产气管、内部间隙和外部间隙组成，如图 7-11 所示。

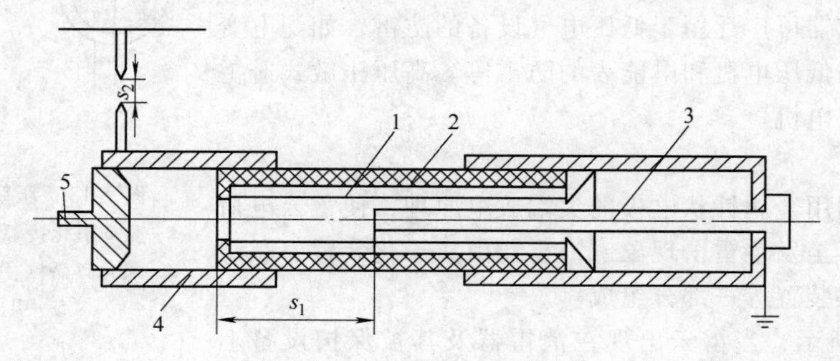

图 7-11　管式避雷器

1—产气管　2—胶木管　3—棒形电极　4—环形电极　5—动作指示器

s_1—内间隙　s_2—外间隙

当线路上遭到雷击或发生感应雷时，大气过电压使管式避雷器的外部间隙和内部间隙击穿，强大的雷电流通过接地装置流入大地。内部间隙的放电电弧使管内壁纤维材料分解出大量气体，气体压力升高，并由管口喷出，形成强烈的吹弧作用，当电流过零时电弧熄灭。这时外部间隙也迅速恢复了正常的绝缘，使管式避雷器与供电系统隔离，系统恢复正常运行。

管式避雷器一般多用于线路上。

(3) 阀式避雷器　它是由火花间隙和阀电阻片组成，装在密封的瓷套管内，如图 7-12 所示。

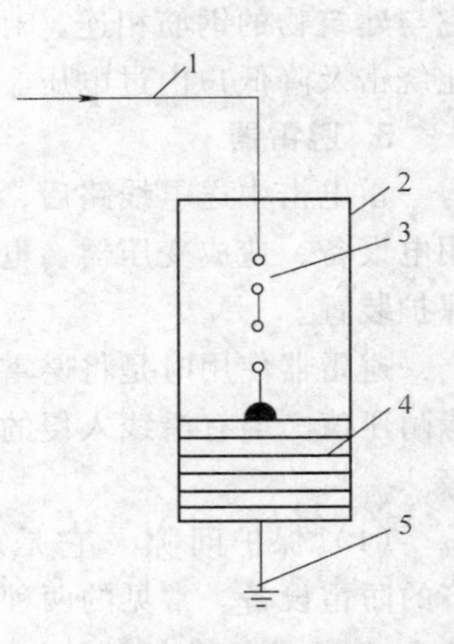

图 7-12　阀式避雷器

1—上接线端　2—瓷套管

3—火花间隙　4—阀电阻片

5—下接线端

火花间隙用铜片制成，每对间隙用云母垫圈隔开。正常情况下，火花间隙阻止线路工频电流通过，但在大气过电压作用下，火花间隙就击穿放电。阀电阻片是用陶瓷材料粘固起来的电工用金刚砂（碳化硅）颗粒组成的，它具有非线性特性。当电压正常时，阀片电阻很大；当过电压时，阀片则呈现很小的电阻。因此在线路上出现过电压时，阀式避雷器的火花间隙被击穿，阀片使雷电流畅通地泄入大地。当过电压消失，线路又恢复工频电压时，阀片呈现很大的电阻，使火花间隙绝缘迅速恢复，并切断工频续流，从而使线路恢复正常工作，保护了电气设备的绝缘。

阀式避雷器分为低压阀式避雷器和高压阀式避雷器。低压阀式避雷器中串联的火花间隙和阀片少，而高压阀式避雷器中串联的火花间隙和阀片则随着电压的升高而增多。阀式避雷器一般用于变电所和配电所中。

(4) 压敏式避雷器　它是以金属氧化物烧结制成的多晶半导体陶瓷非线性电阻，如图 7-13 所示。

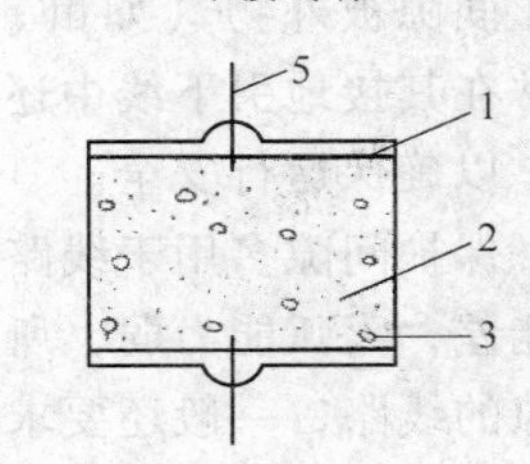

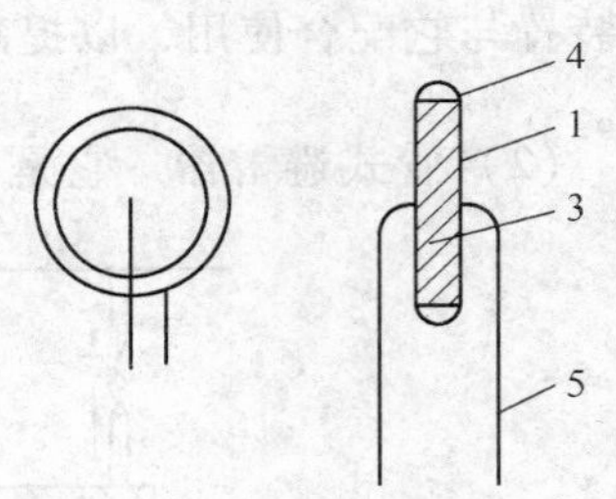

图 7-13　压敏式避雷器

1—金属氧化接触层　2—填充剂

3—氧化锌晶粒　4—绝缘封表层

5—引出线

压敏式避雷器以微粒状的金属氧化锌晶体为基体，在其间充填氧化铋和其他参杂物，这种非线性电阻有很好的伏安特性。工频电压下呈现极大的电阻，因此续流很小。因压敏电阻的通流容量很大，故体积很小。

压敏式避雷器可广泛用于低压电气设备的防雷，如配电变压器的低压侧、低压电机和电能表的防雷等。高压压敏式避雷器用来保护高压电机。

4. 消雷器

消雷器是利用金属针状电极的尖端放电原理，使雷云电荷被中和，从而不至发生雷击现象。消雷器由离子化装置、联结线及地电流收集装置等三部分组成。

如图 7-14 所示，当雷云出现在消雷器及其被保护设备上方时，消雷器及其附近大地都要感应出与雷云电荷极性相反的电荷。设靠近地面的雷云是带负电荷的，则大地要感应出正电荷。由于消雷器浅埋地下的地电流收集装置通过联结线与高台上安有许多金属针状电极的离子化装置相连，大地的大量正电荷在雷电场作用下，向雷云方向运动，使雷云被中和，雷电场减弱，从而防止了雷击的发生。

7.3.3　防雷装置接地电阻的计算

防雷装置接地电阻的计算方法与工频接地电阻的计算方法相同，但两者的阻值有差别。雷电流幅值很大，使接地装置周围土壤中产生强烈的火花放电，在火花放电的范围内土壤的电阻系数将显著下降，这种效应使得冲击接地电阻小于工频接地电阻，两者相差一冲击系数。冲击接地电阻 R_{sh} 可用下式计算：

$$R_{sh}=\alpha_{sh}R_{E} \tag{7-13}$$

式中　α_{sh}——接地体的冲击系数；

R_{E}——工频接地电阻。

冲击系数 α_{sh} 与土壤电阻率及接地体长度等因素有关。由于 R_{sh} 不易测量，因此在工程上是以工频接地电阻作为标准来衡量 R_{sh} 的值。

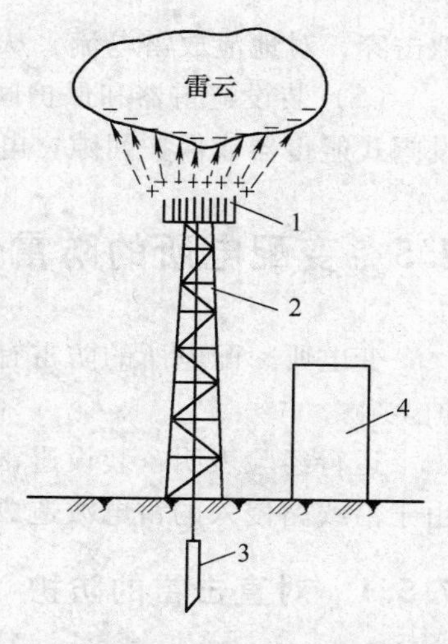

图7-14　消雷器防雷原理说明

1—离子化装置　2—联结线

3—接地装置　4—被保护物

7.4　架空线的防雷保护

输电线路防雷的目的是尽量保护导线不受雷击，即使遭受雷击，也不至发展成为稳定的电弧而中断供电。工厂供电系统又不同于一般的输电线路，它是电力系统的负荷末端，且有自己的特点：一般厂区架空线路在35kV以下，是中性点不接地系统，当雷击杆顶，一相导线放电时，工频接地电流很小，不会引起线路的跳闸；工厂配电网络一般不长，更因厂内的架空线路多受建筑物和树木的屏蔽，遭受雷击的机会比较小；对于重要负荷的工厂较易实现双电源供电和自动重合闸装置，可以减轻雷害事故的影响。

根据以上特点，对于35kV及以下线路常采用以下防雷保护措施：

（1）装设自动重合闸装置　线路因雷击放电而造成的短路是瞬时性的，断路器跳闸后，电弧熄灭，短路故障消失。采用自动重合闸装置，使断路器经过一定时间后自动重合，即可恢复供电，从而提高了供电可靠性。

（2）部分架空线装设避雷线　架设避雷线是很有效的防雷措施，但造价高。所以一般只在35kV以上线路采用沿全线装设避雷线；在35kV及以下线路上仅在进出变电所的一段线路上装设避雷线。

（3）提高线路绝缘水平　当应力允许时，可以采用木横担、瓷横担，或采用高一级的绝缘子，以提高线路的防雷水平。

（4）利用三角形顶线作保护线　由于3～10kV线路通常是中性点不接地的，因此若在三角形排列的顶线绝缘子上装以保护间隙，如图7-15所示，则在雷击时顶线承受雷击，间

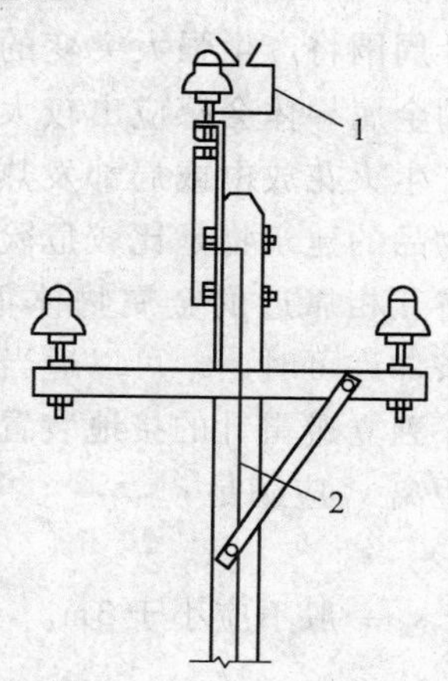

图7-15　顶线绝缘子附有保护间隙

1—保护间隙　2—接地线

隙击穿，对地泄放雷电流，从而保护了下面的两根导线，一般也不会引起线路跳闸。

（5）装设避雷器和保护间隙　3～10kV 线路的柱上断路器、负荷开关或隔离开关应装设阀式避雷器或保护间隙；电力线路比较薄弱的杆塔上，应装设管式避雷器和保护间隙。

7.5　变配电所的防雷保护

变电所、配电所的防雷有两个重要方面：对直击雷的防护和对由线路侵入的过电压的防护。

运行经验表明：装设避雷针（或消雷器）、避雷线对直击雷进行防护，是非常有效的。由于沿线路侵入的雷电波造成的雷害事故相当频繁，故必须装设避雷器加以防护。

7.5.1　对直击雷的防护

独立避雷针受雷击时，在接闪器、引下线和接地体上都产生很高电位，如果避雷针与附近设施的距离不够，它们之间便会产生放电现象。这种情况称为反击。"反击"可能引起电气设备的绝缘破坏，金属管道被击穿，对某些建筑物甚至会造成爆炸、火灾和人身伤亡。为了防止反击，必须使避雷针和附近金属导体间有一定的距离，从而使绝缘介质闪络电压大于反击电压。独立避雷针与被保护物之间的空气距离应符合下式要求：

$$s_k \geqslant 0.3R_{sh} + 0.1h \tag{7-14}$$

式中　s_k——避雷针与被保护物间的空气距离（m），如图 7-16 所示；

R_{sh}——独立避雷针的冲击接地电阻（Ω）；

h——避雷针校验点高度（m）。

s_k 一般不应小于 5m。

避雷线也有类似的计算公式。

除"反击"外，当雷电流通过避雷针时，在避雷针周围将产生强大突变的电磁场，处在这一磁场中的金属导体会感应出较大的电动势，此电动势可能产生火花放电或局部发热，这对于存放易燃、易爆物品的建筑物是比较危险的。消除此现象的方法是将互相靠近的金属物体很好地连接起来。另外，在条件许可时，s_k 可以适当增大。

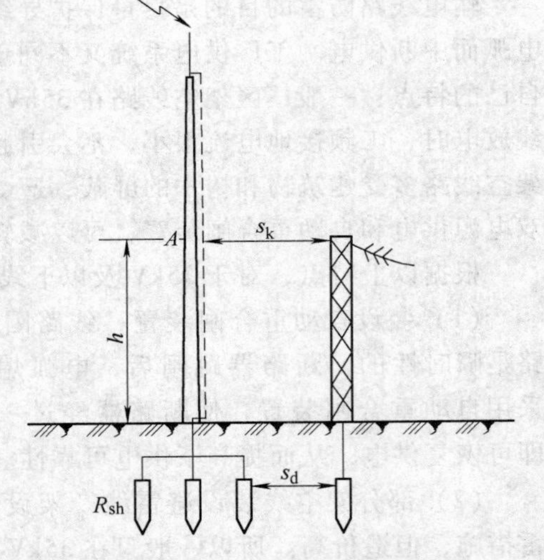

图 7-16　避雷针与被保护物间允许距离

独立避雷针的接地装置与其他接地体之间的地中距离 s_d 应满足

$$s_d \geqslant 0.3R_{sh} \tag{7-15}$$

s_d 一般不应小于 3m。

7.5.2　对线路侵入雷电波的防护

当雷击于线路导线时，沿导线就有雷电冲击波流动从而会传到变电所。

变电所的电气设备中最重要、价格最昂贵、绝缘最薄弱的就是变压器，在变电所中装设避雷器是基本的防护措施。避雷器应尽量靠近变压器，避雷器的残压必须小于变压器绝缘耐压所能允许的程度，并且它们的数字都必须小于冲击波的幅值，以保证侵入波能够受到避雷器放电的限制。除装设避雷器外，对工厂降压变电所还应采取下列措施：

1）未沿全程架设避雷线的35kV架空线，应在变电所1～2km的进线段架设避雷线。当进线段以外遭雷击时由于线路本身阻抗的限流作用，流过避雷器的电流幅值将得到限制，侵入波陡度将大为降低。图7-17所示为这种保护的典型线路图。

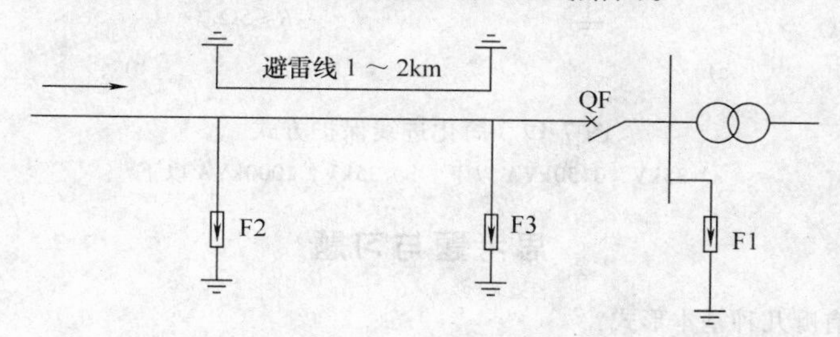

图7-17　35～110kV全线无避雷线线路变电所进线段标准防雷保护典型线路图

对于一般线路来说，无需装设管型避雷器F2。当线路的耐冲击绝缘水平特别高（例如木杆线路或钢筋混凝土杆，木横担以及降压运行的线路），致使变电所中阀式避雷器通过的雷电流可能超过5kA时，才装设一组F2，并使F2处的接地电阻尽量降低到10Ω以下。

当线路进出线的断路器或隔离开关在雷季可能经常断开而线路侧又带有电压时，为避免开路末端的电压上升为行波幅值的两倍，致使开关电器的绝缘支座对地放电，在线路带电压情况下引起工频短路，烧坏支座，可装设管式避雷器F3。

2）对于容量较小的工厂变电所，还可以根据其重要性和雷暴日数采取简化的进线保护。

对容量为3150～5600kVA的变电所，可以考虑采用避雷线长为500～600m的进线保护段，如图7-18所示。

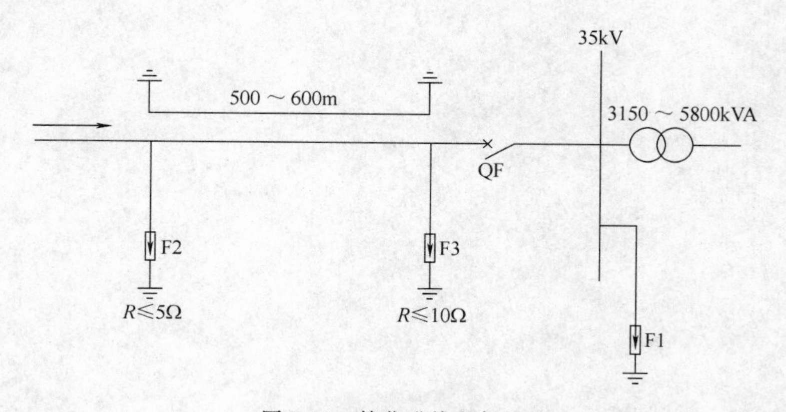

图7-18　简化进线段保护
（电压35kV，容量3150～5600kVA）
F1—阀式避雷器　F2、F3—管式避雷器或保护间隙

对负荷不很重要，容量在3150kVA以下的变电所，可采用图7-19a所示的保护方式。对1000kVA以下的变电所，还可按图7-19b所示进行简化。但应注意，不论怎样简化，阀式避

雷器 F1 距变压器和电压互感器的最大电气距离不宜大于 10m。

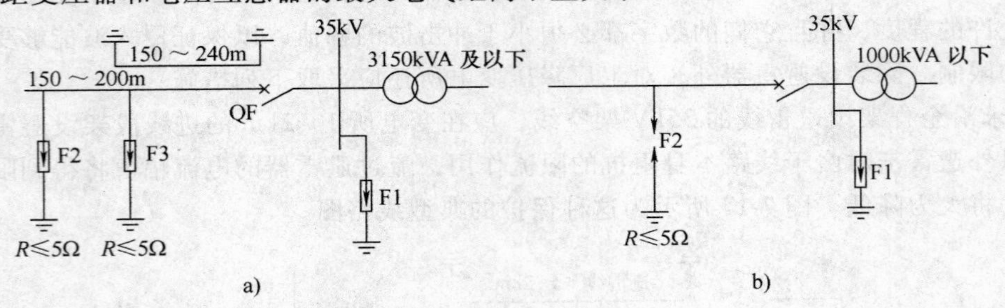

图 7-19 简化进线保护方式

a) 35kV，3150kVA 以下 b) 35kV，1000kVA 以下

思考题与习题

7-1 雷电过电压有哪几种基本形式？

7-2 防雷装置有哪些？它们各自的结构特点及作用是什么？

7-3 架空线路的防雷措施有哪些？

7-4 雷电击中独立避雷针时，为什么会对附近设施产生“反击”？如何防止？

7-5 什么叫接地？电气上的“地”是什么意思？

7-6 什么叫保护接地？什么叫保护接零？各自适合于什么场合？

7-7 常用的人工接地装置有哪些类型？

附 录

附录 A 变压器的技术参数

表 A-1 35kV 铝线双绕组电力变压器的技术数据

电力变压器型号	额定容量/kVA	额定电压/kV		损耗/kW		阻抗电压(%)	空载电流(%)
		高压	低压	空载	短路		
SJL1—50/35	50	35	0.4	0.3	1.15	6.5	6.5
SJL1—100/35	100	35	0.4	0.43	2.5	6.5	4.0
SJL1—160/35	160	35	0.4	0.59	3.6	6.5	3.0
SJL1—160/35	160	35	10.5,6.3,3.15	0.65	3.8	6.5	3.0
SJL1—200/35	200	35	10.5,6.3,3.15	0.76	4.4	6.5	2.8
SJL1—250/35	250	35	10.5,6.3,3.15	0.9	5.1	6.5	2.6
SJL1—250/35	250	35	0.4	0.8	4.8	6.5	2.6
SJL1—315/35	315	35	10.5,6.3,3.15	1.05	6.1	6.5	2.4
SJL1—400/35	400	35	10.5,6.3,3.15	1.25	7.2	6.5	2.3
SJL1—400/35	400	35	0.4	1.1	6.9	6.5	2.3
SJL1—500/35	500	35	10.5,6.3,3.15	1.45	8.5	6.5	2.1
SJL1—630/35	630	35	10.5,6.3,3.15	1.7	9.9	6.5	2.0
SJL1—630/35	630	35	0.4	1.5	9.6	6.5	2.0
SJL1—800/35	800	35	10.5,6.3,3.15	1.9	12	6.5	1.9
SJL1—1000/35	1000	35	10.5,6.3,3.15	2.2	14	6.5	1.7
SJL1—1000/35	1000	35	0.4	2.2	14	6.5	1.7
SJL1—1250/35	1250	35	10.5,6.3,3.15	2.6	17	6.5	1.6
SJL1—1600/35	1600	35,38.5	10.5,6.3,3.15	3.05	20	6.5	1.5
SJL1—1600/35	1600	35	0.4	3.05	20	6.5	1.5
SJL1—2000/35	2000	35,38.5	10.5,6.3,3.15	3.6	24	6.5	1.4
SJL1—2500/35	2500	34,38.5	10.5,6.3,3.15	4.25	27.5	6.5	1.3
SJL1—3150/35	3150	35,38.5	10.5,6.3,3.15	5.0	33	7	1.2
SJL1—4000/35	4000	35,38.5	10.5,6.3,3.15	5.9	39	7	1.1
SJL1—5000/35	5000	35,38.5	10.5,6.3,3.15	6.9	45	7	1.1
SJL1—6300/35	6300	35,38.5	10.5,6.3,3.15	8.2	52	7.5	1.0
SJL1—7500/35	7500	35	10.5	9.6	57	7.5	0.9
SFL1—8000/35	8000	38.5,35	11,10.5,6.6 6.3,3.3,3.15	11	58	7.5	1.5
SFL1—10000/35	10000	38.5,35	11,10.5,6.6 6.3,3.3,3.15	12	70	7.5	1.5
SFL1—15000/35	15000	38.5,35	11,10.5,6.6 6.3,3.3,3.15	16.5	93	8	1.0
SFL1—20000/35	20000	38.5,35	11,10.5,6.6 6.3,3.3,3.15	22	115	8	1.0

（续）

电力变压器型号	额定容量/kVA	额定电压/kV		损耗/kW		阻抗电压（%）	空载电流（%）
		高压	低压	空载	短路		
SFL1—31500/35	31500	38.5,35	11,10.5,6.6 6.3,3.3,3.15	30	180	8	0.7
SFZE1—8000/35	8000	35 ± 3 × 2.5% 38.5 ± 3 × 2.5%	11,10.5,6.6,6.3	11	60.6	7.5	1.25
SFPL1—1000/35	1000	38.5	6.3	12	70	7.5	1.5

注：1. SJL—三相油浸自冷式铝线变压器；SFL—三相油浸风冷式铝线变压器；SSPL—三相强迫油循环水冷式铝线变压器。

2. 表中，± 3 × 2.5% 表示允许电压偏移 ± 3 × 2.5% 的额定值。

表 A-2 110kV 级三相双绕组铝线电力变压器技术数据

电力变压器型号	额定容量/kVA	额定电压/kV		损耗/kW		阻抗电压（%）	空载电流（%）
		高压	低压	短路	空载		
SFL1—6300/110	6300	121，± 5% 110，± 5%	11,10.5 6.6,6.3	52	9.76	10.5	1.1
SFL1—8000/110	8000	121，± 5% 110，± 5%	11,10.5 6.6,6.3	62	11.6	10.5	1.1
SFL1—10000/110	10000	121，± 2 × 2.5%	10.5,6.3	72	14	10.5	1.1
SFL1—16000/110	16000	121，± 2 × 2.5%	10.5,6.3	110	18.5	10.5	0.9
SFL1—20000/110	20000	121，± 2 × 2.5%	10.5,6.3	135	22	10.5	0.8
SFL1—31500/110	31500	121 $^{+5\%}_{-2 \times 2.5\%}$	10.5,6.3	190	31.05	10.5	0.7
SFL1—40000/110	40000	121，± 2 × 2.5%	10.5,6.3	200	42	10.5	0.7
SFPL1—50000/110	50000	121，± 5%	10.5,6.3	250	48.6	10.5	0.75
SFPL1—63000/110	63000	121，± 5%	10.5,6.3	298	60	10.5	0.8
SFPL1—90000/110	90000	121，± 2 × 2.5%	10.5	440	75	10.5	0.7
SFPL1—120000/110	120000	121，± 2 × 2.5%	10.5	520	100	10.5	0.65
SSPL1—20000/110	20000	121，± 2 × 2.5%	6.3	135	22.1	10.5	0.8
SSPL—63000/110	63000	121，± 2 × 2.5%	10.5	300	68	10.5	
SSPL—90000/110	90000	121，± 2 × 2.5%	13.8	451	85	10.5	
SSPL—63000/110	63000	121，± 2 × 2.5%	10.5	291.48	65.4	10.57	0.8
SSPL—120000/110	120000	121，± 2 × 2.5%	13.8	588	120	10.4	0.57
SSPL—150000/110	150000	121，± 2 × 2.5%	13.8	646.25	204.5	12.68	1.73
SFL—20000/110	20000	121，± 2 × 2.5%	10.5,6.3	135	37	10.5	1.5
SFL—63000/110	63000	121，± 2 × 2.5%	10.5,6.3	300	68	10.5	2.5
SFPL—90000/110	90000	121，± 2 × 2.5%	10.5	448	164	10.47	1.67
SFPL—120000/110	120000	121，± 2 × 2.5%	10.5	572	95.6	10.78	0.695
SFPL—120000/110	120000	121，± 2 × 2.5%	10.5	590	175	10.5	2.5
SFL1—12500/110	$\frac{12500}{6250+6250}$	110，± 5%	3 ~ 3	99.8	16.4	9	0.93

表 A-3　110kV 三相三绕组电力变压器技术数据

电力变压器型号	额定容量/kVA	额定电压/kV			损耗/kW				阻抗电压(%)			空载电流(%)
		高压	中压	低压	短路			空载	高中	高低	中低	
					高中	高低	中低					
SFSL1—6300/110	6300/6300/6300	121, ±2×2.5% 110, ±2×2.5%	38.5, ±2×2.5%	11, 10.5, 6.6, 6.3	62.9 62.3	62.6 62	50.7 50.7	12.5	17	10.5	6	1.4
		121, ±2×2.5% 110, ±2×2.5%			66.2 65.6	60.2 59.6	51.6 51.6	12.5	10.5	17	6	1.4
SFSL1—8000/110	8000/4000/8000	121, ±5% 110, ±5%	38.5, ±2×2.5%	11, 10.5, 6.6, 6.3	27 27	83 83	19 19	14.2	17.5	10.5	6.5	1.26
	8000/8000/4000	121, ±5% 110, ±5%			84	27	21	14.2	10.5	17.5	6.5	1.28
SFSL1—10000/110	10000/10000/10000	121, ±2×2.5%	38.5, ±2×2.5%	10.5 6.3	91 89.6	89 88.7	69.3 69.7	17	17 10.5	10.5 17	6 6	1.5
SFSL1—15000/110	15000/15000/15000	121, ±2×2.5%	38.5, ±2×2.5%	10.5 6.3	120	120	95	22.7	17 10.5	10.5 17	6 6	1.3
SFSL1—20000/110	20000/20000/10000	121, ±5%	38.5, ±5%	10.5 6.3	152.8	52	47	50.2	10.5	18	6.5	4.1
	20000/10000/20000	121, ±2×2.5%	38.5, ±5%	10.5 6.3	52	148.2	47	50.2	18	10.5	6.5	4.1
SFSL1—20000/110	20000/20000/20000	121, ±2×2.5%	38.5, ±5%	10.5 6.3	145	158	117	43.3	10.5	18	6.5	3.46
		121, ±2×2.5%	38.5, ±5%	10.5 6.3	154	154	119	43.3	18	10.5	6.5	3.48
SFSL1—25000/110	25000/25000/25000	121, ±2×2.5%	38.5, ±5%	10.5 6.3	175	197	142	49.5	10.5	18	6.5	3.6
SFSL1—25000/110	25000/25000/25000	121, ±2×2.5%	38.5, ±5%	10.5 6.3	194	182	144	49.5	18	10.5	6.5	3.6
			10.5	6.3	219	224	172	42.7	10.5	18	6	2.99
SFSL1—31500/110	31500/31500/31500	121, ±2×2.5%	38.5, ±2×2.5%	10.5	229.1	212	181.6	37.2	18	10.5	6.5	0.8
				6.3	215.4	231	184	37.2	10.5	18	6.5	0.8
SFPSL1—40000/110	40000/40000/40000	121, ±2×2.5%	38.5, ±2×2.5%	10.5	276	250	205.5	72	17.5	10.5	6.5	2.7
				6.3	244	274.5	205.5	72	10.5	17.5	6.5	2.7
SFPSL1—50000/110	50000/50000/50000	121, ±2×2.5%	38.5, ±2×2.5%	6.3	308.8	350.3	251	62.2	10.5	18	6.5	1
			38.5, ±2×2.5%	6.3	350.6	318.3	252.9	62.2	18	10.5	6.5	1

（续）

电力变压器型号	额定容量/kVA	额定电压/kV			损耗/kW				阻抗电压（%）			空载电流（%）
		高压	中压	低压	短路			空载	高中	高低	中低	
					高中	高低	中低					
SFSL1—50000/110	50000/50000/50000	121，±2×2.5%	38.5	6.3	350	300	255	53.2	17.5	10.5	6.5	0.8
					300	350	255		10.5	17.5	6.6	
SFPSL1—63000/110	63000/63000/63000	121，±2×2.5%	38.5，±5%	6.3	380	470	320	64.2	10.5	18.5	6.5	0.7
				6.3	470	380	330	64.2	18.5	10.5	6.5	0.7

附录B　常用高压断路器的技术参数

类型	型号	额定电压/kV	额定电流/A	开断电流/kA	断流容量/MVA	动稳定电流标称值/kA	热稳定电流/kA	固有分闸时间/s	合闸时间/s	配用操动机构型号
少油户外	SW2—35/1000	35	1000	16.5	1000	45	16.5(4s)	≤0.06	≤0.4	CT2—XG
	SW2—35/1500		1500	24.8	1500	63.4	24.8(4s)			
少油户内	SN10—35Ⅰ	35	1000	16	1000	45	16(4s)	≤0.06	≤0.2	CT10
	SN10—35Ⅱ		1250	20	1000	50	20(4s)		≤0.25	CT10Ⅳ
	SN10—10Ⅰ	10	630	16	300	40	16(4s)	≤0.06	≤0.15	CT8
			1000	16	300	40	16(4s)		≤0.2	CD10Ⅰ
	SN10—10Ⅱ		1000	31.5	500	80	31.5(2s)	≤0.06	≤0.2	CT10Ⅰ、Ⅱ
	SN10—10Ⅲ		1250	40	750	125	40(2s)	≤0.07	≤0.2	CD10Ⅲ
			2000	40	750	125	40(4s)			
			3000	40	750	125	40(4s)			
真空户内	ZN23—35	35	1600	25		63	25(4s)	≤0.06	≤0.075	CT12
	ZN3—10Ⅰ	10	630	8		20	8(4s)	≤0.07	≤0.15	CD10 等
	ZN3—10Ⅱ		1000	20		50	20(20s)	≤0.05	≤0.10	
	ZN4—10/1000		1000	17.3		44	17.3(4s)	≤0.05	≤0.2	CD10 等
	ZN4—10/1250		1250	20		50	20(4s)			
	ZN5—10/630		630	20		50	20(2s)	≤0.05	≤0.1	专用 CD 型
	ZN5—10/1000		1000	20		50	20(2s)			
	ZN5—10/1250		1250	25		63	25(2s)			
	ZN12—10/1250		1250	25		63	25(4s)	≤0.06	≤0.1	CD8 等
	ZN12—10/2000		2000							
	ZN12—10/1250		1250	31.5		80	31.5(4s)			
	ZN12—10/2000		2000							
	ZN12—10/2500		2500	40		100	40(4s)			
	ZN12—10/3150		3150							
	ZN24—10/1250-20		1250	20		50	20(4s)	≤0.06	≤0.1	CD8 等
	ZN24—10/1250		1250	31.5		80	31.5(4s)			
	ZN24—10/2000		2000							

（续）

类型	型号	额定电压/kV	额定电流/A	开断电流/kA	断流容量/MVA	动稳定电流标称值/kA	热稳定电流/kA	固有分闸时间/s	合闸时间/s	配用操动机构型号
六氟化硫（SF_6）户内	LN2—35Ⅰ	35	1250	16		40	16(4s)	≤0.06	≤0.15	CT12Ⅱ
	LN2—35Ⅱ		1250	25		63	25(4s)			
	LN2—35Ⅲ		1600	25		63	25(4s)			
	LN2—10	10	1250	25		63	25(4s)	≤0.06	≤0.15	CT12Ⅰ CT8Ⅰ

附录C 常用高压隔离开关的技术参数

型号	额定电压/kA	额定电流/A	极限通过电流/kA		5s热稳定电流/kA	操动机构型号
			峰值	有效值		
GN_8^6—6T/200	6	200	25.5	14.7	10	CS6—1T（CS6—1）
GN_8^6—6T/400		400	40	30	14	
GN_8^6—6T/200		600	52	30	20	
GN_8^6—10T/200	10	200	25.5	14.7	10	S6—1T（CS6—1）
GN_8^6—10T/400		400	40	30	14	
GN_8^6—10T/600		600	52	30	20	
GN_8^6—10T/1000		1000	75	43	30	

附录D 常用高压熔断器的技术参数

表D-1 RN1型户内高压熔断器的技术数据

型号	额定电压/kV	额定电流/A	熔体电流/A	额定断流容量/MVA	最大开断电流有效值/kA	最小开断电流（额定电流倍数）	过电压倍数（额定电压倍数）
RN1—6	6	25	2,3,4,7.5,10,15 20,25,30,40,50,60,75,100	200	20	1.3	2.5
		50					
		100					
RN1—10	10	25			11.6	—	
		50					
		100					

表D-2 RN2型户内高压熔断器的技术数据

型号	额定电压/kV	额定电流/A	三相最大断流容量/MVA	最大开断电流/kA	当开断极限短路电流时，最大电流峰值/kA	过电压倍数（额定电压倍数）
RN2—6	6	0.5	1000	85	300	2.5
RN2—10	10			50	1000	

表 D-3　RW4、RW7、RW9 和 RW10 型户外高压跌落式熔断器的技术数据

型号	额定电压/kV	额定电流/A	断流容量/MVA		分合负荷电流/A
			上限	下限	
RW4—10G/50		50	89	7.5	
RW4—10G/100		100	124	10	
RW4—10/50	10	50	75	—	—
RW4—10/100		100	100	—	
RW4—10/200		200	100	30	
RW7—10/50—75		50	75	10	
RW7—10/100—100		100	100	30	
RW7—10/200—100	10	200	100	30	—
RW7—10/50—75GY		50	75	10	
RW7—10/100—100GY		100	100	30	
RW9—10/100	10	100	100	20	—
RW9—10/200		200	150	30	
RW10—10(F)/50		50	200	40	50
RW10—10(F)/100	10	100	200	40	100
RW10—10(F)/200		200	200	40	200

附录 E　常用电流互感器的技术参数

型号	额定电流比/A	级次组合	准确级次	额定二次负荷/Ω					10%倍数		1s 热稳定倍数	动稳定倍数	选用铝母线截面尺寸/mm
				0.5 级	1 级	3 级	10 级	D 级	二次负荷/Ω	倍数			
		0.5/9	0.5	2									
	20～300、600	0.5/B	3			2				10		150	
LCZ—35	400、800	0.5/0.5	B			2				27		100	
	1000/5	B/B								27			
		3/3B								35			
	5,10,15,30,30												
	40,50,60,75,	0.5/3	0.5	0.4	0.6					6	90	225	
LQJ—10	100/5	1/3	1		0.4					6			
	160,300,315,	0.5/D									75	160	
	400/5	1/D	3			0.6				10			
	300,		0.5	0.4	0.8								30×4
	400,	0.5/3	1		0.4								40×5
LMZ—10	500,600												50×6
	750,800	0.5D	3			0.6				10			60×8
	1000,1500/5		D				0.6			15			80×8

附录 F　常用电压互感器的技术参数

型号	额定电压/V			额定容量/VA（cosφ = 0.9）			最大容量/VA
	一次绕组	二次绕组	辅助线圈	0.5 级	1 级	3 级	
JDZJ—6	$6000/\sqrt{3}$	$100/\sqrt{3}$	100/3	50	80	200	400
JDZJ—10	$10000/\sqrt{3}$	$100/\sqrt{3}$	100/3	50	80	200	400
JSJW—6	$6000/\sqrt{3}$	$100/\sqrt{3}$	100/3	80	150	320	640
JSJW—10	$10000/\sqrt{3}$	$100/\sqrt{3}$	100/3	120	200	480	960
JDZ—6	6000	100	—	50	80	200	300
JDZ—10	10000	100	—	80	120	300	500

附录 G　国内常用规格的导线尺寸及导线性能表

表 G-1　JL 铝绞线性能

标称截面铝	面积/mm^2	单线根数 n	直径/mm		单位长度质量/(kg/km)	额定抗拉力/kN	直流电阻(20℃)/(Ω/km)
			单线	绞线			
35	34.36	7	2.50	7.50	94.0	6.01	0.833 3
50	49.48	7	3.00	9.00	135.3	8.41	0.578 7
70	71.25	7	3.60	10.8	194.9	11.40	0.401 9
95	95.14	7	4.16	12.5	260.2	15.22	0.301 0
120	121.21	19	2.85	14.3	333.2	20.61	0.237 4
150	148.07	19	3.15	15.8	407.0	24.43	0.194 3
185	182.80	19	3.50	17.5	502.4	30.16	0.157 4
210	209.85	19	3.75	18.8	576.8	33.58	0.137 1
240	238.76	19	4.00	20.0	656.3	38.20	0.120 5
300	297.57	37	3.20	22.4	819.8	49.10	0.096 9
500	502.90	37	4.16	29.1	1 385.5	80.46	0.057 3

表 G-2　JLHA1 铝合金绞线性能

标称截面铝合金	面积/mm^2	单线根数 n	直径/mm		单位长度质量/(kg/km)	额定抗拉力/kN	直流电阻(20℃)/(Ω/km)
			单线	绞线			
10	10.02	7	1.35	4.05	27.4	3.26	3.320 5
16	16.08	7	1.71	5.13	44.0	5.22	2.069 5
25	24.94	7	2.13	6.39	68.2	8.11	1.333 9
35	34.91	7	2.52	7.56	95.5	11.35	0.952 9
50	50.14	7	3.02	9.06	137.2	16.30	0.663 5
70	70.07	7	3.57	10.7	191.7	22.07	0.474 8
95	95.14	7	4.16	12.5	261.5	29.97	0.351 4
150	149.96	19	3.17	15.9	412.2	48.74	0.222 9
210	209.85	19	3.75	18.8	576.8	66.10	0.159 3
240	239.96	19	4.01	20.1	661.1	75.59	0.139 7

（续）

标称截面 铝合金	面积 /mm²	单线根数 n	直径/mm 单线	直径/mm 绞线	单位长度质量 /(kg/km)	额定抗拉力 /kN	直流电阻 (20℃)/(Ω/km)
300	299.43	37	3.21	22.5	825.0	97.32	0.111 9
400	399.98	37	3.71	26.0	1 102.0	125.99	0.083 8
500	500.48	37	4.15	29.1	1 380.9	157.65	0.067 1
630	631.30	61	3.63	32.7	1 741.8	198.86	0.053 2
800	801.43	61	4.09	36.8	2 211.3	252.45	0.041 9
1000	1000.58	61	4.57	41.1	2 760.7	315.18	0.033 5

表 G-3　JLHA2 铝合金绞线性能

标称截面 铝合金	面积 /mm²	单线根数 n	直径/mm 单线	直径/mm 绞线	单位长度质量 /(kg/km)	额定抗拉力 /kN	直流电阻 (20℃)/(Ω/km)
10	10.02	7	1.35	4.05	27.4	2.96	3.289 1
16	16.08	7	1.71	5.13	44.0	4.74	2.050 0
25	24.94	7	2.13	6.39	68.2	7.36	1.321 3
35	34.91	7	2.52	7.56	95.5	10.30	0.943 9
50	50.14	7	3.02	9.06	137.2	14.79	0.657 3
70	70.07	7	3.57	10.7	191.7	20.67	0.470 3
95	95.14	7	4.16	12.5	261.5	28.07	0.348 1
120	120.36	19	2.84	14.2	330.8	35.51	0.275 1
150	149.96	19	3.17	15.9	412.2	44.24	0.220 8
210	209.85	19	3.75	18.8	576.8	61.91	0.157 8
240	239.96	19	4.01	20.1	661.1	70.79	0.138 3
300	299.43	37	3.21	22.5	825.0	88.33	0.110 9
400	399.98	37	3.71	26.0	1 102.0	117.99	0.083 0
500	500.48	37	4.15	29.1	1 380.9	147.64	0.066 4
630	631.30	61	3.63	32.7	1 741.8	186.23	0.052 7
800	801.43	61	4.09	36.8	2 211.3	236.42	0.041 5
1000	1000.58	61	4.57	41.1	2 760.7	295.17	0.033 2

表 G-4　JL/G1A 钢芯铝绞线性能

标称截面铝/钢	钢比 (%)	面积/mm² 铝	面积/mm² 钢	面积/mm² 总和	单线根数 铝	单线根数 钢	单线直径/mm 铝	单线直径/mm 钢	直径/mm 钢芯	直径/mm 绞线	单位长度质量/(kg/km)	额定抗拉力/kN	直流电阻(20℃)/(Ω/km)
10/2	17	10.60	1.77	12.37	6	1	1.50	1.50	1.50	4.50	42.8	4.14	2.706 2
16/3	17	16.13	2.69	18.82	6	1	1.85	1.85	1.85	5.55	65.1	6.13	1.779 1
35/6	17	34.86	5.81	40.67	6	1	2.72	2.72	2.72	8.16	140.8	12.55	0.823 0
50/8	17	48.25	8.04	56.30	6	1	3.20	3.20	3.20	9.60	194.8	16.81	0.594 6
50/30	58	50.73	29.59	80.32	12	7	2.32	2.32	6.96	11.6	371.1	42.61	0.569 3
70/10	17	68.05	11.34	79.39	6	1	3.80	3.80	3.80	11.4	274.8	23.36	0.421 7
70/40	58	69.73	40.67	110.40	12	7	2.72	2.72	8.16	13.6	510.2	58.22	0.414 1
95/15	16	94.39	15.33	109.73	26	7	2.15	1.67	5.01	13.6	380.2	34.93	0.305 9
95/20	20	95.14	18.82	113.96	7	7	4.16	1.85	5.55	13.9	408.2	37.24	0.302 0

（续）

标称截面铝/钢	钢比（%）	面积/mm²			单线根数		单线直径/mm		直径/mm		单位长度质量/（kg/km）	额定抗拉力/kN	直流电阻（20℃）/（Ω/km）
		铝	钢	总和	铝	钢	铝	钢	钢芯	绞线			
95/55	58	96.51	56.30	152.81	12	7	3.20	3.20	9.60	16.0	706.1	77.85	0.299 2
120/7	6	118.89	6.61	125.50	18	1	2.90	2.90	2.90	14.5	378.5	27.74	0.242 2
120/20	16	115.67	18.82	134.49	26	7	2.38	1.85	5.55	15.1	466.1	42.26	0.249 6
120/25	20	122.48	24.25	146.73	7	7	4.72	2.10	6.30	15.7	525.7	47.96	0.234 6
120/70	58	122.15	71.25	193.40	12	7	3.60	3.60	10.8	18.0	893.7	97.92	0.236 4
150/8	6	144.76	8.04	152.80	18	1	3.20	3.20	3.20	16.0	460.9	32.73	0.199 0
150/20	13	145.68	18.82	164.50	24	7	2.78	1.85	5.55	16.7	548.5	46.78	0.198 1
150/25	16	148.86	24.25	173.11	26	7	2.70	2.10	6.30	17.1	600.1	53.67	0.194 0
150/35	23	147.26	34.36	181.62	30	7	2.50	2.50	7.50	17.5	675.0	64.94	0.196 2
185/10	6	183.22	10.18	193.40	18	1	3.60	3.60	3.60	18.0	583.3	40.51	0.157 2
185/25	13	187.03	24.25	211.28	24	7	3.15	2.10	6.30	18.9	704.9	59.23	0.154 3
185/30	16	181.34	29.59	210.93	26	7	2.98	2.32	6.96	18.9	731.4	64.56	0.159 2
185/45	23	184.73	43.10	227.83	30	7	2.80	2.80	8.40	19.6	846.7	80.54	0.156 4
210/10	6	204.14	11.34	215.48	18	1	3.80	3.80	3.80	19.0	649.9	45.14	0.141 1
210/25	13	209.02	27.10	236.12	24	7	3.33	2.22	6.66	20.0	787.8	66.19	0.138 0
210/35	16	211.73	34.36	246.09	26	7	3.22	2.50	7.50	20.4	852.5	74.11	0.136 4
210/50	23	209.24	48.82	258.06	30	7	2.98	2.98	8.94	20.9	959.0	91.23	0.138 1
240/30	13	244.29	31.67	275.96	24	7	3.60	2.40	7.20	21.6	920.7	75.19	0.118 1
240/40	16	238.84	38.90	277.74	26	7	3.42	2.66	7.98	21.7	962.8	83.76	0.120 9
240/55	23	241.27	56.30	297.57	30	7	3.20	3.20	9.60	22.4	1105.8	101.74	0.119 8
300/15	5	296.88	15.33	312.21	42	7	3.00	1.67	5.01	23.0	938.7	68.41	0.097 3
300/20	7	303.42	20.91	324.32	45	7	2.93	1.95	5.85	23.4	1 000.8	76.04	0.095 2
300/25	9	306.21	27.10	333.31	48	7	2.85	2.22	6.66	23.8	1 057.0	83.76	0.094 4
300/40	13	300.09	38.09	338.99	24	7	3.99	2.66	7.98	23.9	1 131.0	92.36	0.096 1
300/50	16	299.54	48.82	348.37	26	7	3.83	2.98	8.94	24.3	1 207.7	103.58	0.096 4
300/70	23	305.36	71.25	376.61	30	7	3.60	3.60	10.8	25.2	1 399.6	127.23	0.094 6
400/20	5	406.40	20.91	427.31	42	7	3.51	1.95	5.85	26.9	1 284.3	89.48	0.071 0
400/25	7	391.91	27.10	419.01	45	7	3.33	2.22	6.66	26.6	1 293.5	96.37	0.073 7
400/35	9	390.88	34.36	425.24	48	7	3.22	2.50	7.50	26.8	1 347.5	103.67	0.073 9
400/65	16	398.94	65.06	464.00	26	7	4.42	3.44	10.3	28.0	1 608.7	135.39	0.072 4
400/95	23	407.75	93.27	501.02	30	19	4.16	2.50	12.5	29.1	1 856.7	171.56	0.070 9
500/45	9	488.58	43.10	531.68	48	7	3.60	2.80	8.40	30.0	1 685.5	127.31	0.059 1
630/55	9	639.92	56.30	696.22	48	7	4.12	3.20	9.60	34.3	2 206.4	164.31	0.045 2
800/55	7	814.30	56.30	870.60	45	7	4.80	3.20	9.60	38.4	2 687.5	192.22	0.035 5
800/70	9	808.15	71.25	879.40	48	7	4.63	3.60	10.8	38.6	2 787.6	207.68	0.035 8

表 G-5 JLHA1/G1A 钢芯铝合金绞线性能

标称截面铝合金/钢	钢比（%）	面积/mm²			单线根数		单线直径/mm		直径/mm		单位长度质量/（kg/km）	额定抗拉力/kN	直流电阻（20℃）/（Ω/km）
		铝	钢	总和	铝	钢	铝	钢	钢芯	绞线			
10/2	17	10.60	1.77	12.37	6	1	1.50	1.50	1.50	4.50	42.8	5.51	3.144 4
16/3	17	16.13	2.69	18.82	6	1	1.85	1.85	1.85	5.55	65.1	8.39	2.067 1
25/4	17	25.36	4.23	29.59	6	1	2.32	2.32	2.32	6.96	102.4	13.06	1.314 4
35/6	17	34.86	5.81	40.67	6	1	2.72	2.72	2.72	8.16	140.8	17.96	0.956 3
50/8	17	48.25	8.04	56.30	6	1	3.20	3.20	3.20	9.60	194.8	24.53	0.690 9

（续）

标称截面铝合金/钢	钢比(%)	面积/mm²			单线根数		单线直径/mm		直径/mm		单位长度质量/(kg/km)	额定抗拉力/kN	直流电阻(20℃)/(Ω/km)
		铝	钢	总和	铝	钢	铝	钢	钢芯	绞线			
50/30	58	50.73	29.59	80.32	12	7	2.32	2.32	6.96	11.6	371.1	50.22	0.661 4
70/10	17	68.05	11.34	79.39	6	1	3.80	3.80	3.80	11.4	274.8	33.91	0.489 9
70/40	58	69.73	40.67	110.40	12	7	2.72	2.72	8.16	13.6	510.2	69.03	0.481 2
95/15	16	94.39	15.33	109.73	26	7	2.15	1.67	5.01	13.6	380.2	48.62	0.355 4
95/55	58	96.51	56.30	152.81	12	7	3.20	3.20	9.60	16.0	706.1	93.29	0.347 7
120/7	6	118.89	6.61	125.50	18	1	2.90	2.90	8.70	14.5	378.5	46.17	0.281 5
120/20	16	115.67	18.82	134.49	26	7	2.38	1.85	5.55	15.1	466.1	59.61	0.290 0
120/70	58	122.15	71.25	193.40	12	7	3.60	3.60	10.8	18.0	893.7	116.85	0.274 7
150/8	6	144.76	8.04	152.81	18	1	3.20	3.20	3.20	16.0	460.9	55.90	0.231 2
150/25	16	148.86	24.25	173.11	26	7	2.70	2.10	6.30	17.1	600.1	76.75	0.225 4
185/10	6	183.22	10.18	193.40	18	1	3.60	3.60	3.60	18.0	583.3	68.91	0.182 6
210/10	6	204.14	11.34	215.48	18	1	3.80	3.80	3.80	19.0	649.9	76.78	0.163 9
210/35	16	211.73	34.36	246.09	26	7	3.22	2.50	7.50	20.4	852.5	107.98	0.158 5
240/30	13	244.29	31.67	275.96	24	7	3.60	2.40	7.20	21.6	920.7	113.05	0.137 2
240/40	16	238.84	38.90	277.74	26	7	3.42	2.66	7.98	21.7	962.8	121.97	0.140 5
300/20	7	303.42	20.91	324.32	45	7	2.93	1.95	5.85	23.4	1 000.8	123.07	0.110 6
300/50	16	299.54	48.82	348.37	26	7	3.83	2.98	8.94	24.3	1 207.7	150.01	0.112 0
300/70	23	305.36	71.25	376.61	30	7	3.60	3.60	10.8	25.2	1 399.6	174.57	0.109 9
400/25	7	391.91	27.10	419.01	45	7	3.33	2.22	6.66	26.6	1 293.5	159.07	0.085 7
400/50	13	399.72	51.82	451.54	54	7	3.07	3.07	9.21	27.6	1 509.3	186.91	0.084 1
400/95	23	407.75	93.27	501.02	30	19	4.16	2.50	12.5	29.1	1 856.7	234.77	0.082 3
500/35	7	497.01	34.36	531.37	45	7	3.75	2.50	7.50	30.0	1 640.3	195.73	0.067 5
500/65	13	501.88	65.06	566.94	54	7	3.44	3.44	10.3	31.0	1 895.0	234.68	0.067 0
630/45	7	623.45	43.10	666.55	45	7	4.20	2.80	8.40	33.6	2 057.6	245.52	0.053 8
630/80	13	635.19	80.32	715.51	54	19	3.87	2.32	11.6	34.8	2 384.7	291.65	0.052 9
800/55	7	814.30	56.30	870.60	45	7	4.80	3.20	9.60	38.4	2 687.5	318.43	0.041 2
800/100	13	795.17	100.88	896.05	54	19	4.33	2.60	13.0	39.0	2 987.8	365.48	0.042 3
1 000/45	4	1 002.27	43.10	1 045.38	72	7	4.21	2.80	8.40	42.1	3 106.8	364.85	0.033 5
1 000/125	13	993.51	125.50	1 119.01	54	19	4.84	2.90	14.5	43.5	3 728.9	456.03	0.033 8

表 G-6 JLHA2/G1A 钢芯铝合金绞线性能

标称截面铝合金/钢	钢比(%)	面积/mm²			单线根数		单线直径/mm		直径/mm		单位长度质量/(kg/km)	额定抗拉力/kN	直流电阻(20℃)/(Ω/km)
		铝	钢	总和	铝	钢	铝	钢	钢芯	绞线			
10/2	17	10.60	1.77	12.37	6	1	1.50	1.50	1.50	4.50	42.8	5.20	3.114 7
16/3	17	16.13	2.69	18.82	6	1	1.85	1.85	1.85	5.55	65.1	7.90	2.047 6
25/4	17	25.36	4.23	29.59	6	1	2.32	2.32	2.32	6.96	102.4	12.30	1.302 0
35/6	17	34.86	5.81	40.67	6	1	2.72	2.72	2.72	8.16	140.8	16.91	0.947 2
50/30	58	50.73	29.59	80.32	12	7	2.32	2.32	6.96	11.6	371.1	48.70	0.655 2
70/10	17	68.05	11.34	79.39	6	1	3.80	3.80	3.80	11.4	274.8	32.55	0.485 3
70/40	58	69.73	40.67	110.40	12	7	2.72	2.72	8.16	13.6	510.2	66.94	0.476 6
95/15	16	94.39	15.33	109.73	26	7	2.15	1.67	5.01	13.6	380.2	45.79	0.352 1

（续）

标称截面铝合金/钢	钢比(%)	面积/mm²			单线根数		单线直径/mm		直径/mm		单位长度质量/(kg/km)	额定抗拉力/kN	直流电阻(20℃)/(Ω/km)
		铝	钢	总和	铝	钢	铝	钢	钢芯	绞线			
95/55	58	96.51	56.30	152.81	12	7	3.20	3.20	9.60	16.0	706.1	90.40	0.344 4
120/7	6	118.89	6.61	125.50	18	1	2.90	2.90	8.70	14.5	378.5	42.60	0.278 8
120/20	16	115.67	18.82	134.49	26	7	2.38	1.85	5.55	15.1	466.1	56.14	0.287 3
120/70	58	122.15	71.25	193.40	12	7	3.60	3.60	10.8	18.0	893.7	114.41	0.272 1
150/8	6	144.76	8.04	152.81	18	1	3.20	3.20	3.20	16.0	460.9	51.55	0.229 0
150/25	16	148.86	24.25	173.11	26	7	2.70	2.10	6.30	17.1	600.1	72.28	0.223 2
210/10	6	204.14	11.34	215.48	18	1	3.80	3.80	3.80	19.0	649.9	72.70	0.162 4
210/35	16	211.73	34.36	246.09	26	7	3.22	2.50	7.50	20.4	852.5	101.63	0.157 0
240/30	13	244.29	31.67	275.96	24	7	3.60	2.40	7.20	21.6	920.7	108.17	0.135 9
240/40	16	238.84	38.90	277.74	26	7	3.42	2.66	7.98	21.7	962.8	114.81	0.139 1
300/20	7	303.42	20.91	324.32	45	7	2.93	1.95	5.85	23.4	1 000.8	113.97	0.109 6
300/50	16	299.54	48.82	348.37	26	7	3.83	2.98	8.94	24.3	1 207.7	144.02	0.110 9
300/70	23	305.36	71.25	376.61	30	7	3.60	3.60	10.8	25.2	1 399.6	168.46	0.108 9
400/25	7	391.91	27.10	419.01	45	7	3.33	2.22	6.66	26.6	1 293.5	147.32	0.084 9
400/50	13	399.72	51.82	451.54	54	7	3.07	3.07	9.21	27.6	1 509.3	174.92	0.083 3
400/95	23	407.75	93.27	501.02	30	19	4.16	2.50	12.5	29.1	1 856.7	226.61	0.081 6
500/35	7	497.01	34.36	531.37	45	7	3.75	2.50	7.50	30.0	1 640.3	185.79	0.066 9
500/65	13	501.88	65.06	566.94	54	7	3.44	3.44	10.3	31.0	1 895.0	219.62	0.066 3
630/45	7	623.45	43.10	666.55	45	7	4.20	2.80	8.40	33.6	2 057.6	233.05	0.053 3
630/80	13	635.19	80.32	715.51	54	19	3.87	2.32	11.6	34.8	2 384.7	278.95	0.052 4
800/55	7	814.30	56.30	870.60	45	7	4.80	3.20	9.60	38.4	2 687.5	302.15	0.040 8
800/100	13	795.17	100.88	896.05	54	19	4.33	2.60	13.0	39.0	2 987.8	349.57	0.041 9
1 000/45	4	1 002.27	43.10	1 045.38	72	7	4.21	2.80	8.40	42.1	3 106.8	344.81	0.033 2
1 000/125	13	993.51	125.50	1 119.01	54	19	4.84	2.90	14.5	43.5	3 728.9	436.16	0.033 5

附录 H 架空绝缘电缆技术要求

表 H-1 1kV 及以下铜芯架空绝缘电缆技术要求

导体标称截面/mm²	导体中最少单线根数	导体外径（参考值）/mm	绝缘标称厚度/mm	电缆平均外径最大值/mm	20℃时最大导体电阻/Ω/km		额定工作温度时最小绝缘电阻/MΩ·km		单芯电缆拉断力/N
					硬铜	软铜	70℃	90℃	硬铜
10	6	3.8	1.0	6.5	1.906	1.83	0.0067	0.67	3 471
16	6	4.8	1.2	8.0	1.198	1.15	0.0065	0.65	5 486
25	6	6.0	1.2	9.4	0.749	0.727	0.0054	0.54	8 465
35	6	7.0	1.4	11.0	0.540	0.524	0.0054	0.54	11 731
50	6	8.4	1.4	12.3	0.399	0.387	0.0046	0.46	16 502
70	12	10.0	1.4	14.1	0.276	0.268	0.0040	0.40	23 461
95	15	11.6	1.6	16.5	0.199	0.193	0.0039	0.39	31 759
120	18	13.0	1.6	18.1	0.158	0.153	0.0035	0.35	39 911
150	18	14.6	1.8	20.2	0.128	0.124	0.0035	0.35	49 505
185	30	16.2	2.0	22.5	0.1021	0.0991	0.0035	0.35	61 846
240	34	18.4	2.2	25.6	0.0777	0.0754	0.0034	0.34	79 823

表 H-2　1kV 及以下铝芯、铝合金芯架空绝缘电缆技术要求

导体标称截面/mm²	导体中最少单线根数	导体外径（参考值）/mm	绝缘标称厚度/mm	单根线芯标称平均外径最大值/mm	20℃时最大导体电阻/Ω/km		额定工作温度时最小绝缘电阻/MΩ·km		单芯电缆拉断力/N	
					铝芯	铝合金	70℃	90℃	铝芯	铝合金芯
10	6	3.8	1.0	6.5	3.08	3.574	0.006 7	0.67	1 650	2 514
16	6	4.8	1.2	8.0	1.91	2.217	0.006 5	0.65	2 517	4 022
25	6	6.0	1.2	9.4	1.20	1.393	0.005 4	0.54	3 762	6 284
35	6	7.0	1.4	11.0	0.868	1.007	0.005 4	0.54	5 177	8 800
50	6	8.4	1.4	12.3	0.641	0.744	0.004 6	0.46	7 011	12 569
70	12	10.0	1.4	14.1	0.443	0.514	0.004 0	0.40	10 354	17 596
95	15	11.6	1.6	16.5	0.320	0.371	0.003 9	0.39	13 727	23 880
120	15	13.0	1.6	18.1	0.253	0.294	0.003 5	0.35	17 339	30 164
150	15	14.6	1.8	20.2	0.206	0.239	0.003 5	0.35	21 033	37 706
185	30	16.2	2.0	22.5	0.164	0.190	0.003 5	0.35	26 732	46 503
240	30	18.4	2.2	25.6	0.125	0.145	0.003 4	0.34	34 679	60 329
300	30	20.8	2.2	27.2	0.100	0.116	0.003 3	0.33	43 349	75 411
400	53	23.2	2.2	30.7	0.077 8	0.090 4	0.003 2	0.32	55 707	100 548

表 H-3　10kV 架空绝缘电缆技术要求

导体标称截面/mm²	导体最少单线根数	导体直径（参考值）/mm	导体屏蔽层最小厚度[a]（近似值）[b]/mm	绝缘标称厚度/mm		绝缘屏蔽层标称厚度/mm	20℃时导体电阻不大于/Ω/km				导体拉断力不小于/N		
				薄绝缘	普通绝缘		硬铜芯	软铜芯	铝芯	铝合金芯	硬铜芯	铝芯	铝合金芯
10	6	3.8	0.5	—	3.4	—	—	1.830	3.080	3.574	—	—	—
16	6	4.8	0.5	—	3.4	—	—	1.150	1.910	2.217	—	—	—
25	6	6.0	0.5	2.5	3.4	1.0	0.749	0.727	1.200	1.393	8 465	3 762	6 284
35	6	7.0	0.5	2.5	3.4	1.0	0.540	0.524	0.868	1.007	11 731	5 177	8 800
50	6	8.3	0.5	2.5	3.4	1.0	0.399	0.387	0.641	0.744	16 502	7 011	12 569
70	12	10.0	0.5	2.5	3.4	1.0	0.276	0.268	0.443	0.514	23 461	10 354	17 596
95	15	11.6	0.6	2.5	3.4	1.0	0.199	0.193	0.320	0.371	31 759	13 727	23 880
120	18	13.0	0.6	2.5	3.4	1.0	0.158	0.153	0.253	0.294	39 911	17 339	30 164
150	18	14.6	0.6	2.5	3.4	1.0	0.128	—	0.206	0.239	49 505	21 033	37 706
185	30	16.2	0.6	2.5	3.4	1.0	0.102 1	—	0.164	0.190	61 846	26 732	46 503
240	34	18.4	0.6	2.5	3.4	1.0	0.077 7	—	0.125	0.145	79 823	34 679	60 329
300	34	20.6	0.6	2.5	3.4	1.0	0.061 9	—	0.100	0.116	99 788	43 349	75 411
400	53	23.8	0.6	2.5	3.4	1.0	0.048 4	—	0.077 8	0.090 4	133 040	55 707	100 548

a. 轻型薄绝缘结构架空电缆无内半导电屏蔽层；

b. 近似值是既不要验证又不要检查的数值，但在设计与工艺制造上需予充分考虑。

参 考 文 献

[1] 熊信银．发电厂电气部分[M]．北京：中国电力出版社，2004.
[2] 何首贤，葛廷友，姜秀玲．供配电技术[M]．北京：中国水利水电出版社，2005.
[3] 居荣，吴薛红．供配电技术[M]．北京：化学工业出版社，2004.
[4] 刘涤尘，王明阳，吴政球．电气工程基础[M]．武汉：武汉理工大学出版社，2003.
[5] 熊信银，张步涵．电力系统工程基础．武汉：华中科技大学出版社，2003.
[6] 唐志平，魏胜宏，杨卫东．工厂供配电[M]．北京：电子工业出版社．2002.
[7] 陈慈萱．电气工程基础(上册)[M]．北京：中国电力出版社，2003.
[8] 陈慈萱．电气工程基础(下册)[M]．北京：中国电力出版社，2004.
[9] 周乐挺．工厂供配电技术[M]．北京：高等教育出版社，2007.
[10] 孙丽华．电力工程基础[M]．北京：机械工业出版社，2009.
[11] 刘笙．电气工程基础[M]．北京：科学出版社，2004.
[12] 水利电力部西北电力设计院．电力工程电气设计手册：电气一次部分[M]．北京：中国电力出版社，2009.